中文翻译版

研究数据的管理与共享
最佳实践指南

Managing and Sharing Research Data

A Guide to Good Practice

Louise Corti　　Veerle Van den Eynden
　　　　　　　　　　　　　　　　　　　　主　编
Libby Bishop　　Matthew Woollard

殷沈琴　伏安娜　薛　崧　张计龙　译

科学出版社

北　京

图字：01-2017-7079

内 容 简 介

人文社会科学和自然科学研究过程中积累了大量的研究数据，这些数据如何管理、共享、出版和引证？如何再次利用他人的数据？过程中牵涉到哪些知识产权？本书的几位作者不仅熟悉全球尤其欧美的研究数据管理的实践应用，而且在英国数据档案馆拥有多年数据相关专业工作的管理与实践经验，他们在本书中将多年积累的最佳数据管理实践建议、指导和培训倾囊呈现。本书前三章对研究数据管理和共享进行总括介绍，包括管理和共享的重要性、研究数据生命周期以及如何制订研究数据管理计划。第四章至第六章介绍了研究数据管理的具体方法，包括数据文档编制、数据格式与组织以及数据存储与传输。第七章至第十一章讨论了数据管理与共享所涉及的问题，包括法律和伦理、知识产权、合作研究、利用他人数据以及出版和引证。

本书涵盖所有重要的研究数据技能、大量翔实的案例研究和实际操作解析，架起数据管理理论和实践之间的桥梁，为不同学科领域的数据相关专业教学和普及培训提供了一本通用教材，具有较强的实践指导性和可操作性。

图书在版编目（CIP）数据

研究数据的管理与共享：最佳实践指南/（英）科尔蒂（Louise Corti）等主编；殷沈琴等译. —北京：科学出版社，2018.3
书名原文：Managing and Sharing Research Data：A Guide to Good Practice
ISBN 978-7-03-056510-5

Ⅰ. ①研… Ⅱ. ①科… ②殷… Ⅲ. ①数据管理–研究 Ⅳ. ①TP274

中国版本图书馆 CIP 数据核字（2018）第 022583 号

责任编辑：丁慧颖 / 责任校对：韩 杨
责任印制：肖 兴 / 封面设计：陈 敬

科 学 出 版 社 出版
北京东黄城根北街 16 号
邮政编码：100717
http://www.sciencep.com
天津市新科印刷有限公司 印刷
科学出版社发行 各地新华书店经销

*

2018 年 3 月第 一 版 开本：720×1000 1/16
2018 年 3 月第一次印刷 印张：15 1/4
字数：278 000
定价：68.00 元
（如有印装质量问题，我社负责调换）

致　谢

我们首先感谢英国国家经济和社会研究理事会（ESRC）自 1967 年以来，为英国数据服务中心和它的前身提供核心资金。正是因为这种持续性的资金支持，我们建立了世界上顶级的国家数据档案馆和基础设施，并且吸引了高技能的研究人员和技术支持人员加入我们中心。ESRC 的资助还使我们能够在开发前瞻性的能力建设方法方面保持领先地位，而这又帮助研究人员获得了更好的数据管理实践经验。我们在此同样感谢英国联合信息系统委员会（JISC）近期所提供的大量科研数据管理方面的资助机会，使我们从中受益匪浅。这些激励着我们在地方科研数据管理实践、政策和基础设施的认识和实施中做得更好。

同时我们感谢 Camille Corti-Georgiou、Sue Wood 和 Anne Etheridge 在审校和准备这份书稿方面给予的帮助。英国数据档案馆的一些工作人员亦为提供适合这本书的具体练习部分做出了贡献，他们分别是 Laurence Horton、Bethany Morgan-Brett 和 Mus Ahmet。

我们衷心感谢已故的 Alasdair Crockett 博士，他于 2006 年参与了编写第一本英国数据档案馆《管理和共享数据》指南。

最后，感谢我们所有的合作伙伴：Rob Lenart、Nick Snow、Allen Radtke 和 Penny Woollard，我们常常一起进行高强度的夜以继日的写作、修订和编辑工作。

中 文 版 序

首先，我们想借此机会赞扬复旦大学大数据研究院人文社科数据研究所和社会科学数据研究中心团队所付出的努力，他们为促进中国研究数据管理与共享的能力建设开了先河。复旦大学研究团队仍在不断完善他们的数据平台，扩充研究数据和数据服务，它属于国际数据档案联盟的一部分。殷沈琴老师和她的同事具有管理和共享数据、运行数据仓储平台的专业知识和实践经验。此外，他们还倡导了中国高校重要的研究数据计划。2014 年，他们联合其他八所大学共同发起成立了"中国高校研究数据管理推进工作组"。因此，他们具有很大的优势来进一步推动中国的数据共享议程。

殷老师在复旦大学开设一门研究生课程——数据监护研究与应用，这门课程使用了我们的英文版书籍作为教材，为此我们感到非常荣幸。这种能力培养的进步，我们乐见其成，同时也热烈地欢迎我们的书（英文版）在他们培训课程中的使用。中文译本将有助于指导学术研究、研究机构和智库的研究数据应用和管理实践。

2012 年，我们意识到，应该将我们在英国数据服务中心（UK Data Service）多年的数据专业工作经验记录下来，这些经验包括向英国的研究人员提供数据管理、监护和分享方面的建议和长期专业的培训，以供研究人员、数据管理和监护专业人士参考和使用。Sage 出版社向我们介绍了市场的需求，在之后 18 个月的时间里，我们撰写了一本融愿景、知识和建议于一体的指南，涵盖我们的研究数据管理和二次分析实践经验和相关建议，旨在提供培训和学习场景下的数据实践经验和技术的指导。此书在 2014 年春季出版，获得广泛好评，已在 46 个国家售出了近 2000 本，并已在全球范围内被 40 门课程采用。

近年来，我们都有在中国讲解数据课程的机会。2015 年，Louise 在哈尔滨工业大学开办了一个为期 5 天的暑期班，讲解关于数据科学方法的课程。"生物大数据"课程是针对国际生命科学学院的研究生开设的，它是年度暑期学术研讨会——"芯片、计算机、作物"（C3）的一部分，C3 是由浙江大学陈铭教授和埃塞克斯大学 Andrew Harrison 博士共同组织举办的，在中国各大城市已经举办了 7 年。Louise 所授课程涉及研究数据的管理、数据归档和出版等领域，强调研究复制的必要性，开展讲座和学生们亲自动手练习。该课程结束之时，学生们将自己的数据发布到一个实时测试库中。此外，2015 年，Veerle 与美国密歇根大学校际政治与社会研究联盟（ICPSR）的同仁一起在北京大学讲授了 3 天课程——"研究数据的监护与管理"，殷老师也参加了该课程。

我们不仅发现了参与者教学经历的积极之处，还观察到学生们如何超出预期热切地参与和学习共享研究数据的新实践。我们希望这本书可以为中国各学科未来的课程和暑期班提供支撑，并且非常乐意未来有机会为中国的数据共享使命提供支持。

我们为殷老师和她的同事以及中国社会科学领域的同仁献上最美好的祝愿，希望此书能够帮助大家更好地欣赏和领悟数据共享的艺术之美。

Louise Corti，Veerle Van den Eynden

2017 年 10 月 2 日

序　言

随着各个领域科学的进步，研究者对研究数据职责的认识开始发生变化。而且越来越多的研究资助者强制要求研究数据的开放获取；各国政府也对科学研究的透明性提出了更高的要求；而经济环境对数据重用的需求也越来越大；同时因害怕数据丢失，也需要更多稳健的信息安全实践。所有这些因素都意味着研究人员将需要提高、增强他们的数据管理技能并使之专业化，以应对如下挑战：使用一种可靠而有效的方式来提供最高质量的可共享、可重复利用的研究成果。研究人员的数据管理技能的提高为英国和其他国家的研究能力建设计划提供了一种战略性的支持。

稳健的科研数据管理技术赋予了研究人员和数据专家能够应对数据管理环境中快速而不均衡发展的技能。英国、美国和欧洲其他国家的研究资助者正在逐步实施数据管理（和共享）政策，这一政策旨在最大限度地提高数据的开放性、透明度和明确受他们资助的研究对象的职责。因为在出版物出版前要对其进行同行评议，所以越来越多的期刊出版机构也逐步要求研究人员提交其研究数据。研究资助者和数据使用者也越发认识到准备充分的数据的长期价值。而研究机构也需要优质的研究信息基础设施来应对其数据资产可能面临的伦理问题和安全威胁。

基于以上情况，本书包含了有关研究数据管理和共享方面最新的且易于理解的信息。它涵盖了研究数据生命周期中所有重要的研究数据技能，还包括翔实的案例研究和实际操作讲解，这将有助于读者更好地理解研究数据管理中的核心概念及其应用。这本详尽的指南将作者多年积累的最佳数据管理实践建议、指导和培训呈现给广大的研究人员。这涉及对专题研究项目的深入讨论，并且通过与研究人员紧密合作，开发出易于应用在标准科研活动中的解决方案和工具。我们将研究数据定义为：任何由原始数据收集或生成的、定性或定量的，及在研究项目过程中通过分析现存数据资源所得到的研究材料。其范围涵盖了数值数据、文本数据、数字化材料、图像、记录及建模的脚本。

本书适用于各级水平的研究人员，因此，无论是刚入学的硕士还是博士，抑或经验丰富的教授和研究团队负责人，都可以从本书中有所收获。对初级研究者而言，本书能够帮助其打下坚实的研究基础。对于有经验的研究人员，本书能够帮助其填补当前知识体系中的某些缺陷，并且更新他们在快速发展迅速变革的技术领域的知识，与此同时，还能帮助他们了解研究数据管理和研究伦理方面立法变化的最新动态。此外，本书也为那些专业的研究人员的实际操作提供了最好的实践材料。尽管这本书是用社会科学研究者的思维来撰写的，但书中涉及的绝大多数研究问题和研究方法仍然能够对大多数自然科学和社会科学研究人员在数据方面的工作有所裨益。

本书的目标对象还包括当前快速增长的研究机构和政府部门中负责数据管理和共享的研究支持人员、研究资助机构、研究管理者、研究伦理监管机构、IT服务人员或图书馆数据支持人员，他们均可以通过阅读本书获得帮助。

尽管本书并非按照既定的顺序来展开，但我们仍然推荐读者按照本书的编写顺序来阅读各章节，这样可以循序渐进地掌握其中的内容。本书中的练习能够帮助读者更加牢固地掌握本书的知识，读者通过完成练习，可以得心应手地将在本书中学到的研究技巧应用于自己的实际研究中。

接下来各章节主要介绍了数据管理中的关键要素，而这些要素对于安全地处理和共享数据具有极为重要的作用。第一章主要介绍了哪些关键因素推动了数据共享的出现，我们通过共享数据能够获得哪些好处，以及从实践角度介绍如何进行数据共享。第二章介绍了研究数据生命周期的概念及其如何延长典型的研究周期。第三章主要解决如何针对研究数据制订管理计划，包括如何使用数据管理清单、如何分配角色和职责、如何预估研究项目的数据管理成本及研究中数据管理的资金支持等问题。

第四章描述了如何编制定性和定量数据的文档、提供数据背景和信息出处及在研究数据集中如何描述课题和数据文件等细节问题。第五章涵盖了对数据进行格式的编排和组织，具体包括文件格式、数据转换、文件和文件夹的组织形式、数据质量保障、版本控制和真实性保证、数据转录和数据的数字化。第六章讨论如何储存和传输数据，主要包括了以下内容：如何才能最好地进行数据备份、确保信息安全、数据传送与加密、数据处理、数据长期存储和保存及如何进行文件共享和协作。

第七章我们探讨了研究的伦理和隐私问题，介绍如何处理与数据共享有关的法律和伦理问题，以及通过何种途径获得数据。这些问题主要包括知情同意书、统计披露控制、数据的匿名化及访问控制措施的方法。第八章介绍了数据知识产权的相关知识，主要包括版权、数据库和其他权利及如何在现行权利框架下对现存的数据资源进行利用或再利用。第九章介绍了协同研究项目中的数据策略，包括如何制订标准的操作协议、操作流程和共享资源，以及在团队中如何协调数据记录、分配数据角色和职责。第十章通过分析六个真实的数据再利用的案例，来介绍如何利用他人的研究数据，寻找再利用数据的机会和应对其中所产生的挑战。第十一章我们探讨了发布和引证数据，这一部分主要包括：寻找发布数据的场所及如何通过使用永久数字标识符技术来创建可供引证的数据资源。

最后，读者可以通过访问英国数据服务的网站http://ukdataservice.ac.uk/manage-data/handbook，来获取本书其他的配套练习资料。

目　　录

第一章

管理和共享研究数据的重要性

　　研究数据不仅是科学知识、学习和创新的基石，而且也是我们寻求理解、解释和发展整个人类和社会的基石。在数字时代，研究数据不仅呈指数级增长，而且现时代的数据很容易存储、保存和在世界各地交换。对技术进步带来的优势的需求在日益增长，这个优势使我们处理和利用研究数据的方式更加现代化。

　　在 1953 年，Watson 和 Crick 在《自然》（*Nature*）上发表了关于 DNA 结构的单页论文，当时没有任何原始数据来支持他们的这一发现。在近期，千人基因组计划（the 1000 Genomes Project Consortium，2010）的研究人员在《自然》上发表了他们的最新研究成果，伴随着 4.9T 的 DNA 序列数据在其项目网站上公布，同时也存储在单核苷酸多态性数据库（dbSNP）中（Kiermer，2011）。以上的遗传学研究只是一个例子，用来证明开放和交换信息（包括研究数据）如何加速我们的研究和探索进程。我们就能够认识到随着遗传学研究的逐步深入所带来的医学进步。

　　自 2000 年以来，数据共享的驱动力及进行数据共享的人力和物力都呈现出爆炸性增加。研究资助者正逐步促进研究数据和数据计划被便捷开放地获取，以确保研究数据的质量、可持续性、可获取性和开放程度的最大化。学术研究成果的出版商要求其能够访问学术研究成果背后的支持性数据，用于审校或进一步探索。各国政府正在提出对研究透明度的要求，此外当前的经济环境也使得数据再利用变得更加广泛，而这种数据重复利用可以使科学投资回报最大化。许多研究人员认为，数据获取不足阻碍了科学的进步。

　　数据可获取意味着，如果需要，可以对科研成果进行验证和审查。社会需要获取数据的目的：企业能够利用新知识开发工具和应用程序；允许组织质疑政府的政策和决定；让成千上万的公民参与到研究过程或"公民科学"中，以推动我们公共科学知识的发展。

　　因此，在不同的科学领域，研究人员对他们研究数据的管理职责也在不断地变化。研究人员的研究数据管理能力需要完善、提高和专业化，以应对如下挑战：

使用一种可靠且有效的方式来提供最高质量的研究成果和可持续性数据，并且有能力共享和再利用这些科研成果。

通过数据管理，即为使研究数据达到最高质量而进行的数据实践、操作、改进和处理过程，我们必须要对其进行良好的组织、记录、保存，以保证数据的可获取、可持续和可再利用。数据管理技能的提升为英国和其他国家的研究能力、建设计划能力提供了一种战略性的支持。而科研机构也需要高质量的科研数据管理，用以解决其数据资产可能面临的伦理问题和安全风险。稳健的科研数据管理技术赋予了研究人员、数据专家和科研支持人员相应的技能，该技能能够应对数据管理环境中快速而不均衡的发展状况。

数据共享议程

研究人员一直以来都认识到了共享的重要性：在科学出版物中分享研究成果；通过同行网络分享专业知识；并与学习型社会进行协作。技术的进步使这种共享达到一个新的水平，并以不同的方式加以应用，包括通过开放渠道访问的研究出版物及研究数据、工具、软件和教育资源。20 世纪 90 年代初期，人们呼吁在线开放已发表的研究文章，后来逐步扩展到更多的原始研究材料。

加速开放研究数据的主要驱动因素是经济合作与发展组织（OECD）获取公共资金研究数据的原则和准则，以及关于开放获取科学和人文科学知识的"柏林宣言"。

OECD 准则宣称：由于公共资金资助的研究数据是一种基于公共利益而生产出来的公共物品，因此应当在不危害知识产权基础上，以及时和可靠的方式，极少限制地对公众开放（OECD，2007）。《柏林宣言》（Berlin Declaration，2003）呼吁通过互联网的开放获取范式来促进知识的传播，而这一方式需要国际互联网的可持续、可交互和透明化支持，以及易获得且可兼容的内容和工具的开放。

欧盟科学数据高级专家组在报告中指出，在整个欧洲层面数据量存在不断增长的趋势，并提议我们需要一个科学基础设施来支持数据的无缝访问、使用、重复利用和可信任性，来应对即将由数据所激发的科研能力的巨大飞跃（European Commission，2010）。这份报告描述了加速发展科学数据基础设施的收益和成本。开放的基础设施、开放的文化和开放的内容需要齐头并进。

英国皇家学会（The Royal Society，2012）认为：为了从巨量的数据中获得潜在的利益，研究人员和研究机构应该加大对同行及公众开放数据程度，并加强对研究数据的认识。通用数据标准的采用和数据出版的授权是同等重要的。在技术层面，报告强调了对科学领域数据管理专家的需求，以及对使用工具来分析大数据流的需要，以便最大限度地发挥科学数据的潜力。

　　数据共享的重要性体现在数据储存库的指数型增长。目前，数据库检索工具——Databib 登记表中列出了 518 个数据库，其中 42 个是具体的社会科学数据库，有将近 200 个数据库是 2000 年之后创建的，如图 1.1 所示（Databib，2013）。

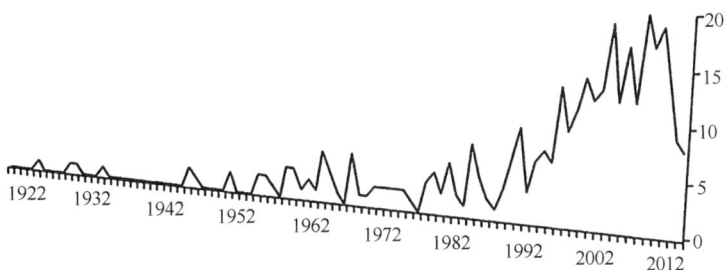

图 1.1　每年新创建的数据库数量增长情况图

来源：Databib，2013

　　各国政府和组织也乐于采用开放数据来提高其各项活动的透明度。开放他们的信息供任何人进行访问和使用，增强了公共部门信息的经济和创新潜力。自 2009 年以来，全球内各国政府、地区和国际组织启动了 200 多项开放数据举措（CTIC，2013）。高度开放的数据门户有世界银行目录、联合国目录、联合国数据中心和欧盟开放数据平台。这些门户向个人、企业和学术界开放组织信息。欧盟委员会还与成员国就现有网站之间的数据格式和互操作性开展合作（European Commission，2011）。

　　在英国政府的《开放数据白皮书》上清楚地解释了公民、企业和公共部门有望从政府和公共服务中获得开放数据的益处（Cabinet Office，2012）。该文件以标准化、机器可读和开放的格式快速发布数据并且制订了明确的标准，使数据可以自由和便捷地获取，并且发布的是默认格式的政府数据。政府的数据门户网站（data.gov.uk）拥有 9500 多个数据集，还展示了如何将政府数据用于创新应用、报告、地图、政策和服务。

　　2013 年夏天，美国奥巴马政府通过启动开放数据项目，表明了对非分类联邦政府数据透明度的承诺。其目的是给公众和私营部门公司提供更多的数据，用于创新和商业发展（Higgins，2013）。虽然开放获取议程一直促进学术界发布和获取更多的公共数据，我们同时也看到了"公民科学"的兴起。公民科学是指普通公众凭借自发的努力和热情在业余参与到数据的收集和分析（CSA，2012）中。星系动物园（Galaxy Zoo）可能是其中最有名的，如下面的案例研究所示。

案例研究	公民科学联盟

公民科学联盟（CSA）是由科学家、软件开发人员和教育家合作创立的一个机构，他们通过共同开发、管理和利用基于互联网的公民科学项目，以推动科学本身的发展，并加强公众对科学和科研过程的理解。

公民科学项目的理念是让公民用他们的业余时间、兴趣和能力参与到科学项目中。动物宇宙（Zooniverse）中的各个项目都是由提供初步想法的科学家团队、一些有效的资助及用户导向的受众给予其创作灵感和支持。项目研究范围广泛，从古典科学到气候科学，从生态学到行星科学。

最有名的星系动物园（http://www.galaxyzoo.org/），要求其公民研究人员根据星系的形状来将其分类。星系动物园始于 2007 年，是由斯隆数字巡天调查项目（Sloan Digital Sky Survey）捕捉到的上百万个星系所组成的数据集。令人惊讶的是，在项目发起后的 24 小时内，平均每小时接收到近 7 万次分类。第一年就收到了来自 15 万人发来的约 5000 万份分类。

最近的挑战仍是分析来自哈勃空间望远镜最远的"超深"图像，望远镜使用的是新的广角摄像机 3，它在最后一班穿梭飞行任务期间安装成功。

研究资助机构数据管理和共享政策

在英国、美国和欧盟，资助者和出版商的数据共享政策已成为数据共享和加强数据管理的重要驱动因素。它们是基于 OECD 的原则，即公共资助的研究数据是一种公共物品，应尽可能减少限制地提供给公众（OECD，2007）。

其实，早在 20 世纪 90 年代中期的英国，一些公共研究资助者就已经采用了数据共享政策，其标志是在 2011 年所有的英国研究委员会成员一致通过了关于数据政策的共同原则（RCUK，2011），之后又通过了研究成果的获取政策（RCUK，2012）。这要求从 2013 年 4 月起，所有由理事会资助的、经同行评议后的研究论文发表在一些指定的期刊上，如果这些期刊对当前数据公开政策不是很满意，它们刊登一则关于如何获取潜在的研究材料，如数据、样本和模型的声明。要知道在全英国高等教育机构中，55%的研究是由研究理事会所资助的，每年的资助金额高达 30 亿英镑，这些政策对研究实践产生了深远的影响（HESA，2012）。

在本书写作之时，以下的英国研究资助者已经公布了其数据共享政策。

• 艺术和人文研究理事会（AHRC）
• 生物技术和生物科学研究理事会（BBSRC）
• 英国科学院

- 英国癌症研究机构（CRUK）
- 国际发展部（DFID）
- 健康部
- 经济和社会研究理事会（ESRC）
- 工程和物理科学研究理事会（EPSRC）
- 医学研究理事会（MRC）
- 自然环境研究理事会（NERC）
- 努菲尔德基金会
- 科学与技术设施委员会（STFC）
- 惠康基金会

英国研究理事会关于数据政策的一般原则（RCUK，2011）

- 公众资助的研究数据是一种公共物品，它符合社会大众的利益，应以及时、可靠且不侵犯知识产权的方式尽可能不受限制地开放获取。
- 机构及研究项目具体的数据管理政策和计划应当与相关的标准和团体实践一致。具有长期研究价值的数据应该被储存起来，并使其在未来的研究中同样易于获得且便于使用。
- 为保证研究数据能够被其他研究者所发现并被有效地再次利用，元数据应描述充分且易于公开获取，以使得其他研究者能够了解这项研究并进一步发掘数据的潜力。而出版物中还应当介绍获取其研究中支持数据的方法。
- 英国研究理事会（RCUK）认为，当前在开放研究数据方面仍存在诸多法律、伦理及商业限制等问题。为保证研究进程不会被某些不恰当的数据开放所阻碍，研究机构的政策和实践应当保证这些问题在研究进程的各个阶段都能得到妥善处理。
- 为保证研究团队在搜集和分析数据方面所做出的努力能够被充分地尊重，那些承担了研究理事会资助工作的团队应当被授权在一段时间内对其所搜集的数据享有排他性以方便其发表研究成果。这一时间的长短应当根据研究领域的不同而进行调整，或在某个合适的时机，在个人研究理事会的出版政策中进行进一步探讨。
- 为分辨出那些生成、保存和共享重要数据集的研究者的贡献大小，所有数据使用者都应当在其获取的数据下方注明其研究数据的来源，并遵循与数据政策相关的条款和条件。

> • 我们应当使用公共资金来支持那些对公共资金资助的研究数据所进行的管理和共享工作。为在有限的预算中获得最大的研究效益，上述行为的机制应该富有效率并且在公共资金的使用上具有成本效益。

　　然而，上述的一般原则只是给数据政策提供了一个框架，实际上每个研究理事会或资助者都有其自己的数据政策，其侧重点也略有差异。其中一些机构被授权或鼓励数据共享，但很多研究机构，正如第三章所谈论到的，则需要申请者递交附有经费申请的数据管理和共享计划。关于数据管理和共享的职责问题，大多数理事会选择与获得资助的研究者共同来承担，而只有英国工程和物理科学研究理事会（EPSRC）是和研究主办机构共同承担，这一内容在英国工程和物理科学研究理事会关于研究数据的政策框架中有确切的表述（EPSRC，2011）。英国工程和物理科学研究理事会(EPSRC)要求自 2015 年 5 月以来受到其资助的研究机构，在存储研究数据方面出台相应的政策和流程，并对这类数据访问请求进行回复。研究人员同时被要求发布其研究数据的元数据，并且在其最近一次访问数据日期后的 10 年内保存这些数据和提供安全访问这些数据的渠道。这一政策受英国《信息自由法案》中的伦理观影响很深，这一法案主张开放数据和有时间限制地公布信息。上述行为的结果还是导致越来越多的大学和研究机构出台其数据政策，尽管在实行上还有诸多限制（DCC，2013a）。英国数据监护中心（DCC）之后出台了一个研究理事会数据政策需求的清单（DCC，2012）。

　　研究理事会还对数据共享的支持服务机构和基础设施进行了资助，具体例子如下：

- 英国数据服务中心为经济和社会研究理事会（ESRC）资助的研究人员提供数据管理、共享指导和支持，以及对社会科学和经济研究数据的管理、保存和传播。
- 指定自然环境研究理事会（NERC）数据中心负责对自然环境研究数据进行管理、保存、传播及增值的一体化工作。
- 英国医学研究理事会的数据支持服务（MRC）是用于推动人口健康科学数据的共享。
- 阿特拉斯千兆存储（STFC）提供科学数据的中长期储存服务。
- 考古数据服务（AHRC）提供保存和传播数字化的考古数据服务。

　　一些研究资助机构，如英国数据服务（ESRC）、自然环境研究理事会（NERC）、阿特拉斯千兆存储中心（STFC），为其资助的研究者提供了出版物信息库，这一信息库提供了最新的数据存储和获取功能。

英国生物技术和生物科学研究理事会（BBSRC）、英国癌症研究机构（Cancer Research UK）、惠康基金会（Wellcome Trust）则是英国 PubMed 中心（UK PubMed Central）的合作伙伴。

在美国，推动数据共享议程的重要数据共享政策制订机构是美国国家科学基金会（NSF）和美国国立卫生研究院（NIH）。

美国已经出台的数据政策的研究资助机构如下：

- 美国国家科学基金会（NSF）
- 美国国立卫生研究院（NIH）
- 美国能源部（DOE）
- 海军研究办公室（ONR）
- 美国教育部（ED）
- 美国国家环境保护局（EPA）
- 美国国际开发署（USAID）
- 美国国家海洋和大气管理局（NOAA）
- 美国心脏协会（AHA）
- 阿尔弗雷德·斯隆（Alfred P. Sloan）基金会

2012 年，欧盟委员会（European Commision，2012a；2012b）发布了可以进行科学信息获取和保存的通信手段和推荐规范。这就要求在所有成员国间进行协作以推动数据的公开、长期保存以及促进开放科学的能力建设，这不仅包括欧盟委员会资助的研究项目，还包括了各成员国资助的研究项目。而欧盟委员会资助了所有成员国全部研究项目的 10%。在进一步的公开咨询会后，开始进行一个关于数据公开获取的试点项目，该项目已经为下一个框架项目"地平线 2020"做好了规划。

期刊和出版社

随着在研究资助者中数据共享政策的指数级增长，出版社也越来越多地实施数据政策，政策要求在已经发表的同行评审文章中支撑其研究成果的研究数据可以供读者和审稿人使用。这种趋势的形成，一部分是由主要的研究资助者推动的，他们促使出版社采用更加严格的数据政策来助推开放数据运动；另一部分是由出版团体本身所驱使的。自 2010 年以来，开放获取的出版机构——生物医学数据开放中心（BioMed Central）通过其开放数据声明、负责开放数据出版的跨出版社工作组，以及正在进行的出版物相关数据的版权和许可的努力，强烈推动了期刊数据政策的实施（Hrynaszkiewicz and Cockerill，2012）。此外，许多进化领域的主流期刊在 2011 年共同采用的联合数据存档政策，自从被其他学科的许多期刊相继采用后，便对期刊数据政策的增长产生了极大的影响。作为数据的发布条件之一，该政策要求将支持论文中所描述结果的数据储存在合适的公共档案库中，通常推荐将 Dryad 数据库作为合适的数据仓储平台（Dryad，2013）。

期刊数据政策各不相同，有的是根据请求提供研究数据，有的是作为对出版材料的补充提交数据，也有的是要求数据存储在合适的公共存储库中，还有作为出版材料的条件之一将数据提交到指定的存储库中。后者最有可能是出版机构的政策，这种双向关系的一个例子是在荷兰爱思唯尔（Elsevier）出版集团和盘古大陆（PANGEA）间的地球科学和环境数据的出版网络。还有《自然》针对特定学科指派特定数据库，以及 Dryad 数据库也是很多期刊的数据存储地点，这会在第十一章中进一步讨论。

通过对 141 个有名的经济学期刊数据政策的质量和广度的分析表明，其中 20% 的期刊具有数据可用性政策，其中大部分是强制要求数据在论文出版之前进行提交的（Vaeminck，2013）。《美国经济评论》（*American Economic Review*）的政策在该领域内公认是最好的，经常被其他经济学期刊所采用，该政策规定只发表这些论文，数据文件和用户文档必须在出版前提交，即在论文分析中所使用的数据可以随时供任何研究者重复使用。在其他社会科学学科，期刊还没有相关强制性的数据政策，但确实有些期刊如《社会学年鉴》（*Annual Review of Sociology*）接受数据文件作为补充材料。在政治学领域，自 2012 年以来，美国政治学协会（APSA）在其伦理指导手册修订版中对数据访问和研究的透明度进行了明确陈述（APSA，2012）。美国政治学协会主办的在众多期刊中享有高度知名度的学术研究杂志——《美国政治科学评论》（*American Political Science Review*），旨在将这些数据共享原则纳入到期刊文章的提交要求中。

正如 Savage、Vickers（2009）和 Wicherts（2006）等在其研究中阐述的那样，如果研究人员仍然不愿意与其他研究人员共享数据，单靠政策本身并不能增加数据共享。Wicherts 的研究申请了研究数据，它们来源于 10 个研究人员发表于开放获取期刊——《PLoS 医学》（*PLoS Medicine*）和《PLoS 临床试验》（*PLoS Clinical Trials*）中的研究成果，只有一个研究者提供了原始研究数据的公开获取。Wicherts 等研究表明，在向美国心理学协会的 4 本期刊上发表过研究成果的研究人员申请研究数据用于二次分析时，成功率为 73%，即 141 个研究团队中有 103 个同意。这些请求包含再三地尝试和全面地保证，即所请求获得的数据不会被公开发布或重复使用。

近期，越来越多的数据期刊开始涌现。这些期刊出版一些描述数据集的数据论文，而没有去解释数据的研究结果。一篇数据论文通常会描述创建数据的方法、数据集的结构和其重复使用的可能性，以及可共享的数据库。这样的数据论文为研究数据的创建提供了直接的保障。这些在第十一章中会有更详细的论述。

研究人员的态度

最近各种调查显示，自从 2000 年中期英国政府出台对科研电子基础设施注资支持的议程之后，研究数据的共享情况仍然不如预期那样普及。此外，重大的学科分歧盛行。研究信息网络（2008）在英国进行了一项研究，通过对八个主题领域的研究人员进行 100 多次访谈发现，研究人员的态度、行为和需求在数据基础设施的可用性以及各学科领域资助政策的性质和有效性等方面具有重大差异。只有 37%的研究人员与自己圈子中的协作者共享他们的数据，只有 20%的人在他们的圈子之外更广泛地共享数据。在 2010 年的一项英国社会科学研究者的调查中显示，只有 17%的受访者将他们的数据存储在国家数据档案馆中（Proctor et al.，2012）。

欧盟资助的开放数据交换（2011）项目，从科技共同体、研究基础设施、管理和政策倡导计划的负责人那里，收集了大量的案例，这些案例阐述了数据共享、重用和保存等方面的成功经验、失败教训和存在的障碍。访谈提供了多种视角来看待数据共享，包括从资助政策、合作和基础设施访问数据，到支持前沿科学研究和数据共享的立场。

2011 年，超过 1300 名美国主要的科学家参与了一项调查，探索当前的数据共享现状和对数据共享的障碍和促成因素的看法（Tenopir et al.，2011）。虽然所有受访者对他们当前的短期数据管理流程感到满意，但是他们对长期数据管理和保存的设施以及他们自己的机构在这方面的支持感到不满意。虽然从总体上来看，受访者是赞成数据共享的，但实际上很少有研究数据真正被共享。科学家报道表明数据共享的障碍在于缺乏时间和资金，以及缺乏相关的存储库基础设施和标准。Louise Corti 等指出数据管理实践中的差异和方法，取决于主要资助机构、学科、年龄、工作重点和世界区域。

Youngster 和 Stanton（2012）通过访问美国大学不同学科的 25 名科学家，对数据共享实践进行了定性研究。他们发现学科对数据共享影响很大，数据共享在生物、化学和生态科学家看来是至关重要的；而计算机科学家、工程师、数学家和物理肿瘤学家则持相反立场。他们指出，数据共享的主要动机包括：资助者和期刊对数据共享的推动、同行的期望和在特定科学领域内的共享实践、IT 数据仓储平台的性能和数据标准以及展示数据质量的愿望。数据共享的主要障碍来源于私人资助者施加的限制、数据准备和共享的成本、害怕减少出版机会或被其他人抢占先机的思想。总的来说，研究人员称他们见证了其学科领域内数据共享实践在不断地增加。Hyogo 和 Pardo（2013）进一步指出在地球和环境科学领域，发布数据的决定性因素是数据管理技能、组织支持力度和收到数据共享致谢的鼓励。

数据共享在以大规模、国际、多机构研究项目为特征的研究领域尤为突出，如基因组学、天文学、高能物理学和气候科学。在基因组学中，如 1996 年百慕大原则（Bermuda Principles）和 2003 年劳德代尔堡协议（Fort Lauderdale）等关于出版前数据发布的协定对于人类基因组计划和其他公共资源项目的成功至关重要（Marshall，2001；惠康基金会，2003）。这直接导致了期刊政策要求在成果出版前即需要获得基因银行（GenBank）或欧洲分子生物学实验室（EMBL）分配的基因序列号，这些举措被证实极大地加速了生物医学研究的进展。

关于共享数据的担忧

当研究人员对分享研究数据表现出担忧或犹豫不决时，通常是因为未知因素和对共享过程的真实需求不了解造成的。同样重要的是，创建和共享数据缺乏明确的职业奖励和不同于学术论文的出版是数据共享主要的抑制因素。大多数研究人员希望在他们尽其所能提取所有的出版物价值前，保留对他们所创建数据的专用权。

表 1.1 中列出了一些关于数据共享的主要担忧，这些担忧一般由出席数据管理和共享研讨会的研究人员提出的，此外也列出一些缓解这些担忧的论据。在这里，我们还总结了共享数据的益处，总体来说，进行数据共享利大于弊。

表 1.1 研究人员对数据共享的担忧以及反驳这些担忧的相关论据

不共享数据的理由	反方（支持数据共享）观点
我的数据对其他人没有吸引力和用处	他们确实感兴趣。研究人员想要访问来自各类研究、方法论和学科的数据。很难预测哪些数据对未来的研究很重要。谁会想到业余园丁的日记会有一天为气候变化研究提供极其重要的数据？您的数据也可能是为了实现教学目的所必不可少的。共享并不只是将您的数据存档，更是要在同事之间进行共享
我想在别人看到我的数据之前出版我的研究成果	数据共享并不会妨碍您优先将数据用于出版物中。大多数研究资助者允许您在一段时间内单独使用，但也希望及时共享。记住您已经使用您的数据一段时间了，所以您无疑比任何来重新使用它们的人更加了解这些数据
我没有时间和金钱去为共享数据做准备	在研究数据生命周期的早期制订数据管理计划至关重要。数据管理理应成为您的研究实践中一个必不可少的组成部分，减少时间和财务成本，并大大提高您所使用数据的质量

续表

不共享数据的理由	反方（支持数据共享）观点
如果我要求我的受访者同意共享他们的数据，他们将不愿意参与到研究中来	不要假定参与者不会参与，因为数据共享是可商讨的。与他们沟通，他们可能并不像您想象中那样不情愿，或者没那么担忧数据共享。让他们明白这完全由他们自己决定，因此，他们可以决定是否共享他们的数据，独立于参与研究之外。清楚地解释数据共享的意义，以及它为什么重要。但他们仍然可以自由选择同意或不同意。您可以解释数据归档在实践中对数据本身的意义。如果您在研究期间没有征询参与者的意见，并获得共享数据的许可，那么您可以随时返回以获得参与者的回溯许可
我正在做高度敏感的研究，我不可能让我的数据被他人看到	第一件事是询问受访者，看看您是否可以在第一时间获得同意进行数据共享。匿名化程序有助于保护识别信息。如果前两个策略不合适，那么可以考虑控制对数据的访问或在一段时间内禁止访问
我正在做定量研究，我的变量组合揭露了我的参与者的身份	定量数据可以通过聚合、顶部编码、变量的移除或对某些变量的受控访问来进行匿名化，如邮编
我收集的是视听数据，但我不能对其进行匿名化，所以我不能共享这些数据	视听数据可以通过模糊面部或扭曲声音来匿名化，但是这执行起来比较耗时并且成本较高。这可能意味着会损失大量的数值。最好请求参与者同意以非匿名形式分享其数据，或者对数据实施受控访问
我承诺过在项目结束时便将数据销毁	为什么会做出这样的承诺？应避免做出不必要的承诺来销毁数据。通常没有法律或伦理要求这样做，除非是个人数据，但这肯定不适用于一般的研究数据。也需要考虑您在什么地方收到此建议。您可能需要与伦理委员会或机构审查委员会商谈本协议
我的数据是在保证完全保密的情况下收集的	同样，为什么做出这样的保证呢？是必要的吗？最好避免不必要的承诺。可以实施匿名化程序来保护身份，但是永远不能完全保证机密性。您还可以考虑实施数据的受控访问
不可能对我的副本进行匿名化处理，因为很多重要的信息会丢失	咨询如何匿名化定性数据的指导。或者如果过多的有用信息将丢失，那么对数据的访问控制可能是比匿名化更好的解决方案
我的数据集里包含我购买的数据并且它不能公诸于众	重要的是要知道谁拥有您正在使用的数据的版权，并获得相关权限。您需要了解您正在使用的数据的许可条件，以及您可以和不可以对数据执行的操作
其他研究者将完全不理解我的数据，或者可能将他们用于错误的目的	为您的研究项目生成良好的文档和提供背景信息，这能够使其他研究人员正确地使用和理解您的数据
有的数据具有知识产权	如果您从知识产权所有者那里寻求版权许可，这不应该是一个问题。这最好在研究项目的早期完成，但需要能够被追溯

在研究环境中数据共享对不同参与方的益处

对研究人员的益处：

• 提高学术工作的可见性；

• 可能会提高引用率，如可开放获取的期刊文章被引用的次数更多；

• 能够促成新的科研合作；

• 鼓励学术探索和争鸣；

- 促进创新和数据潜在的新用途；
- 和新一代研究人员建立联系。

对研究资助者的好处：
- 促进数据的初次和二次使用；
- 最佳利用公共资助的研究；
- 避免数据收集的重复；
- 使投资回报最大化。

对学术共同体的好处：
- 维持开放查询的专业标准；
- 最大限度地提高透明度和问责制；
- 通过数据意料之外的和新的用途来促进创新；
- 能够对研究结果进行审查；
- 提高了验证、复制和可信度的质量；
- 鼓励改进和验证研究方法；
- 提供教学和学习的资源。

对研究参与者的好处：
- 允许最大限度地使用共享的信息；
- 最小化难以接近或过度被研究人群的数据集合；
- 允许参与者的经验尽可能广泛地从伦理上被理解。

对公众的好处：
- 促进科学、造福社会；
- 采用新兴规范，如开放获取出版；
- 数据是，并且呈现出的是，开放的和可解释的；
- 符合开放性法律法规。

最后，欧盟资助的开放数据交换（2011）关于数据发布的后续报道发现，通过正式地将数据加入出版物中，来进行数据共享与出版研究活动的整合，似乎克服了研究人员的主要担忧（Reilly et al.，2011）。

技　　能

对研究数据获取和共享的需求日益增长，导致在研究工作中的数据管理实践显得愈发重要。因为数据是一切科学知识和研究的基础，因此数据的完整性就变得至关重要。所谓数据的完整性可以理解为数据的精确性和一致性，而要实现这一目标必须要通过数据的质量控制。进行数据共享的前提是数据已经达到了很高的质量标准，有良好的管理，拥有完善的文档，从而可以被引用和索引。

这就使得研究者必须具备这种数据管理技能，从而交付出如此高质量的数据。尽管绝大多数的大学生受到过良好的研究方法和统计学训练，但其学习过程中甚少接触到信息管理、数据生命周期及对数据进行长期共享等方面的训练。这就导致研究者倾向关注那些对已被分析的数据进行搜集、解释、报道的直接活动。

我们鼓励当前的研究方法培训能将这些增值技能吸纳其中，让它们能对数字化研究数据进行良好管理、并使之可持续和可共享。《自然》也发出了这一呼吁：希望将数据管理作为一项基础知识纳入到每项科学课程中（Campbell，2009）。

数据管理技能不仅有助于学术研究的专业技能的发展，同时这种可转移的技能在公共部门和商业领域也同样适用。这一技能也可以在家庭中帮助居民监护和传递其数据资产。同增强个人技能一样，数据管理技能通过鼓励使用标准化、可共享的过程和协议，通过角色和权责分配来帮助研究团队和研究中心提升效率。

在英国，英国联合信息系统委员会（JISC）投资了一项五年期的研究数据管理项目（MRD），旨在高等教育部门中发展数据基础设施，开发数据资源、工具及训练材料。数据监护中心（DCC）为在此项目中开发出的培训材料提供了相应的链接。这些可分为通用和特定主题的培训资源，旨在帮助研究者和数据保管人（如图书馆馆员和研究支持人员）拥有将数据进行有效共享和保存的能力（DCC，2013b）。到目前为止，作者已经在社科领域为社会科学家提供了第一套指南和培训材料（Corti et al.，2011；Van den Eynden et al.，2011）。

与此同时，针对数据保存的培训课程也日益增多，而这些课程旨在帮助信息专家和档案保管员，而不仅是研究人员本身。这些课程试图提供信息搜集、筛选、管理、长期储存以及数据资产获取的实践知识和技能。这些课程包括：英国的数字保存联盟（DPC）的培训课程、美国国会图书馆的数字资源长期保存的宣传和教育计划（DPOE）和讲师培训工作坊（DPC，2013；Library of Congress，2013）。

—— **练习 1.1　共享数据的原因** ——

请写出五点研究人员最不愿意共享他们研究数据的原因。

—— **练习 1.1　答案** ——

参见表 1.1 中研究人员给出的若干个关于不愿共享数据的关键因素，以及反驳这些观点的论据。

参 考 文 献

APSA (2012) *Ethics in Political Science*, American Political Science Association. Available at: http://www.apsanet.org/content_9350.cfm.

Berlin Declaration (2003) *Berlin Declaration on Open Access to Knowledge in the Sciences and Humanities*. Available at the Max Plank Society website at: http://oa.mpg.de/lang/en-uk/berlin-prozess/berliner-erklarung/.

Cabinet Office (2012) *Open Data White Paper: Unleashing the Potential*, UK Government Cabinet Office. Available at: http://data.gov.uk/sites/default/files/Open_data_White_Paper.pdf.

Campbell, P. (2009) 'Data's shameful neglect', *Nature*, 461: 145.

Corti, L., Van den Eynden, V., Bishop, L. and Morgan, B (2011) *Managing and Sharing Data: Training Resources*, UK Data Archive, University of Essex.

CSA (2012) Citizen Science Alliance. Available at: http://www.citizensciencealliance.org/.

CTIC (2013) *Public Dataset Catalogs Browser*, Asturias, Fundación CTIC. Available at: http://datos.fundacionctic.org/sandbox/catalog/faceted/.

Databib (2013*) Registry of Research Data Repositories*, Databib. Available at: http://databib.org/index.php.

DCC (2012) *Overview of Funders' Data Policies*, Digital Curation Centre. Available at: http://www.dcc.ac.uk/resources/policy-and-legal/overview-funders-data-policies.

DCC (2013a) *Institutional Data Policies*, Digital Curation Centre. Available at: http://www.dcc.ac.uk/resources/policy-and-legal/institutional-data-policies/uk-institutional-data-policies.

DCC (2013b) *Digital Curation Training for All*, Digital Curation Centre. Available at: http://www.dcc.ac.uk/training.

Dietrich, D., Adamus, T., Miner, A. and Steinhart, G. (2012) 'De-mystifying the data management requirements of research funders', *Issues in Science and Technology Librarianship*, Summer 2012. DOI: 10.5062/F44M92G2.

DPC (2013) *Digital Preservation Training Programme*, Digital Preservation Coalition. Available at: http://www.dpconline.org/training/digital-preservation-training-programme.

Dryad (2013) *Dryad*. Available at: http://datadryad.org/.

EPSRC (2011) *EPSRC Policy Framework on Research Data*, Engineering and Physical Sciences Research Council. Available at: http://www.epsrc.ac.uk/about/standards/researchdata/Pages/policyframework.aspx.

European Commission (2010) *Riding the Wave: How Europe can Gain from the Rising Tide of Scientific Data*, final report of the High Level Expert Group on Scientific Data, European Commission. Available at: http://cordis.europa.eu/fp7/ict/e-infrastructure/docs/hlg-sdi-report.pdf.

European Commission (2011) *Communication on Open Data*, European Commission. Available at: http://ec.europa.eu/information_society/policy/psi/docs/pdfs/directive_ro osal/2012/o en_data. df.

European Commission (2012a) *Communication Towards Better Access to Scientific Information: Boosting the Benefits of Public Investments in Research*, European Commission. Available at http://ec.europa.eu/research/science-society/document_library/pdf_06/eracommunication-towards-better-access-to-scientific-information_en.pdf.

European Commission (2012b) *Recommendation on Access to and Preservation of Scientific Information*, European Commission. Available at: http://ec.europa.eu/ research/science-society/document_library/pdf_06/recommendation-access-and-preservation-scientific-information_en.pdf.

HESA (2012) *Finances of UK Higher Education Institutions 2010/11*, Higher Education Statistics Agency. Available at: http://www.hesa.ac.uk/index.php?option=com_content &task=view&id=2404&Itemid=161.

Higgins, J.K. (2013) 'White House pulls back the curtains on big data project', *ECommerce Times*, 5 May. Available at: http://www.ecommercetimes.com/ story/78088.html.

Hrynaszkiewicz, I. and Cockerill, M.J. (2012) 'Open by default: A proposed copyright license and waiver agreement for open access research and data in peer-reviewed journals', *BMC Research Notes*, 5: 494. DOI: 10.1186/1756-0500-5-494.

Kiermer, V. (2011) 'Innovation in scientific publishing, an editorial perspective', Nature Publishing Group. Available at: http://www.gracacarvalho.eu/xms/files/ ACTIVIDADE_PARLAMENTAR/OUTRAS_ACTIVIDADES/2011/18-10-2011_ STM/2011_10_Kiermer_Nature_STM_Roundtable_compressed.pdf.

Library of Congress (2013) *Digital Preservation Outreach and Education*, Library of Congress. Available at: http://www.digitalpreservation.gov/education/curriculum.html.

Marshall, E. (2001) 'Bermuda rules: Community spirit, with teeth', *Science*, 291(5507): 1192. Available at: http://www.sciencemag.org/content/291/5507/1192.full.

OECD (2007) *OECD Principles and Guidelines for Access to Research Data from Public Funding*, Organization for Economic Co-operation and Development. Available at: http://www.oecd.org/dataoecd/9/61/38500813.pdf.

Open Data Exchange (2011) *Ten Tales of Drivers and Barriers in Data Sharing*, Opportunities for Data Exchange Project. Available at: http://www. alliancepermanentaccess.org/wp-content/uploads/downloads/2011/10/7836_ODE_ brochure_final.pdf.

Proctor, R., Halfpenny, P. and Voss, A. (2012) 'Research data management: Opportunities and challenges for HEIs', in G. Pryor (ed.), *Managing Research Data*. London: Facet Publishing. pp. 135–50.

RCUK (2011) *Common Principles on Data Policy*, Research Councils UK. Available at: http://www.rcuk.ac.uk/research/Pages/DataPolicy.aspx.

RCUK (2012) *Research Councils UK Policy on Access to Research Outputs*, Research Councils UK. Available at http://www.rcuk.ac.uk/research/Pages/outputs.aspx.

Reilly, S., Schallier, W., Schrimpf, S., Smit, E. and Wilkinson, M. (2011) *Report on Integration of Data and Publishing*, Opportunities for Data Exchange. Available at: http://www.alliancepermanentaccess.org/wp-content/uploads/downloads/2011/11/ ODE-ReportOnIntegrationOfDataAndPublications-1_1.pdf.

Research Information Network (2008) *To Share or Not to Share: Publication and Quality Assurance of Research Data Outputs*, Research Information Network. Available at: http://www.rin.ac.uk/our-work/data-management-and-curation/share-or-not-share-research-data-outputs.

Savage, C.J. and Vickers, A.J. (2009) 'Empirical study of data sharing by authors publishing in PLoS journals', *PloSOne*, 4(9): e7078.

Sayogo, D.S. and Pardo, T.A. (2013) 'Exploring the determinants of scientific data sharing: Understanding the motivation to publish research data', *Government Information Quarterly*, 30(1): 19–31. DOI: 10.1016/j.giq.2012.06.011.

Tenopir, C., Allard, S., Douglass, K., Aydinoglu, A.U., Wu, L., Read, E., Manoff, M. and Frame, M. (2011) 'Data sharing by scientists: Practices and perceptions', *PlosOne*, 6(6): e21101. DOI:10.1371/journal.pone.0021101.

The 1000 Genomes Project Consortium (2010) 'A map of human genome variation from population-scale sequencing', *Nature*, 467:1061–73. DOI: 10.1038/nature09534.

The Royal Society (2012) *Science as an Open Enterprise*, The Royal Society Science Policy Centre Report 02/12. Available at: http://royalsociety.org/uploadedFiles/Royal_Society_Content/policy/projects/sape/2012-06-20-SAOE.pdf.

Van den Eynden, V., Corti, L., Bishop, L. and Horton, L. (2011) *Managing and Sharing Data; best practice for researchers*, UK Data Archive, University of Essex. Available at: http://www.data-archive.ac.uk/media/2894/managingsharing.pdf.

Vlaeminck, S. (2013) 'Data management in scholarly journals and possible roles for libraries – some insights from EDaWaX', *LIBER Quarterly*, 23(1): 48–79. Available at: http://liber.library.uu.nl/index.php/lq/article/view/URN%3ANBN%3ANL%3AUI%3A10-1-114595/8827.

Watson, J.D. and Crick, F.H.C. (1953) 'Molecular structure of nucleic acids – a structure for deoxyribose nucleic acid', *Nature*, 171(4356): 737–8.

Wellcome Trust (2003) *Sharing Data from Large-scale Biological Research Projects: A System of Tripartite Responsibility*, Wellcome Trust. Available at: http://www.sanger.ac.uk/datasharing/assets/fortlauderdalereport.pdf.

Wicherts, J.M., Borsboom, D., Kats, J. and Molenaar, D. (2006) 'The poor availability of psychological research data for reanalysis', *American Psychologist*, 61(7): 726.

Youngseek, K. and Stanton, J.M. (2012) 'Institutional and individual influences on scientists' data sharing practices', *Journal of Computational Science Education*, 3(1): 47–56.

第二章

研究数据的生命周期

大部分数据通常比创建它们的研究项目具有更长的寿命。研究人员可以在资助停止后继续从事数据研究，后续项目可能会分析或添加数据，或者数据可能被其他研究人员重复使用并改变其用途。如果数据在研究项目期间得到适当地保存、良好地监护并可以被长期访问，那么它们将能够在未来的研究中被重复利用。

在 20 世纪 90 年代和 21 世纪初期，数据生命周期作为支持数字保存和数据监护实践的概念被推广开来。数据生命周期的概念是随着数据共享的文化成为我们日常研究语言的一部分而获得普及的。数据生命周期是平常的研究周期的延伸。表 2.1 列出了通常在研究数据生命周期研究中开展的数据关联活动的概述。

表 2.1　在研究数据生命周期中开展的代表性活动

活动	主要特征
发现和计划	设计研究
	规划数据管理
	规划同意共享
	规划数据收集、处理协议和模板
	发现和探索已有的数据资源
数据收集	收集数据——记录、观察、评估
	试验和模拟
	捕获和创建元数据
	获取已存在的第三方数据
数据处理和分析	输入数据、数字化、转录和转换必要时进行数据检查、验证、清洗和匿名化
	获取数据
	描述和归档数据
	分析数据
	解释数据
	产生研究成果
	编辑出版物
	数据来源引证
	管理和储存数据

续表

活动	主要特征
出版和共享	建立数据版权
	创建发现元数据和用户文档
	出版和共享数据
	分发数据
	控制数据的访问
	推广数据
长期数据管理	将数据转化成最佳格式
	将数据迁移到合适的媒介
	备份和储存数据
	收集和生产元数据和文档
	保存和监护数据
数据再利用	进行二次分析
	着手后续研究
	实施研究评价
	审核成果
	将数据用于教学

数据文档倡议（DDI）的元数据标准是一种常用的社会科学数据文档标准，也是首次提出数据生命周期构想的倡议计划之一（DDI Alliance，2013）。该理念将研究过程和活动与数据监护、数据保存、数据发布和数据共享的概念结合起来。图 2.1 向我们展示了这个初始的 DDI 生命周期，它使用了与表 2.1 中的那些概念类似但不完全相同的术语。在第四章关于编制数据文档部分，我们将更多地了解DDI 及其在描述社会科学数据方面的重要性。

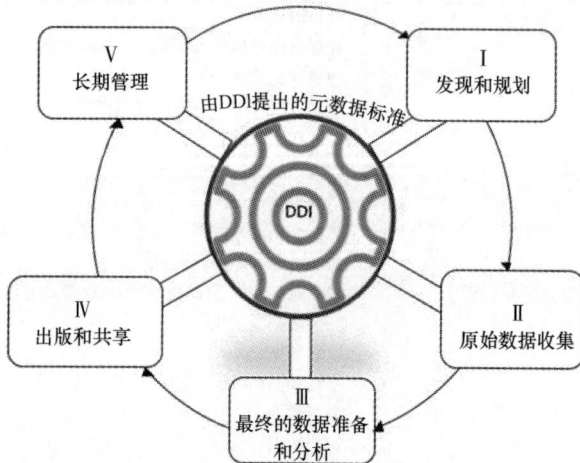

图 2.1　数据文档倡议（DDI）中元数据标准的生命周期

来源：DDI，2013

在社会科学领域，Humphrey 提出了一个生命周期的研究模型，它可以应用到"数字科学"（e-science）的概念中（Humphrey，2006）。如图 2.2 所示，该图中的每个"V"形图案均是研究中的一个独立的阶段，代表信息的生成过程。在 Humphrey 模型中的知识转移（KT）阶段涉及各种各样的沟通方法，这些方法源自于研究（如研究成果、出版物等）。

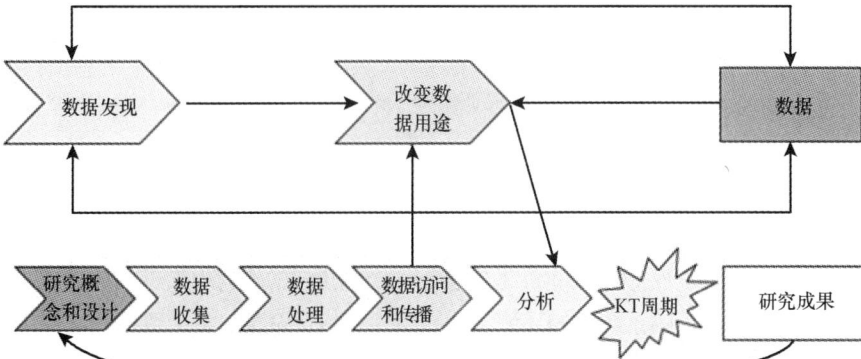

图 2.2　研究知识创建的生命周期模型

来源：Humphrey，2006

这里值得注意的要点是"V"形图案之间的空白，是研究过程中，产品在完工后传递到下一个阶段间的过渡期。Humphrey 表示，生命周期中的这些转变点是在项目周期中最易受信息损失影响的地方，如调查设计的详细抽样程序。在协商项目的数据管理计划过程中，这些过渡点是最重要的领域，尤其必须明确在每个阶段所创建的数字对象的负责人。

考虑到 Humphrey 的担忧，关键的数据管理介入点甚至可以在项目开始之前移植到研究周期上。例如，正式签署知情同意书以使得数据共享不被妨碍，这可以作为在进入某个领域收集访谈数据之前的要求，或者可以在数据抓取之前设置电子表格模板和数据输入的预设规则。

作为研究人员，如果在项目开始前便考虑在研究的每个阶段采纳数据管理的哪些方面的方法，这对研究来说是非常有帮助的。同样有助于可视化特定研究项目的研究周期、数据生命周期及其所产生的研究数据，以帮助确定应采取行动或介入的节点。

我们将在第三章中讨论这种生命周期计划的实用性，练习 3.1 展示了如何使用数据生命周期草图来确认数据管理过程的介入点。

从那时起，其他组织已经调整了 DDI 生命周期模型来创建适合自身的版本。示例包括通用的数据管理中心（DDC）生命周期模型（DDC，2012）和美国地质调查局数据生命周期图（USGS，2013）。美国地质调查局数据生命周期图（图 2.3）清楚地表明了规划、获取、保存和出版或共享数据之间的线性步骤关系，以及在数据描述、数据质量控制、数据备份和保护的整个生命周期中的持续过程。

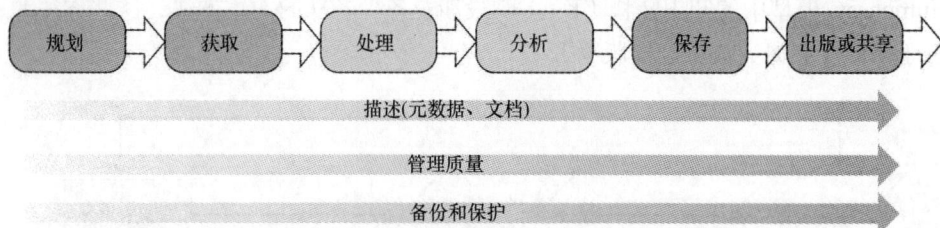

图 2.3　美国地质调查局（USGS）数据生命周期模型

来源：USGS，2013

开放档案信息系统（OAIS）参考模型是一个更正式的概念框架，其描述了一个负责数字资料长期保存的系统内的环境、功能组件和信息对象。它为数据档案提供了一个生命周期模型，并在科学、数据管理和档案社区领域内得到广泛认可（CCSDS，2012）。

在下面的案例研究中，我们列举了一个现实生活中研究项目的例子，它成功地分享了其研究成果的数据，以及其关键的数据管理介入点。

案例研究　"北坎布里亚郡口蹄疫流行病产生的健康和社会后果"研究项目的数据生命周期（Mort，2006）

2001 年口蹄疫的暴发对英国农村地区的经济、社会和政治生活产生了巨大的影响。这个由英国卫生部资助的研究项目提供了关于这一流行病产生人类健康和社会后果的证据。

该研究招募了来自受影响最严重地区（北坎布里亚郡）的 54 名当地人，成立了常务委员会。这个小组在 18 个月的时间里坚持写周记，记录了这场危机对他们生活的影响以及他们观察到的发生在身边的复苏过程。该小组的成员来自不同的职业，包括农民及在相关农业行业的家庭工人、小型企业人员（包括旅游、酒店贸易和农村产业）、卫生专业人员、兽医从业人员、志愿者组织和居住在处理场附近的居民。

小组成员在 18 个月内创作了 3200 条感情强烈且主题多样的周记条目。通过对每个受访者的深入访谈、焦点小组讨论以及与其他16位利益相关者的访谈，对数据进行了补充。

研究小组主要获得参与者同意参与该项目，但没有获得同意共享或存档他们的数据。当项目完成后，研究小组希望将其数据存档以备将来重用，因此必须获得回顾性同意。后面我们会看到，在实地工作的早期即获得数据共享的权利将更为有效。他们与参与者讨论回顾性同意程序，并寻求版权法律专家的专家意见，帮助他们草拟协议条款，使受访者对于他们的日记、副本或日记的某些部分及其音频材料是否存档具有一系列的选择权。研究团队让受访者自己决定如何使用他们的材料。这些数据现在可供英国数据服务中心的其他研究人员使用。其数据生命周期如图2.4所示。

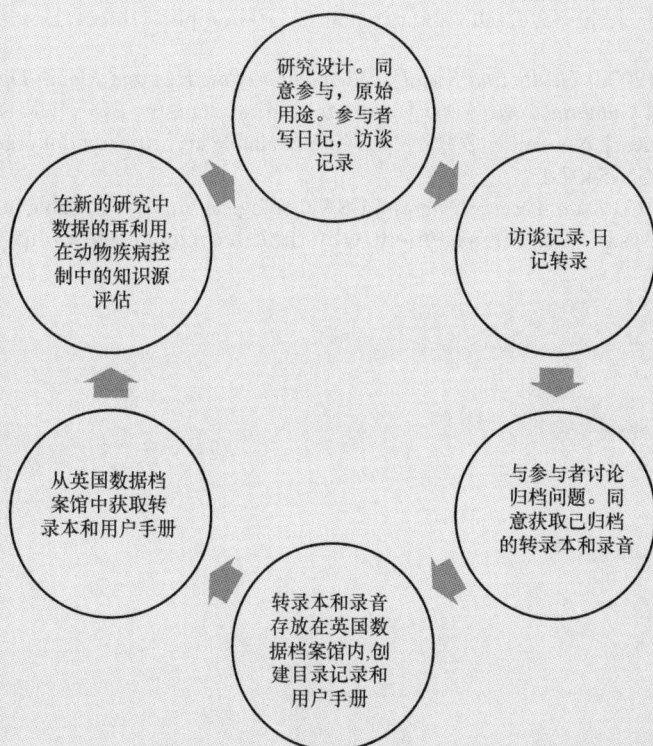

图2.4　2001~2003年发生在"北坎布里亚郡口蹄疫流行病产生的健康和社会后果"研究项目的数据生命周期

来源：Mort, 2006

　　采取整体规划，并同时考虑整个科研生命周期和数据生命周期的方法的意义在于，它能够让所有参与者清楚地知道他们在研究过程中的角色和职责。确保数据可供重复使用的许多压力点在重要的任务和职责变化之后立即呈现出暂时性回落。我们要明确了解活动的结束表示职责的变化，而不是一项工作的结束，这对于长期获取数据至关重要。我们接下来在第三章中讨论计划、角色和职责。

参 考 文 献

CCSDS (2012) *Reference Model for an Open Archival Information System* (OAIS), The Consultative Committee for Space Data System Principles. Available at: http://public. ccsds.org/publications/archive/650x0m2.pdf.

DCC (2012) *The DCC Curation Lifecycle Model*, Digital Curation Centre. Available at: http://www.dcc.ac.uk/resources/curation-lifecycle-model.

DDI Alliance (2013) *Data Documentation Initiative*. Available at: http://www. ddialliance.org.

Humphrey, C. (2006) *e-Science and the Life Cycle of Research*, University of Alberta. Available at: http://datalib.library.ualberta.ca/~humphrey/lifecycle-science060308. doc.

Mort, M. (2006) *Health and Social Consequences of the Foot and Mouth Disease Epidemic in North Cumbria, 2001–2003* [computer file]. Colchester, Essex: UK Data Archive [distributor], November 2006. SN: 5407. Available at: http://dx.doi.org/10.5255/ UKDA-SN-5407-1.

USGS (2013) *Data lifecycle Diagram*, USA Geological Survey. Available at: http:// www.usgs.gov/datamanagement/why-dm/lifecycleoverview.php.

第三章

研究数据管理计划

在研究项目中，早期规划至关重要。它能确保可以周密地考虑研究项目过程中的活动和行动，并以最佳方式设计和组织以确保工作完成的效率和成功率。同样的方法适用于规划如何在研究项目进行期间及其结束之后管理研究数据。最好使用数据管理计划来进行规划。

数据管理计划有助于设计、实施和跟踪如何收集、组织、使用和监护研究数据，以获得最高质量和长期持续性的数据。该计划不仅考虑到了主要的研究人员的原始使用需求，而且考虑到了未来同样的研究人员或者新用户的使用需求。

规划有助于聚焦所需的资源和资金，并且在研究初期明确个人和机构的角色和职责。

就数据共享而言，规划可以帮助确定可能促进、限制或禁止其发生的具体因素，甚至在数据收集之前就能确定。数据共享的潜在限制可能是数据中存在个人信息、数据的知识产权的不确定性、专有的文件格式或数据相关文档准备不足。正如我们将在接下来的第四至第八章中看到，有一些策略可以帮助克服数据共享的这些限制。

阻碍及时进行数据共享的一个问题是研究人员面临的时间限制，尤其是在研究项目即将结束之际，会承受发表成果和确保研究资金能够延续的压力，这些因素在此期间达到最高。在研究周期的末期，实施数据管理和共享措施的成本可能非常之高。在研究的规划和开发阶段实施数据管理的策略和活动，将在短期内节省时间和精力，并防止以后出现恐慌和挫折。如果规划得早，数据管理的许多方面其实可以嵌入到日常的研究协调和管理之中，以及研究过程之中，节省大量时间精力。

正如我们在第一章中所看到的，研究基金提供方越来越严格要求他们资助的研究项目实施数据管理规划，以提高所生成数据的寿命和质量，并确保数据可以在第一手研究之外共享。自 21 世纪中期以来，英国和国际研究基金组织都在其数据政策中引入了一项要求，即将数据管理和（或）共享计划作为研究基金申请的一部分。表 3.1 和表 3.2 是在撰写本书时英国和美国研究基金的一些要求概述。

表 3.1　英国研究基金关于数据共享政策及其对数据管理和共享计划的要求概述

基金	是否要求计划	申请时需要什么	规划中的数据主题
艺术和人文研究理事会（AHRC）	是	技术方案	标准、保存、持续地获取和使用
生物技术与生物科学研究理事会（BBSRC）	是	数据管理和共享计划	类型、格式、标准、共享方法、限制条件、共享时间表
英国癌症研究中心（CRUK）	是	数据共享计划	容量、格式、标准、元数据、文档、共享方法、时段、保存、限制条件
英国国际发展部（DFID）	是	访问和数据共享计划	仓储、限制、时段、职责、资源、存取策略
工程和物理科学研究理事会（EPSRC）	否	制度层面的政策框架（自 2005 年起）	
英国经济与社会研究理事会（ESRC）	是	数据管理计划	容量、类型、质量、存档计划、共享困难、同意共享、知识产权、职责
英国医学研究理事会（MRC）	是	数据管理计划	收集方法、文档、标准、保存、管理、安全、保密、共享和获取、时段、职责
自然环境研究理事会（NERC）	是	数据管理计划概要	数据管理流程、创建的数据
英国科学和技术设施理事会（STFC）	是	数据管理计划	类型、保存、元数据、价值、共享、时段、所需资源
维康信托基金会	是	数据管理和共享计划	什么数据、何时共享、何地共享、如何获取、限制条件、如何保存、什么资源

来源：改编自 Knight, 2012。

表 3.2　美国基金对数据管理和共享计划的要求概述

基金	规划中的数据主题
美国国家科学基金会（NSF）（包括社会、行为和经济科学部；有不同要求的其他部门）	预期产生的数据、数据保留、如何共享数据、如何管理数据、访问的法律/伦理限制、元数据、数据存储和保存、数据格式和传播、角色和职责
美国国立卫生研究院（NIH）（如果资金超 50 万美元，则需要数据共享计划）	数据共享
美国戈登-贝蒂摩尔基金会（GBMF）	数据描述、数据管理、数据共享
美国博物馆和图书馆服务协会（IMLS）	数据描述、数据的限制、文档、知识产权、元数据、存储、访问、归档和共享
美国国家人文基金会（NEH）	预期数据、角色和职责、数据保留、数据格式和传播、存储和保存
美国国家海洋和大气管理局（NOAA）	数据描述、管理工作、文档、数据共享、联系、存储、保护、归档和保存
比尔和梅琳达·盖茨基金会（如果资金超 50 万美元，则需要数据共享计划）	预期数据、数据访问、共享时间表、存储和传播
美国国家司法研究所	数据管理和归档过程、机密性保护、与数据准备和归档相关的任务、成本

续表

基金	规划中的数据主题
美国国家教育科学院	预期产生的数据、数据管理、隐私信息的保密、角色和职责、数据共享计划、格式、文档、如何共享、共享的限制因素

来源：加利福尼亚数字图书馆（California Digital Library，2013a）。

虽然每个基金都对计划内容做了特定要求，但计划中的共同内容包括如下方面：

- 在研究期间创建什么数据；
- 哪些政策可能适用于数据，如法律、体制和资金要求；
- 使用哪些数据标准，包括元数据标准；
- 如何编制数据相关的文档；
- 数据中的所有权、版权和知识产权；
- 数据安全；
- 数据存储和备份措施及所需的设备或基础设施；
- 计划共享数据，谁有权访问以及是否存在禁止发表或限制；
- 数据管理的角色和职责；
- 为实现数据共享，还需要考虑除了通常的研究和传播活动之外所需要的成本或资源（当然，这需要在所有资助的研究项目结束后的较短时间内完成）。

在基金申请中，数据管理计划不应被视为是一个可以从模板中粘贴标准化文本的简单管理任务，这个管理任务中的措施在早期已计划好却无意实施，或者不考虑进行数据共享真正需要什么。相反，它应该是，而且的确是一个所有未来的出版和传播活动所依赖的研究数据的战略性规划。除了资助者要求，实施数据管理计划对任何能够产生数据的研究项目参与者来说都是很好的实践。

良好的数据管理不会因规划结束，在需要的时候采取措施来解决问题是至关重要的，以避免遇见轻微的不便即成为不可逾越的障碍。已经制订了数据管理和共享计划的研究人员发现，随着研究的进展，研究团队内对数据问题的思考和讨论是有益的。

在数据管理计划开始时要考虑的关键问题如下：

- 了解您对研究参与者、同事、研究资助者和机构应该履行的关于研究数据的法律、伦理和其他义务；

- 了解您所在机构的政策和服务，如存储和备份策略、研究完整性框架、知识产权政策及所有数据共享设施，如机构知识库；
- 将角色和职责分配给相关各方；
- 根据研究的需要和目的设计数据管理计划；
- 旨在将数据管理措施作为一个不可或缺的组成部分纳入您的研究周期中；
- 将实施和审查数据管理作为持续性研究进展和审查的一部分。

使用数据管理清单

　　下面的清单可以帮助您确定实施良好数据实践需要做什么，以及可以采取哪些行动来优化数据共享。

数据管理清单（基于英国数据服务中心，UK Data Service，2013a）

规划

- 数据管理的每一部分分别由谁负责？
- 任何活动都需要新技能吗？
- 您需要额外的资源（如人、时间或硬件）来管理数据吗？
- 您是否考虑了为保证数据长期保存和访问而进行存储的相关费用？

编制数据文档

- 其他人能够理解您的数据并正确使用它们吗？
- 您的结构化数据使用的变量名、代码和缩写方面是不是一目了然，不言自明？
- 哪些描述和背景文档能够解释您的数据，它们如何被收集和创建？
- 如何标记并组织数据、记录和文件？
- 您在数据编目上会保持一致性吗？

格式化

- 您是否使用了标准化和一致的程序来收集、处理、转录、检查、验证和确认数据，如标准协议、模板或输入表格？
- 您将使用哪些数据格式？此格式和软件能够实现数据的共享和长期可持续保存吗（如非专有软件和基于开放标准的软件）？
- 在跨格式转换数据时，您是否检查了数据、注释或内部元数据有没有丢失或改变？

存储
- 您的数字化和非数字化数据及所有副本，是否存放在多个安全可靠的地点？
- 您是否需要安全地存储个人或敏感数据，如果是这样，那么他们是否得到恰当的保护？
- 如果使用移动设备收集数据，您将如何传输和存储数据？
- 如果数据保存在多个地方，您将如何跟踪版本？
- 您的文件是否充分、定期备份，并且备份文件是否得到安全存储？
- 您知道您的数据文件的哪个版本是主要的吗？
- 谁可以在研究期间和之后访问哪些数据？是否需要访问限制？在数据所有者去世后应该怎么管理这些数据？
- 您准备将您的数据存储多长时间，您需要选择哪些数据应该保存和哪些应该销毁？

机密性、伦理和知情同意书
- 您的数据是否包含了机密或敏感信息？　如果是，您是否曾与收集数据的受访者讨论过数据共享？
- 您是否获得受访者的书面同意，以在研究之外共享数据？
- 您需要匿名化数据吗？如在研究期间或准备分享数据时删除标识信息或个人数据。

版权
- 您是否已经确定谁拥有您的数据的版权或联合版权？
- 您是否考虑过哪种类型的许可证适合共享您的数据以及可能存在哪些重复使用限制？
- 如果您购买或重用了其他人的数据资源，您是否已考虑了如何共享该数据，如与原始数据供应者协商新的许可证？
- 您能长期保存个人信息，使它可以在未来使用吗？

共享
- 您打算将您的所有数据用于共享吗？如何选择要保存和共享的数据？
- 如何及在何处长期保存您的研究数据？
- 如何使您的数据可供未来用户使用？

其他组织已经制作了他们的详尽清单（Atkinson et al.，2012；MIT Library，2013；Universiry of Edinburgh，2013；University of Oxford，2013），这些清单都是很有用的，并已探查了您可能会问的和与您项目相关的其他问题。

角色和职责

数据管理并不仅仅是收集数据的研究者的职责，而且研究过程中的各参与方在确保高质量的数据、保护数据和促进数据共享方面均发挥着作用。分配（而不仅仅是假定）参与的各方角色和职责是至关重要的。在协同研究中，分配好合作伙伴的角色和职责是很重要的。

参与数据管理和共享的人员如下：

- 设计和监督研究的项目负责人；
- 研究人员，他们设计研究、收集、处理和分析数据，并且考虑数据将被存储在哪里及谁可以访问；
- 生成元数据和文档的实验室或技术人员；
- 数据库设计师；
- 外部承包商，他们参与数据收集、输入、转录、处理和（或）分析，并且应事先商定标准协议并编制成文档；
- 支持项目的工作人员，他们管理研究进度及研究资金、提供伦理审查和评估知识产权；
- 机构信息技术服务人员，他们提供数据存储、安全和备份服务；
- 促进数据共享的外部数据中心或网络典藏库。

还应考虑是否需要对所有参与研究的工作人员进行一些特别的培训。您所在的机构或专家组织可以在研究数据管理的各个方面进行协调或提供培训（DCC，2013b）。

将数据管理的成本核算纳入您的研究中

在项目开始研究之前，可以先采用两种通用方法来计算研究数据管理和共享成本。这不仅可以用于数据管理计划，还可以影响这个项目资金的申请。

一方面，从数据创建、处理、分析和存储到数据共享和长期保存的整个数据周期中的所有与数据相关活动和资源都可以定价，根据定价可以计算出所有与数据生成、共享和保存相关活动的总成本。这将记录数据创建的全部成本，包括从开始到结束和后续共享的全过程。

另一方面，确认需要哪些资源，这些资源用于数据保存、数据能在主要研究团队之外共享；也就是说，只选择高于和超出计划的研究过程和实践的那些成本。所需资源可能包括人员、设备、基础设施和工具，用来管理、记录、组织、存储数据和提供数据访问。

研究应用通常试图确定这些额外活动的成本，但将它们与更标准的研究活动分开并不总是那么简单。在这方面没有硬性规则要求，因为一些项目比其他项目更加注意详细的数据文档、组织和格式，这些都是实施实地调查或在数据分析前需要准备的一部分。国家统计机构开展的国家调查通常被视为数据计划、收集、记录和传播方面的最高质量标准。更多还取决于在研究本身之外的持续时间，如对数据的长期存储、保存和出版计划。当数据存储在专业数据中心或仓储平台（如英国数据档案馆）时，数据中心或仓储平台可以覆盖数据保存和传播活动，或者仓储平台本身有收费模型用来收费。您所在的机构可能会有一个用于长期存储和保存数据的内部充值系统。

可以通过列出基于数据管理清单的所有数据管理活动和使数据可共享所需的步骤来计算成本。然后，按照人员的时间成本或所需的物理资源（如硬件或软件）定价每个活动。资源和成本核算还应该与您的机构、研究办公室和机构服务去协调，因为您需要知道哪些资源（如用于数据存储和备份的资源）可从您的机构获得。

英国数据档案馆已经开发了一个简单的清单工具，可用于后一种选择的数据管理成本核算方法中（UK Data Service, 2013b）。该工具列出了18个一系列数据管理活动和被认为与数据共享相关的主题，如描述和记录数据，数据清理、数字化、存储、安全或数据匿名化。该工具还为每个主题提供了评论和建议，以帮助您确定是否需要为特定数据管理活动提供更多资源。然后可以估计每个相关活动的附加时间和（或）所需的其他资源。根据人员所需的时间或物理资源（如硬件或软件）来估计和核算成本。

在线计划工具

由于资助者采用了具有不同数据管理计划要求的数据政策，因此在制订相关计划时，他们已经展开了一些通过集体努力开发的用来支持研究人员的工具，如DMP Online 和 DMP Tool。

DMP 在线（DMP Online）

• 数据监护中心（DCC）的 DMP 在线是一个基于网络的工具，旨在帮助研究人员和其他数据利益相关者根据主要研究资助者、出版社或机构的要求制订数据管理计划。使用该工具，研究人员及其同事可以在授权申请阶段和科研生命周期期间创建、存储、更新和共享数据管理计划的多个版本。该工具可以将数据监护中心（DCC）的数据管理计划综合清单与对研究资助者要求的分析内容结合在一起。其可以根据资助者或机构的要求来制订计划，并以不同的格式导出多个版本。通过一系列定制模板向用户提供资助者和机构特定的最佳实践指导，这些模板是与大学和研究资助者（包括英国国家经济和社会研究委员会、英国医学研究理事会和维康信托基金会）联合开发的（DCC，2013a）。

DMP 工具（DMP Tool）

• 在美国，为了响应美国国家科学基金会（NSF）和国立卫生研究院（NIH）等资助机构对数据管理计划的类似要求，一组研究机构合作创建了一个灵活的在线工具，帮助研究人员制订计划。该工具允许研究人员选择他们的机构和研究资助者，并根据资助者的要求提出计划模板。其包括针对每个主题的资助者和机构提供特定的指导和资源。计划可导出格式为.txt 或.rtf 的文件，或以 PDF 格式在线共享（California Digital Library，2013b）。

我们建议，当您有机会学习本书的所有章节并获得关于数据管理具体方法、实践和技术的知识时，便可以着手数据管理规划工作。

练习 3.1　数据管理计划和数据生命周期

阅读以下研究项目方案，然后：

1. 如第二章所示，绘制一个本研究项目的数据生命周期图，并注明您认为应实施数据管理程序的节点。辨别标准研究规划与项目结束时共享数据的明确规划之间的差异。

2. 从本章中列出的数据管理清单开始制订数据管理计划。

研究方案：您是一名英国大学的研究人员，并计划开展一项关于公众对英国气候变化及其相关风险的了解的研究。了解人们对气候变化的看法对于促进与科学界、决策者和各个公共部门之间更好地沟通和对话十分重要。

您研究计划包括：

• 开展一项在线调查，邀请 2000 名在英国的公众参与评估他们对气候变化和气候变化风险的理解，以及他们的信息来源；

• 访谈气候政策和科学传播中的 20 个主要的利益相关者；

- 对从报纸和通俗科学期刊中获取的二手数据进行定性内容分析，并对媒体关于气候变化的报道做出评价。

在线调查得到的数据将被转移到统计软件包 SPSS 中进行分析。访谈将被录音并转录成 MS Word 格式的文本。转录本将被导入 NVivo 进行内容分析。

来自报纸和期刊的二手文本数据将被导入 NVivo 进行内容分析。

练习 3.2　讨论
---

1. 具有该项目的数据管理介入点的数据生命周期图可能看起来像图 3.1 中的那样。

2. 基于清单项目的数据管理计划将包括以下种类的信息：

计划

- 数据管理的每一部分具体由谁负责？

  我：创建、处理、记录和分析所有的数据。

  转录者：将音频转录成文本。

  大学 IT 服务：提供存储和备份、长期访问/共享。

记录

- 您的结构化数据是否在使用的变量名、代码和缩写方面不言自明？

  调查数据：确保 SPSS 文件包含每个变量的完整问题文本；包括代码和类别标签，并确保变量名可以单独被理解。

- 哪些描述和背景文档可以解释您数据的意义，如何收集它们及创建它们的方法是什么？

  研究方法将在研究规划阶段写出，并在研究期间的相关阶段进行扩充，以便供以后在数据文件的出版物和文档中使用。在访谈过程中要手写背景记录，这些记录在之后将打印出来作为每个访谈的背景信息。

- 如何标记和组织数据、记录和文件？

  调查数据：存储在单个数据文件夹中。

  录音访谈：存储为单独的文件，所有 20 段录音将保存在单个文件夹中。

  作为单独文件存储的面试记录和所有 20 个文件将被放置在单个文件夹中。

  报纸或期刊项目：存储为单独的文件，所有文件存储在单个文件夹中。

  每个文件名，对于所有类型的数据将包含项目缩写 PUCCUK、文件内容的参照（调查、访谈、媒体）和事件的日期（如访谈的日期）。

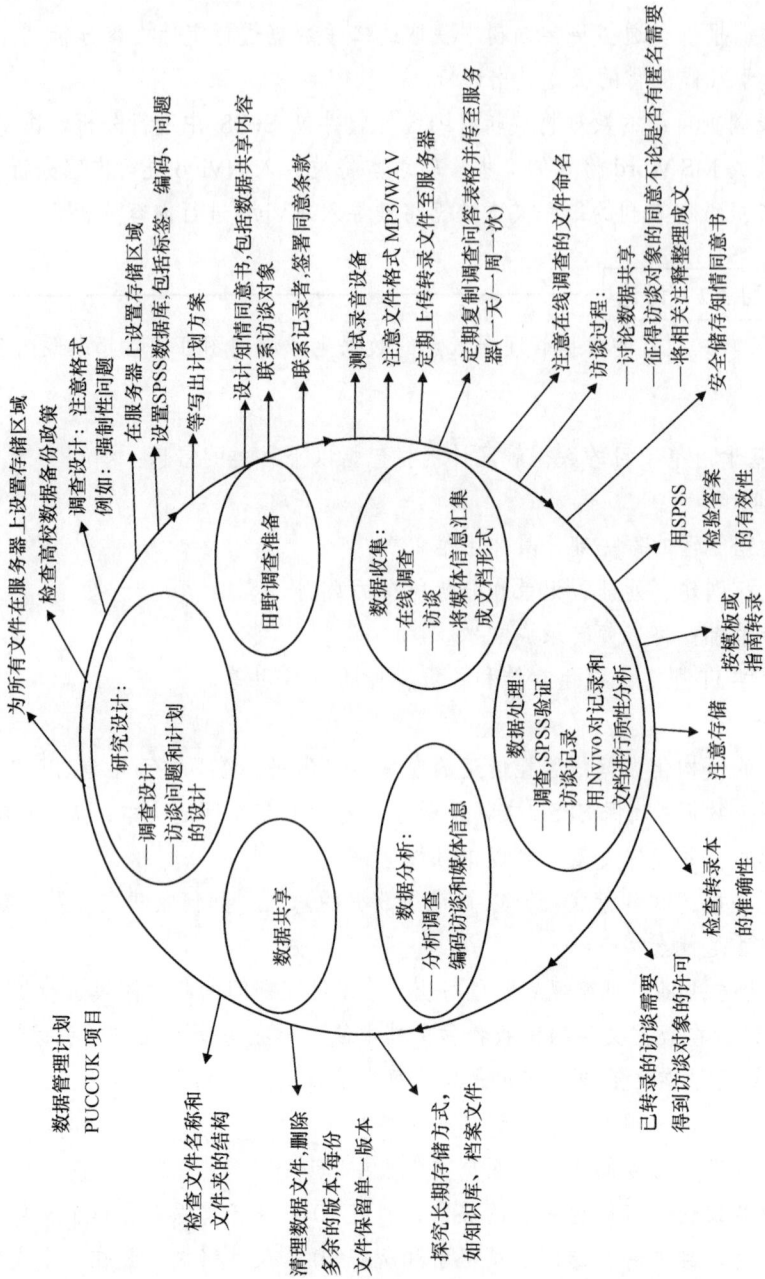

图 3.1 练习 3.1 中讨论的研究项目的数据生命周期图

为所有文件在服务器上设置存储区域
检查高校数据备份政策

调查设计：注意格式
例如：强制性问题
在服务器上设置存储区域
设置 SPSS 数据库，包括标签、编码、问题
等写出计划方案

设计知情同意书，包括数据共享内容
联系访谈对象
联系受访者签署同意条款
测试录音设备
注意文件格式 MP3/WAV
定期上传录音文件至服务器
定期复制调查问答表格并传至服务器（一天/一周一次）
注意在线调查的文件命名
访谈过程：
讨论数据共享
征得访谈对象的同意
将相关注释整理成文
安全储存知情同意书

研究设计：
—调查设计
—访谈问题和计划
的设计

田野调查准备

数据收集：
—在线调查
—访谈
—将媒体信息汇集
成文档形式

数据处理：
—调查，SPSS 验证
—访谈记录
—用 Nvivo 对记录和
文档进行质性分析

数据分析：
—分析调查
—编码访谈和媒体信息

数据共享

用 SPSS
检验答案
的有效性

按模板或
指南转录

注意储存

检查转录本
的准确性

已转录的访谈需要
得到访谈对象的许可

探究长期存储方式、
知识库、档案文件

清理数据文件、删除
多条的版本，每一版本
文件保留单一版本

检查文件名称和
文件夹的结构

数据管理计划
PUCCUK 项目

·32·

格式化

- 您是否使用了标准化和一致的程序收集、处理、转录、检查、验证和确认数据，如标准化协议、模板或输入表单？

  调查数据：以这样的方式设计，即在线调查中的所有问题都需要回答，避免缺失回答；回答由参与者直接提交到在线调查中；自由文本回答之后是拼写检查；手动检查答卷的有效性，检查有无无效或异常的回答。

  访谈：对访谈进行录音，以确保访谈的准确记录；每次访谈之前测试录音设备；访谈录音由有经验的转录员进行转录。为转录员开发转录模板和制订简要的转录指南，在转录布局、转录风格（如逐字地）、是否包括暂停/犹豫、如何记录不可听部分及如何转移转录稿等提供指导。

  媒体文章：通过保存原始文章或将内容复制到文件中来收集相关文章。

- 您将使用哪些数据格式？格式和软件（如非专利软件和基于开放标准的软件）是否能够实现数据的共享和长期可持续性？

  调查数据将以 SPSS 格式存储。

  录音将以 MP3 格式存储。

  访谈转录稿将存储在 MS Word 中，并将被导入到 NVivo 数据库中。

  媒体摘录将以 PDF 文档存储或复制到 MS Word 文档中。

  这些都是公认的标准格式。

- 在跨格式转换数据时，您是否检查了有没有数据、注释或内部元数据的丢失或更改？

  我将通过比较从每次采访中随机选取摘录的原始记录与转录稿，来检查每个转录稿的准确性。

存储

- 您的数字和非数字数据及其所有副本，都存储在安全可靠的地方了吗？

  所有数据文件将存储在大学服务器上，并会在夜间备份。该大学的计算机网络由防火墙和防病毒软件保护，使其免受病毒侵害。将每天访谈后的数字记录复制到服务器上。

- 您需要安全地存储个人或敏感数据吗？

  签署的知情同意书将会锁在办公室的柜子里。访谈的记录和转录稿（可能包含个人信息）将进行文件级加密保护并存储到服务器上。

- 如果使用便携式设备收集数据，您将如何传输和存储数据？

  访谈录音将在每天采访后从录音机里复制到服务器。

- 如果数据保存在多个地方，您将如何跟踪其版本？

  文件的原始版本将会一直保留在服务器上。如果文件的副本保存在笔记本电脑上并进行了编辑，则更改文件名。

- 您的文件是否充分和定期备份，并且备份是否安全存储？

  大学有一个备份政策，会在每晚进行备份。

- 您知道您的数据文件的哪个版本是母版吗？

  这些将保存在服务器上。

- 在研究期间和之后谁有权访问哪些数据？是否需要各种准入条例？

  转录员将有权访问访谈文件。只有我有权在研究期间访问数据文件。转录员有权访问转录的访谈。在转录后，将要求转录员删除所有本地保存的文件，并且由于数据涉及私人信息，因而和转录员签署销毁协议。

保密、伦理和同意

- 您的数据是否包含机密或敏感信息？如果是，您是否曾与收集数据的受访对象商讨过数据共享问题？

  访谈可能包含一些与就业相关的敏感信息。这将与受访者进一步讨论（见下一个问题）。

- 您是否获得了受访者的书面同意以共享您研究之外的数据？

  是的，将会与受访者讨论是否同意数据共享。将由受访者决定他们的信息是否可以共享，以及是否需要匿名化。

  调查的介绍会指出，匿名的数据可以与其他研究人员共享。参与者有权在调查问卷结束时选择退出。

- 您需要匿名化（如在研究期间或准备共享时删除标识信息或个人数据）数据吗？

  调查数据将在共享之前进行匿名化处理。访谈可能需要匿名化。这将与受访者共同讨论。能够识别个人的信息可以在分析中使用，但不会保留在数据的匿名化版本中。研究数据的非共享版本将由项目调查员保存×年。调查的介绍将指出，数据（将被匿名化）可以与其他研究人员共享。

版权

- 您是否已经确定谁拥有您数据的版权？可能存在联合版权吗？例如，因为您的研究是协作式的，或者因为您重复使用或重新利用了由另一方持有版权的现有第三方数据？版权也可以在作为研究人员的您和作为讲述者的受访者及提问者之间的详细访谈中联合起来。

  我拥有新创建的研究数据的版权。我将在我的同意书中使用版权转让条款，我能够在我的出版物中使用定性访谈摘录。

  媒体信息的版权属于相关出版商，因此归他们所有。

- 如果您购买或重用别人的数据源，您是否考虑了该数据可如何共享？

媒体信息的版权属于相关出版商。原始文章可能不会共享。文章的摘录可以在出版物中使用并且标注来源。

共享

- 如何以及在哪里可以更长期地保留您的研究数据？

  当研究完成后，我将在服务器上存储每个文件的单个版本。如果出版社需要数据作为文章的补充部分，我会提供这些。我将会探索是否存在相关数据存储库以长期存储数据，以及如果有，其可能适用的特殊要求或成本。

- 您如何使数据可以被未来的使用者访问？

  我将在出版物中指出，感兴趣的研究人员可以请求访问数据。我将探索是否存在一个相关的数据存储库可以长期保存数据。

参 考 文 献

Atkinson, S., Blanchette, A., Bremner, P., Farrar, R., Wright, D. and Wylie, L. (2012) *Research Data Management Survival Guide for New PhD Students*, University of Exeter. Available at: https://eric.exeter.ac.uk/repository/handle/10036/3738?show=fullhttp://hdl.handle.net/10036/3738.

California Digital Library (2013a) *DMPTool - Funder requirements*, California Digital Library, University of California. Available at: https://dmp.cdlib.org/pages/funder_requirements.

California Digital Library (2013b) *DMPTool*, California Digital Library, University of California. Available at: https://dmp.cdlib.org/.

DCC (2013a) *DMP Online*, Digital Curation Centre. Available at: https://dmponline.dcc.ac.uk/.

DCC (2013b) *Data Management Courses and Training*, Digital Curation Centre. Available at: http://www.dcc.ac.uk/training/data-management-courses-and-training.

Knight, G. (2012) *Funder Requirements for Data Management and Sharing*, London School of Hygiene and Tropical Medicine. Available at: http://researchonline.lshtm.ac.uk/208596/.

MIT Libraries (2013) *A Data Planning Checklist*, MIT Libraries, Massachusetts Institute of Technology. Available at: http://libraries.mit.edu/guides/subjects/data-management/checklist.html.

UK Data Service (2013a) *Data Management Checklist*, UK Data Archive, University of Essex. Available at: http://ukdataservice.ac.uk/manage-data/plan/checklist.aspx.

UK Data Service (2013b) *Data Management Costing Tool*, UK Data Archive, University of Essex. Available at: http://ukdataservice.ac.uk/manage-data/plan/costing.aspx.

University of Edinburgh (2013) *Data Management Planning Checklist*, University of Edinburgh. Available at: http://www.ed.ac.uk/schools-departments/information-services/services/research-support/data-library/research-data-mgmt/planning.

University of Oxford (2013) *Data Management Planning Checklist*, University of Oxford. Available at: http://www.admin.ox.ac.uk/rdm/dmp/checklist/.

第四章

编制数据文档和提供数据的背景信息

确保众多科研人员出于各种目的能够使用、共享和重新利用数据的关键在于，有一套规范的管理活动能够使这些数据变得可获取、可理解及可利用。在科研进行了一段时间以后，无论是从事长期科研项目的科研人员希望重新利用之前的数据，还是新用户想要使用数据，他们都需要足够的文本信息和解释信息去理解这些数据，这就要求有清晰的、详细的数据描述和数据注释。除了重用数据所需要的信息，引用数据和发现数据也需要一些其他的信息。

集合名词"数据文档"包含以下几方面的内容：数据创建、准备及数字化的原因和具体做法，数据的含义、内容和结构，以及可能发生的一些数据变换和编码。一份好的数据文档是理解数据的关键，它贯穿整个数据周期的始终；同时，数据能够成功地进行长期保存也是非常重要的。越来越多的人对记录完整的、高质量的数据集感兴趣，这些数据集会被当作有价值的研究成果发表，从而获得承认和认可。

当数据文档的创建活动发生在研究项目伊始并贯穿整个研究生命周期，这时创建出全面的数据文档是非常简单的。这也应当成为创建数据、组织数据和管理数据最佳实践活动的重要组成部分。

数据文档需要两种不同层级的描述信息。高层级的信息，类似于大家熟知的课题层级的或数据收集层级的信息，是对研究项目、数据创建过程、版权及一般的数据环境的描述。而低层级的信息主要覆盖了一些对文件外部特征和内部特征的描述性信息和注释性信息，它有效地防止了重大重复问题的出现。定性研究者可能会关注更多的研究过程信息和调查方法的详细信息和描述性背景信息。

元数据是数据文档中的一个特殊的子集，它提供了标准化和结构化的信息，用来说明一个数据集的目的、来源、时间、地理信息、原创者、获取条件和使用条款。元数据也为我们提供了一种结构化的、可检索的信息，帮助用户找到现存的数据资源，并且为引用数据提供了一个书目记录。

课题层级的文档

一份数据集的课题层级的文档为我们提供了高层级的信息，这些信息揭示了研究背景和研究设计、数据收集使用的方法、数据准备和数据操作及基于数据本身的发现总结。

课题层级的数据文档

一份好的课题层级的数据文档应包括以下几个方面的信息：

- 数据集的研究设计和背景信息；项目历史、目标、研究对象及理论假设、调查者和资助者；
- 数据收集的方法：数据收集协议、样本设计、样本结构和样本的代表性、工作流程，需要使用的工具、硬件和软件，数据规模和分辨率、时间覆盖率和空间覆盖率，以及需要使用的数字化工具和转录工具；
- 数据文件的结构，这些结构包括实例、记录、文件和变量的数量，同时也应包括这些条目之间存在的关系；
- 二手数据源及它的出处，如经过转录后的数据或派生的数据；
- 开展包括数据验证、检查、证实、清理，以及其他一些能够保证数据质量的程序活动，如检查核对设备和转录过程中的错误、校对程序、数据抓取策略和重复，或编辑、证实、材料的质量把关等活动和过程；
- 数据修正，贯穿从数据的产生到数据以不同版本的数据集的身份出现的整个过程；
- 在时间序列或长期追踪调查中，调查方法、变量内容、问题文本、变量标签、测量的方法和样本等的变动，以及整个过程中，尤其是在项目波动期间样本人员的管理活动；
- 数据机密性、获取及任何使用时的一些适用条件信息；
- 出版物、演讲报告和其他解释和利用数据的研究成果。

上述信息中的绝大多数涵盖在出版物、给资助者的最终报告、工作报告和实验专著中。在英国数据服务中心，所有原始数据生产者提供的信息资源都被收集整合在了一本包含书签目录的 PDF 格式的电子书中：数据收集用户指南，如图 4.1 和图 4.2 所示。对于调查而言，这本指南包含了重要的文档信息，如原始的调查问卷、广告、样品卡或视觉教具、采访话题指导或实验协议等。

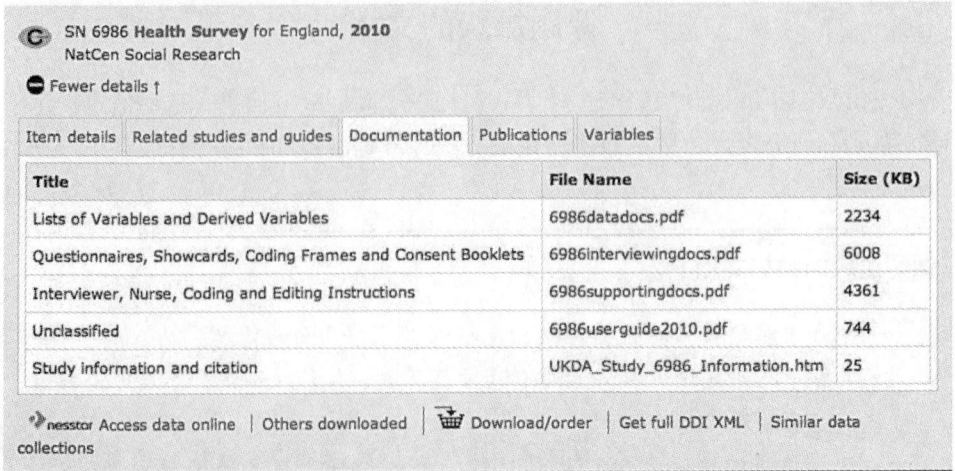

图 4.1　英国数据服务中心提供的调查数据收集的文档资料

来源：UK Data Service，2013a

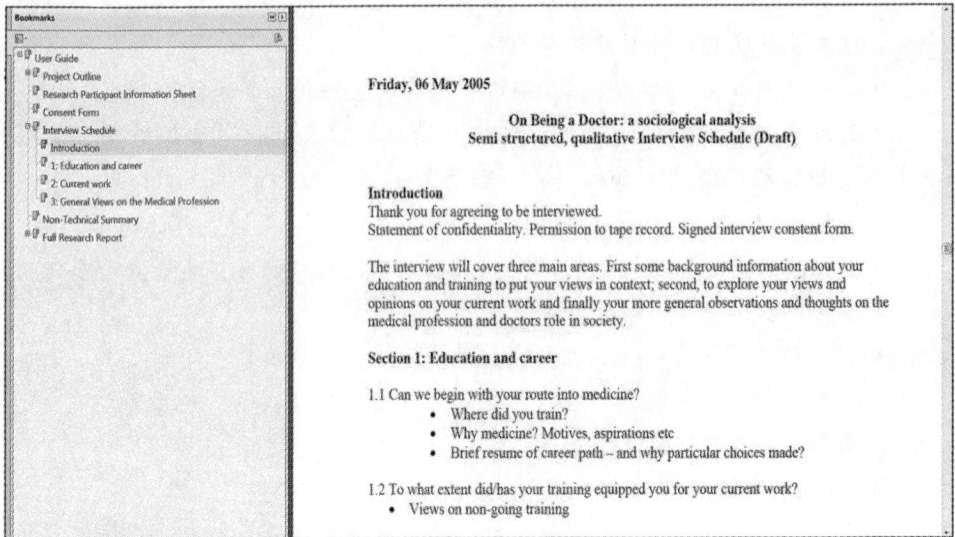

图 4.2　英国数据服务中心提供的定性数据收集用户指南

来源：UK Data Service，2013b

数据层级的文档

数据层级的文档提供一些关于个人数据库或数据资料的信息（如采访文字记录或图片），或提供一些关于文件内部元素的文档信息（如一个 SPSS 文件的内部变量描述）。

定 量 数 据

数据文档可以嵌入到数据文件中,如数据库中的变量和代码描述等均可嵌入。许多数据分析的程序包中有数据注释和描述的工具,如变量属性、数据类型定义、表之间的嵌合关系等均可以通过分析软件实现。此外,可借助编码本之类的结构化文件来记录数据项信息。文件名和文件的组织架构也能够提供关于数据集的重要背景信息,这方面的内容将会在第五章的"文件名"部分讨论。

结构化表格数据的文档编制

针对结构化表格数据的实例、个案和变量,应当充分编制涵盖下列内容的文档:

名称、标签和描述(关于变量或记录);变量标签力求简短,最多不超过 80 个字符,能恰当标明计量单位,或给出调查问卷的问题编号的参考。

示例:变量"q11hexw",它的标签是"Q11:在典型的一周里参加体育运动的小时数",这一标签给出了计量单位和问题编号(Q11b)。

变量值标签

示例:变量"p1sex"="受访者的性别",代码"1=女性","2=男性","8=不知道","9=未回答"。

详细解释的编码和分类方案

示例:Standard Occupational Classification 2000——划分受访者职业的一系列代码;ISO 3166 alpha-2 country codes——一份关于国家的双字母代码的国际化标准。注意,一些"标准"代码会随着时间的推移而改变。如果可能的话要尽量在文档中包含原始代码和标签这两个内容。

变量缺失的代码:尽可能地避免空值、系统缺失值或"0"值。

派生数据:在数据集的基础上运用代码、算法或指令文件产生的数据。对于简单的派生数据来说,类似于用以固定的年龄间隔来划分不同年龄组的人群,变量和变量标签可以用来解释这些数据;复杂的派生数据可以通过提供算法、逻辑语句或创造派生变量的函数的方法来进行描述,如 SPSS 或 Stata 指令文件。

创建加权变量和加总变量,并指导用户如何去使用它们。

从变量中分离出全局信息,以防实例或问题跳过的情况。

除了那些已经运用编码技术、分组技术或派生出来的数据,未经编码的、未

经分组的及不是派生出来的原始数据也能够提供更多的数据重用机会。许多情况下，编码可以降低信息重用的难度，因为其他研究人员也希望对这些原始数据进行再次编码以满足不同的数据分析需求。如果原始的答卷（如对开放问题的答卷）能够被保存，编码的作用就是有利的。

数据文档如何嵌入不同程序包的几个例子

- **SPSS 文件**：变量描述和变量属性，如代码、数据类型、缺失的值，每一个数据文件中的变量都能够通过“变量查看”或者语法进行编制，借此嵌入的数据文件可以在 SPSS 命令文件中得到保存。英国数据服务中心在数据处理阶段中为每一个存档过的 SPSS 格式的数据文件建立了数据词典，如图 4.3 所示。
- **MS Access 数据库**：变量描述和变量值可以通过“设计查看”编制，并且可以创建表格与文件之间的联系，如图 4.4 所示。
- **ArcGIS 地理信息系统**：Shapefiles 或图层及表格等都能在地理数据库中有序地组织起来，它们是通过在 ArcCatalog 中生成丰富的元数据而组织的。
- **MS Excel 数据表格**：在数据文件中附加一个工作表可以包含与数据相关的文档。

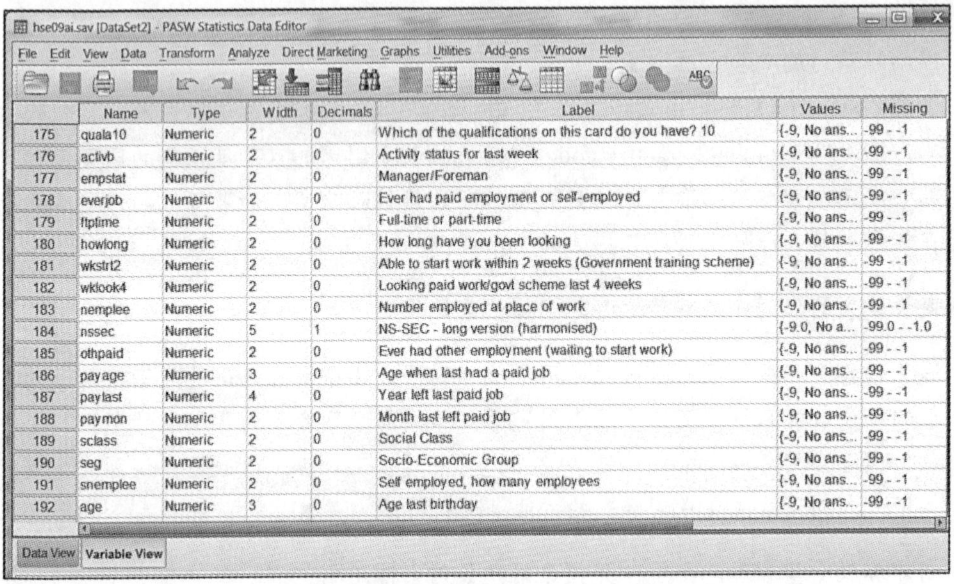

	Name	Type	Width	Decimals	Label	Values	Missing
175	quala10	Numeric	2	0	Which of the qualifications on this card do you have? 10	{-9, No ans...	-99 - -1
176	activb	Numeric	2	0	Activity status for last week	{-9, No ans...	-99 - -1
177	empstat	Numeric	2	0	Manager/Foreman	{-9, No ans...	-99 - -1
178	everjob	Numeric	2	0	Ever had paid employment or self-employed	{-9, No ans...	-99 - -1
179	ftptime	Numeric	2	0	Full-time or part-time	{-9, No ans...	-99 - -1
180	howlong	Numeric	2	0	How long have you been looking	{-9, No ans...	-99 - -1
181	wkstrt2	Numeric	2	0	Able to start work within 2 weeks (Government training scheme)	{-9, No ans...	-99 - -1
182	wklook4	Numeric	2	0	Looking paid work/govt scheme last 4 weeks	{-9, No ans...	-99 - -1
183	nemplee	Numeric	2	0	Number employed at place of work	{-9, No ans...	-99 - -1
184	nssec	Numeric	5	1	NS-SEC - long version (harmonised)	{-9.0, No a...	-99.0 - -1.0
185	othpaid	Numeric	2	0	Ever had other employment (waiting to start work)	{-9, No ans...	-99 - -1
186	payage	Numeric	3	0	Age when last had a paid job	{-9, No ans...	-99 - -1
187	paylast	Numeric	4	0	Year left last paid job	{-9, No ans...	-99 - -1
188	paymon	Numeric	2	0	Month last left paid job	{-9, No ans...	-99 - -1
189	sclass	Numeric	2	0	Social Class	{-9, No ans...	-99 - -1
190	seg	Numeric	2	0	Socio-Economic Group	{-9, No ans...	-99 - -1
191	snemplee	Numeric	2	0	Self employed, how many employees	{-9, No ans...	-99 - -1
192	age	Numeric	3	0	Age last birthday	{-9, No ans...	-99 - -1

图 4.3　在一个 SPSS 文件中嵌入数据层级的元数据：变量标签、变量值和缺失的变量代码

来源：UK Data Service，2013c

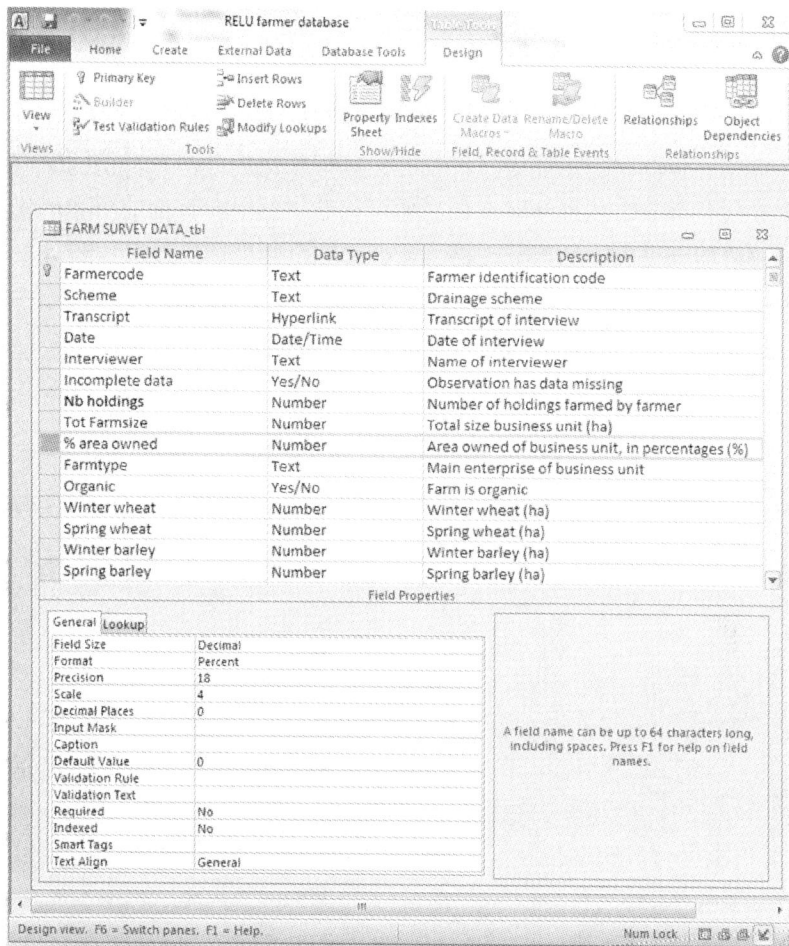

图 4.4　在一个 MS Access 数据库文件中嵌入数据层面的元数据

来源：UK Data Service，2013d

定 性 数 据

定性数据集，通常是一个个访谈稿、访谈视频、访谈录音或图片的集合，对这些集合创建一个一目了然的查找帮助会很有益处。文件层级的属性值可以用多种方式展开细化，包括在文本文件的开头处提供一个总结内容，在不同的文档中将描述性信息和文件联系起来，或者用一个单独的文件为整个数据集中的所有的数据文件设定文件层级的信息。数据清单所提供的信息更便于帮助实现在一个数据集中识别和定位相关的数据项。它包含了被研究的参与者和实体的一些典型的描述属性或基本特性（如年龄、性别、职业或住址）；还有识别数据项目的详细信息，如文件名、文件描述、文档格式和文件大小。

列表中每一个数据项都对应一个唯一的标识符，并对这些标识符按照顺序连续地命名，这样，才能把相关的信息条目（如访谈稿、访谈录音等）与现场记录两者关联起来。数据清单中所包含的信息应该足够详细，详细到能够设置子集并进行过滤操作，但同时也不能太过详细，以确保承诺的参与者身份的保密性。可以用假名来代替真名，地址和职业信息亦可如此。同时，数据清单亦可指明数据的哪些部分可能会丢失，如部分文稿，或那些完全丢失掉的数据。图 4.5 是英国数据服务中心给出的一个使用数据清单的案例。因为 MS Excel 数据表使用广泛，能够进行排序和过滤操作，所以它可能是最适合的文档格式。

Study Number 6377
Integrated Floodplain Management, 2006-2008
Morris, J.

Floodplain farm survey

Interview ID	Farmer code	Age	Farm scheme	Farm type	Size of farm (hectare)	Number of holdings	Date of interview	Interviewer name	No of pages	Text file name	Audio file name
1	Be1	35-45	Beckingham	Beef	360	1	04.12.2006	Helena	28	6377int001	6377int001
2	Be2	45-55	Beckingham	Arable	364	1	05.12.2006	Helena	21	6377int002	6377int002
3	Be3	45-55	Beckingham	Arable	372	2	06.12.2006	Helena	22	6377int003	6377int003
4	Be4	45-55	Beckingham	Arable	194	3	06.12.2006	Helena	18	6377int004	6377int004
5	Be5	55-65	Beckingham	Arable	108	1	07.12.2007	Helena	21	6377int005	6377int005
6	Be6	45-55	Beckingham	Arable	1254	2	01.02.2008	Helena	19	6377int006	
7	Bu1	55-65	Bushley	Mixed	101	2	13.02.2007	Quentin	29	6377int007	6377int007
8	Bu2	>65	Bushley	Mixed	97	1	15.02.2007	Quentin	15	6377int008	6377int008
9	Bu3	>65	Bushley	Arable	194	4	13.02.2007	Quentin	21	6377int009	6377int009
10	Bu4	55-65	Bushley	Mixed	202	1	15.03.2007	Helena	19	6377int010	6377int010
11	Cu1	35-45	Cuddyarch	Dairy	64	1	08.05.2007	Helena	19	6377int011	6377int011
12	Cu2	55-65	Cuddyarch	Dairy	189	2	08.05.2007	Helena	18	6377int012	6377int012
13	Cu3	55-65	Cuddyarch	Mixed livestock	76	1	08.05.2007	Helena	13	6377int013	6377int013
14	Cu5	45-55	Cuddyarch	Mixed livestock	198	1	09.05.2007	Helena	24	6377int014	6377int014
15	Cu6	55-65	Cuddyarch	Dairy	89	1	09.05.2007	Helena	14	6377int015	6377int015
16	Cu7	>65	Cuddyarch	Mixed livestock	190	4	11.05.2007	Helena	20	6377int016	6377int016
17	Cu8	55-65	Cuddyarch	Mixed livestock	109	2	11.05.2007	Helena	22	6377int017	6377int017
18	Id1	55-65	Idle	Arable	158	3	07.02.2007	Quentin	17	6377int018	6377int018a
18	Id1	55-65	Idle	Arable	158	3	07.02.2007	Quentin	17	6377int018	6377int018b
19	Id1b	55-65	Idle	Arable	158	3		Quentin	22	6377int019	
20	Id2	45-55	Idle	Dairy	150	1	08.02.2007	Quentin	17	6377int020	6377int020

图 4.5　英国数据服务中心目录中一个定性数据集中的数据清单示例，提供了被采访农民的
关键特征信息

来源：UK Data Service，2013e

对于基于文本的定性数据来说，任何有关采访者和受访者的个人信息或背景身份信息有多种呈现方式，可以在文件的开头处详细说明，或者以页眉的方式呈现，也可以作为总结页出现。在对个体访谈和焦点小组访谈内容进行转录的时候，人与人之间清晰的话语界限和说话者身份标签的使用是非常关键的。在第五章关于数据格式转录部分的内容中，可以具体看到一些英国数据服务中心中转录模板的使用案例。

例如，报告、照片、录音、手写的实地调查笔记和一些模拟电子视听录音这些非数字化资料，应该用合适的标识符标记它们，并有序地组织起来进行保存，这样的工作应当是一个连续不断的长期过程。

编制数据文档的定性软件工具

虽然许多研究人员会使用计算机辅助定性数据分析软件（CAQDAS）来处理和管理定性研究数据，但是他们不经常去利用这些分析软件的某些复杂的分析功能（Fielding and Lee，2002）。虽然软件是非常重要的，但应用各不相同，而且各自在处理和输出数据、结果方面的封装要求也不尽相同。英国数据档案馆使用NVivo 9 软件包来对数据进行组织、编码和分析，他们开发了基于该款软件包的最佳实践指南，并且推荐该款软件包作为编制数据文档和注释定性数据的工具，下面展示了一个相关案例。

案例研究　　**利用 NVivo 9 编制数据文档**

　　研究人员利用定性数据分析程序包（如 NVivo 9）来分析数据的同时，也可以利用它的一系列软件功能来描述和编制数据文档。在数据分析期间，创建数据文档不仅能够支持整个分析的过程，同时也能够积累更丰富的上下文背景信息，有助于未来的数据共享；在项目结束的时候，这些数据文档能和数据一起导出。

　　研究人员可以为以下这些对象建立分类：人（如受访者）、数据来源（如采访者）及代码。分类能够包含一些属性，如受访者的人口学特征、使用的假名或者采访的日期、时间及地点。如果研究人员提前建立了通用的分类标准，那么在整个项目中所有的资源或人的属性都会统一标准。现有的模板和预填充的分类表都可以导入到 NVivo 9 中。

　　诸如方法论描述、项目计划、采访指南和知情同意书模板之类的文档资料可以输入到 NVivo 9 的项目文件中，它们存储在备忘录文件夹下的"文档"文件夹中。这些文档资料也可以与 NVivo 9 进行外部连接。在 NVivo 9 中，可通过建立备忘录的方式来生成一些关于分析或数据操作的附加文档。一份以日期和时间标识的事件日志可以记录整个 NVivo 9 项目生命周期中的发生的所有项目事件。NVivo 9 可以为项目文件的所有对象添加描述信息，这些对象或者来源于项目文件，或者即将上传至项目文件中，如项目文件本身、数据、文件、备忘录、章节和分类标准。

　　在整个 NVivo 9 项目周期中，编译的所有文本信息最终都能以文本文件的形式输出；分类和事件日志能够以表格形式输出，它们用来编制已保存的数据集的文档。项目对象的结构能够整体输出或者单个输出。无论是项目整体还是项目中各个对象组的总结性信息，它们均能通过从项目总结中提取报告的形式输出，这些报告的格式包括文本文件、MS Excel 文件或 XML（可扩展标记语言）文件（Chatsiou，2011）。

数据集编目的元数据

元数据作为一个核心数据文档中的子集，能够为数据集进行编目、引用、查找和检索等操作，提供标准化和结构化的信息，这些信息会对数据集的属性元素进行解释说明，包括目的、来源、时间项、地理位置、创建者、获取条件和使用条款。

在线数据目录或资源发现门户中的元数据通常遵循国际标准或协议，如都柏林核心元数据（Dublin Core）、ISO19115 地理信息元数据、数据文档倡议标准（DDI）、元数据编码及传输标准（METS）、国际档案著录标准（通则）[ISAD（G）]。为了引证数据，一个由 DataCite 开发的小众"核心"元数据被广泛运用在数据编目中（具体见第十一章数据引证部分）。

DataCite 关于研究数据出版和共享的元数据体系（DataCite，2011）

DataCite 中必须包含的元数据元素：

- 标识符；
- 创建者；
- 标题；
- 出版者；
- 出版年。

DataCite 中可选的元数据元素：

- 主题；
- 其他责任者；
- 日期；
- 语种；
- 资源类型；
- 替代标识符；
- 相关标识符；
- 大小；
- 格式；
- 版本；
- 权限；
- 描述。

DataCite 中管理元数据的元素：
- 元数据最后一次更新日期；
- 元数据版本号。

我们通常通过图书馆系统或者网页浏览器来查看元数据记录。这些元数据记录具有高度结构化、系统化的相似数据项信息，其优势在于我们用基于网页的搜索引擎，很容易通过字段检索的方式找到它们。通过元数据，不同系统的目录可以联成一体实现共享，并可使用交互浏览工具查看它们。元数据可以基于OMI-PMH 协议进行收割，从而实现数据共享。

DDI 是基于 XML 的国际社会科学描述性元数据标准，世界上许多社会科学数据档案馆都使用了这一标准，包括英国数据服务中心。使用基于 XML 的标准化元数据，可以将关键的数据文档相关信息编制在一个文档里面，从而创建丰富的、结构化的数据内容。DDI 元数据目录中的字段包含了必选元素和可选元素，这些元素与以下内容有关：

- 课题描述：数据集的背景信息，如课题和数据的引证及参考文献；课题的范围，包括主题、地理信息和时间信息；数据收集的方法；抽样方法和数据加工方式；数据访问信息；附加材料的信息；
- 数据文件描述：涵盖数据格式、文件类型、文档结构、缺失数据、变量权重和软件等信息；
- 变量描述。

图 4.6 给出了一个采用 DDI 结构的元数据目录记录。

尽管越来越多的软件可以从数据文件中选择信息生成元数据，但是这种类型的元数据通常以数据仓储平台提供的表格来收集。数据生产者是最适合完成这些信息的人，因为他们是与研究项目和数据接触最为密切的人。数据仓储平台的工作人员接下来需要确认质量，并从附加文档中提取信息来创建连贯的、一致的、完整的元数据记录。只有当研究人员能提供详细和有意义的数据集标题、描述、关键词、上下文信息和方法论信息时，他们提交的数据集才可以生成更加丰富的资源发现类的元数据。通常由数据仓储平台工作人员来完成一些使用受控词汇表的索引格式，以帮助数据进行分类。

英国数据档案馆编纂了主题词表——人文与社会科学电子主题词表（HASSET），用来对它们的数据集进行索引（UK Data Archive，2013）。HASSET中的主题覆盖，反映了英国数据馆藏主要集中在社会科学领域。它的主题覆盖广

SN 6986 Health Survey for England, 2010
NatCen Social Research

Download/Order

Short record...

| Item details | Documentation | Related studies and guides | Publications | Variables |

⊞ Title details

⊞ Subject categories

⊞ Abstract

⊟ Coverage, universe, methodology

Time period:	January 2010 - December 2010
Country:	England
Spatial units:	Government Office Regions
Observation units:	Individuals
Kind of data:	Numeric data Individual (micro) level
Universe:	National Adults (aged 16 and over) and children (aged 0-15 years) in the general population, living in private households in England during 2010.
Time dimensions:	Repeated cross-sectional study The survey is conducted annually.
Sampling procedures:	Multi-stage stratified random sample
Number of units:	14,112 cases (individual file), 21,791 cases (household file)
Method of data collection:	Face-to-face interview; Self-completion; Clinical measurements; Physical measurements CAPI
Weighting:	Several types of weighting variable have been used. See User Guide for details.

⊞ Keywords

⊞ Administrative and access information

nesstar Explore online | Download/Order | Get full DDI XML | Similar data collections

图 4.6 英国数据服务中心给出的一个数据集合元数据记录

来源：UK Data Service，2013f

泛，几乎囊括了社会科学领域的核心学科，包括政治学、社会学、经济学、教育学、法学、犯罪学、人口学、健康、就业，以及近年来备受关注的科技和环境。

如今，越来越多的独立工具可以被科研人员使用，用其来帮助创建调查数据的结构化元数据。其中有两个工具可以创建简单的元数据文件：Nesstar Publisher 和 SDA（Survey Documentation and Analysis）。这两个工具都允许研究人员在没有 XML 的使用基础的情况下，基于 SPSS 而设置信息，发布一个 SPSS 文件以便更好地为数据集创建并编辑 DDI 元数据（Nesstar，2013；SDA，2013）。

就文本数据的发布而言，我们需要一个结构性的框架确保在未来能够进行一系列与数据相关的服务，这些服务包括数据检索、数据共享、匿名化、网络出版及数据保存等。XML 能够满足这样的需求，因为通过使用 XML 的元素，可以最大限度地帮助将定性数据进行排版。英国数据档案馆使用了一个非常有限的 XML 元素集合对访谈记录进行标记。从本质上讲，所做标记应包括区分访谈记录顺序内容，以及用标签去确认和识别受访者的人口学特征内容，前提是掌握并能够使用这些信息，如性别、出生年月、职业和居住地。图 4.7 是一个已经标记的文本文件的示例。以文本编码倡议（TEI）元素或标签设定作为 XML 参考标准来说是非常有用的，而且可以进行更加复杂的注入添加主题编码、地理空间参考和研究人员注释之类的标记操作（UK Data Archive，2006）。

```
1   <?xml version="1.0" encoding="UTF-8"?>
2   <?oxygen RNGSchema="esds.rnc" type="compact"?>
3 ▽ <TEI xmlns="http://www.tei-c.org/ns/1.0">
4 ▽   <teiHeader>
5 ▽     <fileDesc>
6 ▽       <titleStmt>
7           <title>Family Life and Work Experience Before 1918</title>
8           <title type="collection">Edwardians</title>
9         </titleStmt>
10 ▽      <publicationStmt>
11          <authority>Paul Thompson</authority>
12          <distributor>ESDS Qualidata</distributor>
13          <idno type="intNum">esds2000int004</idno>
14        </publicationStmt>
15 ▽      <sourceDesc>
16          <bibl><!-- Bibliographic Information concerning the transcript --></bibl>
17        </sourceDesc>
18      </fileDesc>
19 ▽    <profileDesc>
20 ▽      <particDesc>
21 ▽        <listPerson>
22 ▽          <person xml:id="subject">
23 ▽            <persName type="unanonymised">
24               <roleName type="honorific">Mr</roleName>
25               <forename>Gus</forename>
26               <surname>Knifton</surname>
27             </persName>
28             <birth date="1887">1887</birth>
29             <occupation>General Omnibus Co.</occupation>
30             <sex value="1">Male</sex>
31 ▽           <persState type="marriage">
32               <p>Married</p>
33             </persState>
34           </person>
35 ▽         <person xml:id="interviewer">
36             <!-- Information about interviewer?  Same name as depositor? -->
37           </person>
38         </listPerson>
39       </particDesc>
40 ▽      <settingDesc>
41         <setting>
42 ▽         <locale>
43             <placeName>London</placeName>
44           </locale>
45         </setting>
46       </settingDesc>
47     </profileDesc>
48   </teiHeader>
49 ▽  <text>
50 ▽   <body>
51 ▽    <div>
52        <u who="#interviewer" xml:id="u1">Now, you were born in .. in</u>
53        <u who="#subject" xml:id="u2">Britannia Street, Hoxton</u>
```

图 4.7　用 XML 标签对定性面访记录进行标记的示例

来源：UK Data Archive，2006

为定性数据提供背景信息的挑战

数据档案馆不得不做出一些实际的假设，即数据文档能够促进数据被人理解及增加数据的独立使用程度的假设。因为与定量数据相比，定性数据缺乏结构性，更具有多变性，所以重用者可以从广泛的背景信息材料中获益。这些文档可以帮助指导数据重用者理解并考虑到收集数据的原始研究人员的意图。

我们会在第十章看到，重新利用定性数据普遍不如对调查的二次分析，并且一些定性研究人员声称很难将研究数据与其背景信息分开（Mauthner et al., 1998）。对他们来说，背景信息可以被视为关于人、动作或情况等静态信息的信息，但也被视为造成日常互动和解释过程的因素。例如，能够评判一场一对一的访谈得益于将访谈放置于更大的研究叙述环境中，或者调查一个人一生的转折点需要这个人的档案或传记详细信息（Holstein and Gubrium, 2004; Neale and Bishop, 2012）。原始数据创建者因为在数据采集的现场，所以能够获取原始的数据背景信息，从而获益，但是目前有同样的案例，项目负责人不直接参与实地调查，而是必须依靠他的同事或实地调查人员的笔记、研究过程的文档和产生的数据。虽然数据文档可以帮助恢复一定程度数据的背景信息，但是田野调查记录、信件和备忘录等记录研究的材料也可以帮助向其他人公开野外工作经验。同样，制作可获得的访谈录音也可以显著提高重用数据的能力。

考虑提供不同层级的背景信息文档是非常有用的，包括面访记录中的注释、田野调查情况的笔记，以及研究开展的当下，广泛的社会、文化和经济背景信息（Bishop, 2006; Corti, 2006）。表 4.1 陈列了这些不同的层级。

表 4.1　定性研究的背景层级信息

背景信息层级	数据类型	描述	示例
数据层级	转录后的访谈	在谈话期间，可以以注释的方式在语调、感情、面部表情等方面加入背景信息。可以使用杰斐逊转录法，使用符号标明语调和感情（Jefferson, 1984）	—我很抱歉[听起来很沮丧]我今天有点情绪化 —嗨（0.2）唔（0.1）→很抱歉我今～天[天～hih]有点情～绪化
数据层级	访谈事件	参与者的背景信息	生活状况、档案、关键的生活历程变化、家庭或家人背景信息
课题层级	访谈事件	实地调查设置信息	出现在访谈中的人物、访谈地点和环境描述
课题层级	数据集	研究计划细节和实地调查实现细节	抽样方法、同意过程、主题指南、访谈记录过程、转录过程
课题层级	制度/文化背景信息	影响研究的一些广泛的政治社会情况文档或有时限的事件文档	政治局势会引发关键事件或公众参与,如政府关于食品政策的白皮书可能会引发关于食物和饮食行为的研究,正好也反映了在开展研究的当时有关个人责任与肥胖症关系讨论的公共政策形势,或者在"北爱尔兰年轻人的生活"这项研究中"和平进程"的角色

项目"坎布里亚郡北部口蹄疫疫情的现状和社会影响"在用户指南里提供了一份完美的数据概述和详细描述（包括数据面临的挑战及保存数据所采取的步骤），使它们能被其他研究人员使用（Mort，2006）。同样的，"兄弟姐妹和朋友项目"的项目组 Timescapes 也为这个项目创建了一个综合的、面向未来的指南（Weller et al.，2011）。他们特别关心文档是否能够被广泛的用户群体获取到，包括那些参加了他们研究的年轻人。这份指南包含了标准的背景信息，如项目描述、研究问题和方法论，以及更多与年轻人共事的一些细节。这包括编制知情同意、匿名化及促进访问获取过程的文档，这些情况将在第七章进一步讨论。

打算提供足够的背景数据时，也需要考虑并协调为研究数据准备详细背景材料的工作。

──── 练习 4.1　场景：为调查和访谈的研究数据编制文档 ────

您开展了一项调查研究，这项研究旨在了解英国民众对于气候变化及相关风险的认识。通过在学术共同体、政策制订者及社会各界良好交流与对话的基础上，理解人们对气候变化的想法是非常重要的。

您的研究应该包括：

- 邀请 2000 名英国公民参与一个在线调查，对他们关于气候变化、气候变化的危害性认识及他们获取相关信息的来源进行测评和调查；
- 采访 20 位在气候政策制定和学术交流中的利益相关者；
- 对从报纸和大众科学期刊上获取的二手数据进行定性内容分析，从而评估媒体对于气候变化的报道。

从在线调查获取的数据可以转入 SPSS 进行分析。

将访谈录音转录成 Word 文档形式的录音稿。然后录音稿可以输入到 NVivo 软件中进行内容分析。

从报纸和期刊上收集的二手文本数据也可以输入到 NVivo 软件中进行内容分析。

那么您该如何去编制这个研究数据的文档，以便其他研究人员的后续使用？

──── 练习 4.2　创建结构化的元数据 ────

您准备向 *BMC Public Health* 期刊投稿，文章的主题是关于荷兰青少年吸烟者对于烟草警告的看法和回应，投稿的同时，您需要提交一份支持您研究的数据资料供读者查阅。您可以在DANS EASY上提交您的相关数据，DANS EASY 是一个在线的数据存档和提供网络服务的档案系统（DANS）（DANS，2013）。作为您文章的补充性材料，哪些您用来描述数据集的结构性元数据是需要提交到 DANS EASY 上的？登录和注册 DANS EASY 详见网站"http: //easy.dans.knaw.nl"并从"新用户"开始进行操作。

────── **练习4.3　小测验**

1. XML 的含义（单选）

（a）额外的混搭语言

（b）可扩展标记语言

（c）为标记语言举例

（d）X 标记图书馆

2. DDI 的含义（单选）

（a）数据消亡仓储

（b）数据文档倡议

（c）人口统计数据实例

（d）数据探测器

3. TEI 的含义（单选）

（a）文本实体仓储

（b）文本解释倡议

（c）文本丰富仓储

（d）文本编码倡议

4. 数据文档编制有必要的体现在哪些方面（多选）

（a）可以帮助我在未来 15 年时间里还能清楚理解我的研究数据

（b）可以为我的博士论文插入图片

（c）可以帮助评审员在评审我的文章时理解我文章的成果

（d）可以让研究人员在利用我编制的数据文档的基础上去开展新的研究

5. 对一个大学的 100 名教职人员进行实验，对他们的可持续的上班通勤方式的选择进行研究，为研究结果的数值数据集编制的文档应包括（多选）

（a）参与者的名单列表

（b）实验中使用的选项卡

（c）给参与者提供的指引

（d）寻找参与者过程中发给员工的邀请函

（e）在这所大学的校刊中刊登的关于此次研究的新闻报道

（f）一份提交给大学学术伦理委员会的伦理道德评审报告

（g）一份关于未来可持续的上班通勤方式和选择的政府白皮书

（h）一份描述方法论和结论的出版文章

6. 我们用变量"Cperil"表示英国的犯罪率调查，如何对它的数据层级文档进行改进和提升（多选）

变量"Cperil"您所在地区的犯罪率与全国犯罪率平均水平相比

变量值 1 高于平均值

变量值 2 低于平均值

变量值 3 与平均值相同

变量值 9

（a）使用更具有逻辑性的变量名，如 CrimeLocalVsCountry

（b）明确说明变量值 9 是缺失变量，这样会更好，因为使用了不同的缺失变量分类可以指明信息缺失的原因

（c）提到犯罪率的测量及分类方案

7. 请选择合适的背景信息来帮助用户更好地理解一个共享的数据集，这个数据集来源于一个由 40 个高级政客组成的访谈而形成的定性研究（多选）

（a）采访者使用的话题指南的副本

（b）原始录音资料的副本

（c）每一次访谈的天气情况

（d）在研究阶段的国会政治组织和架构信息

（e）受访者的名单和他们在政府中的职位

（f）他们每个人在名人录（Who's Who）中的词条

练习 4.1　讨论

对于调查数据文件，确保 SPSS 文件能够为每个变量提供完整的调查问题的描述文本作为变量标签，或提供尽可能详细的描述调查问题的文本。变量名应由有意义的代码组成。变量属性应该是清晰的、完整的，并且不使用缩写，它能够解释每个变量的代码、分类体系及缺失数据值。

在线的调查问卷应输出为一个 PDF 文件作为 SPSS 数据文件的补充。

每一份访谈稿都包含一段介绍性内容，提供有关访谈的背景信息和相关设定。

一份数据清单对应 20 份访谈稿。或者在 NVivo 中创建一个所有相关人口和背景特征信息的分类，如性别、年龄、职业、组织机构和所使用的沟通媒介；以及访谈、日期、地点和采访者的名字。访谈过程中所使用的主题指南输出为 PDF 文件以供参考。

参考文献列表囊括所有信息来源和出处，以便用于对媒介内容进行二次分析。

发表的文章提供了文章使用的研究方法、采样、实地调查、数据收集等背景信息。

练习 4.2　参考答案

在 DANS EASY 系统中，能够支撑您在《BMC 公共卫生》(*BMC Public Health*)期刊上发表文章的元数据应包括以下这些必要的、建议的和附加的元素：

- 创建者名称和组织机构；
- 数据集或研究项目的标题；
- 描述；
- 创建日期；
- 获取权限（包括有条件获取或无条件获取）；
- 确定数据的日期是可行的；
- 数据的目标群体；
- 主题/关键词；
- 空间覆盖率（地理位置信息）；
- 时间覆盖率（时间周期）；
- 数据文件的格式；
- 相关文章或其他资源；
- 语种。

练习 4.3　参考答案

1. XML 的含义（单选）

（b）可扩展标记语言

2. DDI 的含义（单选）

（b）数据文档倡议

3. TEI 的含义（单选）

（d）文本编码倡议

4. 数据归档编制有必要的体现在哪些方面（多选）

（a）可以帮助我在未来 15 年时间里还能清楚理解我的研究数据——正确。否则您会发现过了很长时间以后您会很难理解您的数据。

（b）可以为我的博士论文插入图片——错误。即使您可以为您的图片创建元数据，如创建者、日期、地点、主题等。

（c）可以帮助评审员在评审我的文章时理解我文章的成果——正确。前提是评审员可以获得您的数据。

（d）可以让研究人员在利用编制的数据文档基础上去开展新的研究——正确。这样会假设您已经为您的数据进行归档操作以便将来使用。

5. 对一个大学的 100 名教职人员进行实验，对他们的可持续的上班通勤方式的选择进行研究，为研究结果的数值数据集编制的文档应包括（多选）

（a）参与者的名单列表——错误。这是机密信息，而且没有必要在数据里进行解释。

（b）实验中使用的选项卡——正确。这是理解数值型数据的基础。

（c）给参与者提供的指引——正确。这是全面理解数据收集方法论的基础。

（d）寻找参与者过程中发给员工的邀请函——正确。不是必要的，但能够提供有趣的方法论背景信息。

（e）在这所大学的校刊中刊登的关于此次研究的新闻报道——正确。不是必要的，但能够为研究提供有趣的背景信息。

（f）一份提交给大学学术伦理委员会的伦理道德评审报告——错误。这很有可能是机密信息，并且没有必要在数据里进行解释。然而，知情同意书是非常有用的文档。

（g）一份关于未来可持续的上班通勤方式和选择的政府白皮书——正确。即使不是必要的信息，它也可以为研究提供有趣的政治背景信息。

（h）一份描述方法论和结论的出版文章——正确。文章提供了良好地使用研究方法的信息。

6. 我们用变量"Cperil"表示英国的犯罪率调查，如何对它的数据层级文档进行改进和提升（多选）

变量"Cperil"：您所在地区的犯罪率与全国犯罪率平均水平相比

变量值 1　高于平均值

变量值 2　低于平均值

变量值 3　与平均值相同

变量值 9

（a）使用更具有逻辑性的变量名，如 CrimeLocalVsCountry——错误。这样并没有为用户提供任何附加信息。

（b）明确说明变量值 9 是缺失变量，这样会更好，因为使用了不同的缺失变量分类可以指明信息缺失的原因——正确。不定义变量值 9 是非常错误的选择，而且细化缺失变量的原因可以帮助您更好地进行数据分析。

（c）提到犯罪率的测量及分类方案——错误。不存在这样的分类方案；这个问题需要的是受访者对当地犯罪率水平的观点和看法。

7. 请选择合适的背景信息来帮助用户更好地理解一个共享的数据集，这个数据集来源于一个由 40 个高级政客组成的访谈而形成的定性研究（多选）

（a）采访者使用的话题指南的副本——正确。它会为所问问题提供一个提问指南，并且把控访谈的整体风格。

（b）原始录音资料的副本——正确。虽然录音是严格的数据，也不是文档，原始的录音材料依然会帮助您置身谈话现场去了解语境。

（c）每一次访谈的天气情况——错误。这不相关。

（d）在研究阶段的国会政治组织和架构信息——正确。开展研究的时候，这些信息可以为研究提供有趣的政治背景信息。

（e）受访者的名单和他们在政府中的职位——正确。它们可以提供在访谈期间关于这些政客在政府中的职位和角色的有趣信息。

（f）他们每个人在名人录（Who's Who）中的词条——正确。这样就为我们提供了个人背景信息。

参 考 文 献

Bishop, L. (2006) 'A proposal for archiving context for secondary analysis', *Methodological Innovations Online*, 1(2): 10–20. DOI: 10.4256/mio.2006.0008. Available at: http://ukdataservice.ac.uk/media/262210/miobishop_pp10_20.pdf.

Chatsiou, A. (2011) *Data Handling in NVivo9, MANTRA Research Data Management Training*, Edina, University of Edinburgh. Available at: http://datalib.edina.ac.uk/mantra/nvivomodule.html.

Corti, L. (2006) 'Editorial', *Methodological Innovations Online* [Special Issue: Defining context for qualitative data], 1(2): 1–9. DOI: 10.4256/mio.2006.0007. Available at: http://ukdataservice.ac.uk/media/262207/miocortieditorial_pp1_9.pdf.

DANS (2013) *DANS EASY system*, Data Archiving and Networked Services (DANS), The Hague. Available at: https://easy.dans.knaw.nl/.

DataCite (2011) *DataCite Metadata Schema for the Publication and Citation of Research Data Version 2.2*, DataCite. Available at: http://schema.datacite.org/meta/kernel-2.2/.

Fielding, N. and Lee, R. (2002) 'New patterns in the adoption and use of qualitative software', *Field Methods*, 14(2): 197–216.

Holstein, J.A. and Gubrium, J.F. (2004) 'Context: Working it up, down and across', in C. Seale, G. Gobo, J.F. Gubrium and D. Silverman (eds). *Qualitative Research Practice*. London: Sage.

Jefferson. G. (1984) 'Transcription Notation', in J. Atkinson and J. Heritage (eds), *Structures of Social Interaction*. New York: Cambridge University Press.

Mauthner, N., Parry, O. and Backett-Milburn, K. (1998) 'The data are out there, or are they? Implications for archiving and revisiting qualitative data', *Sociology*, 32(4): 733–45.

Mort, M. (2006) *Health and Social Consequences of the Foot and Mouth Disease Epidemic in North Cumbria, 2001–2003* [computer file]. Colchester, Essex: UK Data Archive [distributor], November. SN: 5407. Available at: http://dx.doi.org/10.5255/ UKDA-SN-5407-1.

Neale, B. and Bishop, L. (2012) 'The Timescapes Archive: A stakeholder approach to archiving qualitative longitudinal data', *Qualitative Research*, 12(1): 53–65. Available at: http://qrj.sagepub.com/content/12/1/53.

Nesstar (2013) *Nesstar Publisher*, Norwegian Social Science Data Services. Available at: www.nesstar.com/software/publisher.html.

SDA (2013) *SDA Survey Documentation and Analysis*. Available at: http://sda. berkeley.edu/.

UK Data Archive (2006) *Searching and Sharing Qualitative Data: The Uses of XML*, UK Data Archive. Available at: http://ukdataservice.ac.uk/media/262231/xml.pdf.

UK Data Archive (2013) *Our Hasset Thesaurus*, UK Data Archive, University of Essex. Available at: http://www.data-archive.ac.uk/find/hasset-thesaurus.

UK Data Service (2013a) Documentation table in catalogue record for SN 6986. Available at: http://discover.ukdataservice.ac.uk/catalogue/?sn=6986.

UK Data Service (2013b) User guide in catalogue record for SN 6124. Available at: http://discover.ukdataservice.ac.uk/catalogue/?sn=6124.

UK Data Service (2013c) SPSS file for SN 6732. Available (after download) at: http:// discover.ukdataservice.ac.uk/catalogue/?sn=6732.

UK Data Service (2013d) MS access file for SN 6377. Available (after download) at: http://discover.ukdataservice.ac.uk/catalogue/?sn=6377.

UK Data Service (2013e) Data list for SN 6377. Available at: http://discover. ukdataservice.ac.uk/catalogue/?sn=6377.

UK Data Service (2013f) Catalogue record for SN 6986. Available at: http://discover. ukdataservice.ac.uk/catalogue/?sn=6986.

Vardigan, M., Heus, P. and Thomas, W. (2008) 'Data Documentation Initiative: Toward a standard for the social sciences', *International Journal of Digital Curation*, 3(1): 107–13. DOI:10.2218/ijdc.v3i1.45.

Weller, S., Edwards, R. and Stephenson, R. (2011) *Timescapes: Your Space! Siblings and Friends Project Guide*, Timescapes, University of Leeds. Available at: www.timescapes. leeds.ac.uk/assets/files/P1-Project-Guide-FINAL.pdf.

第五章
数据格式和数据组织

数据既是实证研究的基础，同时也是实证研究的结果。研究数据以各种不同的形态存在，包括文本数据、数值型数据、数据库、地理空间数据、图像、音频视频及设备和仪器产生的数据。

所有的数字化数据都以一个特定的文件格式存在，该文件格式可以对信息进行编码，以便软件程序读取并编译这些数据。特殊的文件格式通常与特定的软件程序联系在一起。如果同一份文件需要被不同的软件操作，那么可能需要对文件进行格式转换。为了确保数据的长期使用，建议使用标准的、可互相兼容的或开放的、无损的数据格式。

数据质量控制是科学研究活动中不可缺少的一部分，贯穿科学研究的始终，包括数据采集、数据录入、数据数字化及数据检查等阶段。在数据采集前，制订必要的采集步骤是非常重要的，有了程序上的规定，保证采集过程中能够遵循管理条例、规章制度或模板等，以确保数据采集的质量，及一致性和连贯性。

高质量的数据通常具备以下特性：有序的组织、结构化、标准命名和版本控制，并且主文件的真实性也已经过检验确认。必须确保以下内容均属于版本控制：文件的不同副本和版本、不同格式及不同存放位置，以及文件间的相互交叉引用信息，以上这些尤为重要。

文 档 格 式

为数字化数据遴选文件格式的时候，需要考虑很多重要因素，并且这项工作应在研究项目周期的早期予以规划，以确保所选的文件格式能够满足未来可能的各种需求。考虑的因素主要有以下几点：

- 最适合数据创建；
- 最适合数据分析和其他计划的操作；
- 最适合数据的长期可持续性和数据共享的格式；
- 开放格式 *vs.*专有格式；
- 格式是有损的还是无损的；

- 便于数据转换的格式。

数据格式及产生研究数据的软件的选择，通常依赖于研究人员如何收集和分析数据，以及使用的硬件或者软件的可获得性。这些格式和软件的选择也取决于学科专有的标准和习惯，举例如下：

- 图像、音频和视频数据格式取决于所使用相机或录音设备的类型。除非一开始就对数据按照高质量标准进行记录，否则任何人在随后的工作中都不能返回去升级原来的数据。收集最高保真度的数据也许是明智的做法，因为这些数据可能会被降级处理或压缩尺寸，但是反过来就行不通了。就数据未来规划的用途和数据转换而言，也需要同时考虑哪种格式最适合。
- 数值型数据通常存储在数据表格或数据库中，在这种数据库中按照变量或可量度的指标来标绘数据记录或案例的位置。社会科学调查的标准文档格式往往是 SPSS，因为 SPSS 具有统计分析功能。而在生态研究中，CSV 或 MS Excel 则被更广泛地使用，成为许多分析程序包的标准数据输入格式。
- 定性研究数据，如访谈，最开始会用 WAV 或 MP3 格式以音频录音的形式收集，然后转录成文本文件，如 MS Word 文件。再将文本文件导入到计算机辅助定性数据分析软件（CAQDAS）的数据库中，这些数据经常使用 NVivo 或 ATLAS.ti 等软件来进行分析。

谈及研究数据的长期可获得性和可用性，它们离不开可持续的数据文件格式和软件的支撑，因为许多格式将来会过时，而导致数据无法读取或编译。虽然许多软件包能够向后兼容，导入以前软件版本创建的数据，流行的各种软件程序也能够互相操作，但是最安全的做法还是将长期可获取的数据转换成标准的开放数据格式。这样做不仅能够让大多数软件程序对其进行编译，而且这些软件还能适应数据的互相转换和数据交互，同时还能为未来的数据重用提供良好的机会。

标准格式包含目前广泛使用的 MS OFFICE 办公软件，MS Word、RTF 和 MS Excel 文件，或比较流行的 SPSS 格式。因此它们被广泛使用，而且这些格式均具备长期可持续性的优点。

文件格式可以是专有的，也可以是开放的。专有的格式通常由商业公司开发，拥有独立的知识产权，需要得到授权和许可才能使用它们。开放文件格式的示例有 PDF/A、CSV、TIFF、开放文档格式（ODF）、ASCII 码、TAB 制表符分隔的表格、逗号分隔值（CSV）和 XML。文件格式可以是有损的或无损的。有损的格式通过清除那些被判定为不重要的详细信息文件来节省空间。例如，有损的 JEPG 格式文件会清除图片的详细信息，对比起来，无损的 TIFF 格式文件就会保留所有的详细信息。当然，在一个无损格式的文件中进行重复的编辑和保存操作会导致大量的信息丢失。

在科学研究过程中，研究人员会根据已经计划好的工作分析来选择使用最合适的数据格式和软件，但是一旦数据分析工作完成并准备将数据进行长期保存的时候，就必须开始考虑数据转换工作。使用开放的、标准的、通用的和持久的格式，可以避免将来数据无法使用的情况。这也是在数据备份操作中广为推荐的一种做法，其将会在第六章"数据备份"中详细讨论。

数据中心和数据档案馆通常会使用开放的、标准的格式来长期保存数据。表5.1 列出了本书撰写期间（2013 年）英国数据档案馆推荐的可以进行长期保存的文档格式。

表 5.1　推荐的文档格式示例

数据类型	推荐的用于共享、重用和保存的文档格式
带有可扩展元数据的定量表格数据 带有变量标签、代码标签和定义的缺失变量的数据集，此外还有数据矩阵	SPSS 便携格式（.por） 含有元数据信息的限制文本和命令（"设置"）文件（SPSS、Stata、SAS 等） 一些含有元数据信息的结构化的文本或标记文件，如含有 DDI XML 文件
带有最少元数据的定量表格数据 带有或不带有栏标题或变量名的数据矩阵，但没有其他的元数据或标签	逗号分隔值（CSV）文件（.csv） Tab 制表符分隔的文件（.tab） 包括用限定字符集组成的文本，这个字符集是在合适的地方用 SQL 数据定义表述的
地理空间数据 矢量数据和栅格数据	ESRI Shapefile （.shp, .shx, .dbf, .prj, .sbx, .sbn 可选） 地理参考 TIFF（.tif, .tfw） CAD 数据（.dwg） 表格式 GIS 属性数据
定性数据 文本	可扩展标记语言（XML）文本 根据合适的文档类型定义（DTD）或者体系（.xml） 富文本格式（.rtf） 纯文本数据，ASCII（.txt）
数字化的图片数据	未压缩的 TIFF 版本 6 格式（.tif）
数字化的音频数据	无损音频压缩编码（FLAC）（.flac）
数字化的视频数据	MPEG-4（.mp4） Motion JEPG 2000（.jp2）
文档	富文本格式（.rtf） PDF/A 或 PDF（.pdf） 开放文档格式（.odt）

来源：UK Data Archive，2013。

表 5.2 列出了保存文本文件时使用不同格式的优缺点。

表 5.2　保存文本文件时选用不同文件格式的优缺点

文本格式	呈现和编码	可读性和限制	格式/编码信息	保存和存储
纯文本（.txt）	每一个独立字符（字、标点符号、换行）使用 ASCII 码进行编码转换成字节，或其他的字符编码，如 UTF8 或 ISO 8859-1 用简易的序列进行存储。只有不带有格式化信息、字体信息、页码信息的文本才能被存储	可用于所有计算机系统大量的软件应用程序均可以对其进行阅读和修正	免费获取，标准化	如果存储介质损坏，任何没有损坏的部分都能够恢复
微软 Word 文件（.doc，.docx）	用复杂编码存储的带有格式、页面大小、字体及其他内容的文本	只能在 Windows 系统和 Macintosh 上运行，不能在 Linux 系统运行 其他可以书写的软件也可以对其进行阅读和编辑，但不完全可靠	版权归微软公司所有，不是免费获取的	只有微软Word软件能对文件进行恢复操作，并且能完整地、准确地编辑内容 不能保证微软公司总能确保新版本的软件能兼容存储在旧版本中的文件
PDF（可移植的文档格式，.pdf）	用中等复杂的编码存储的带有格式、页面大小和相似信息的文本	使用所有主流的平台进行阅读和打印，这些平台通常使用 Adobe 公司或其他公司提供的免费软件进行操作 无法轻易地进行编辑	可免费获取，但版权归 Adobe 公司所有，Adobe 公司可以在任何时间以任何理由进行改变	—
HTML（超文本标记语言，.html）	基于纯文本文档格式，用简易编码存储的带有简易格式的文本 纯文本标记散布在文本中	使用各种网页浏览器进行阅读 在文本编辑器、"富文本"编辑器、文字处理软件或 HTML 编辑器中进行编辑	免费获取，由公共利益标准机构控制	—
结构化的标记语言，类似于 DocBook XML（.xml 或.dbk）或文本编码倡议（TEI）	用简易编码存储 当通过屏幕观看文档或在纸上观看文档时，文档如何呈现没有相应的规范 DocBook 是一个 XML 语言，用于内容的逻辑结构描述	可以在任何平台上进行阅读和编辑 易于转换成其他格式以便阅读（如HTML）或打印（如PDF） 结构化的标记可以支持以发现为目的的索引操作		良好的保存格式
图像格式 JEPG（.jpg）或 TIFF（.tif）	可以保存图像但是会丢失所有的结构	在任何现代化平台上有大量的软件可以支持进行阅读 编辑文档内容（如字符顺序和文字）比较繁琐		对那些只能以纸质格式存在的文件是个很好的选择

来源：改编自 ANDS，2013

┌─────────────┬─────────────┐
│　**案例研究**　│　**文件格式**　│
└─────────────┴─────────────┘

　　威塞克斯考古学度量档案项目从英国一系列考古站点中把度量动物骨骼数据集成在一起，成为一个单独的数据库格式（Grimm，2008）。这个数据集包含一个测量方法的选择范围，这些测量方法通常在威塞克斯考古学项目对田野调查期间所找到的动物骨头碎片进行的动物考古学分析中使用。研究人员使用 MS Excel 和 MS Access 格式创建数据集，并以同样的格式存放在英国考古数据服务中心（ADS）。ADS 使用 Oracle 和逗号分隔值格式（CSV）对数据集进行保存，并通过 Oracle/Cold Fusion 直播交互界面和可下载的 CSV 文件两者来传播数据。

　　各种创新活动均倡议对建模软件和代码进行保护和共享。在生物学领域，欧洲生物信息学研究所（EBI）的生物模型数据库是一个为同行评议、出版、生物流程和分子功能计算机模型而建造的仓储平台（Li et al.，2010）。所有的模型都有注释，并且可链接到相关的数据资源。该仓储平台鼓励研究人员提交以开放资源格式编制的模型，这个格式是系统生物学标记语言（SBML）；并且为了能够长期保存，模型应该得到监护。

数 据 转 换

　　数据根据需要可能会在不同文件格式之间转换，如转换成用于数据分析目的的格式，或转换成准备进行长期储存或归档的首选数据保存格式。数据从视听格式到文本格式的转录过程及从非数字化到数字化格式的数字化过程是两种常见的格式转换类型。

　　在通过输出的方式或使用数据转录软件进行数据格式转换的过程中，数据本身可能会发生一些改变。当转换操作结束后，应该检查在输出过程中可能引起的数据错误或变化：

- 就统计程序、数据表格或数据库中存储的数据而言，它们在转换到其他格式的过程中，一些数据或内部元数据如缺失变量定义、十进制数字、公式或变量标签等可能会丢失，或出现数据截断的情况；
- 对于文本数据，如高亮标注文本、黑体文本或页眉页脚等编辑属性可能会丢失；
- 对于图像，从无损格式（如 TIFF 格式）转换到有损格式（如 JPEG 格式）的过程中可能会造成一些详细信息的丢失，从而影响图像的分辨率和色彩表现；同样的，从 WAV 格式转换到 MP3 格式过程中可能会降低音质。

　　当进行文件格式转换的时候，检查数据中的"重要属性"是否还保留着的做法是非常明智的。如果您用 MS Excel 软件尝试将一个数据表格保存为 CSV 格式的文件，接着将其导回来，这两份文件还是一样的吗？如果不是，原因何在？

　　图 5.1 展示了在 MS Excel 文件中使用高亮标注的数据（a）在转成其他的简单格式如 tab 制表符分隔的文本（b）的时候，会存在属性丢失的风险。

	A	B	C	D	E	F
1		Timber volumes in m3				
2	Year	1994	1995	1996	1997	1998
3	Date recorded	20/01/1995	23/01/1996	11/01/1997	16/01/1998	14/12/1998[1]
4	Logging private land	20346.345	47005.223	26001.754	11468.897	0.000
5	Logging forest reserves	4060.567	1777.783	804.997	0.000	3329.653
6	Logging state land	0.000	1200.000	559.162	2077.567	358.935
7	Total	61119.912	87065.006	64802.913	51354.464	5686.588
8						
9		Data missing				
10		Estimate				
11						
12	[1] temporary volumes					
13						

(a)

	A	B	C	D	E	F
1		Timber volumes in m3				
2	Year	1994	1995	1996	1997	1998
3	Date recorded	20/01/1995	23/01/1996	11/01/1997	16/01/1998	14/12/19981
4	Logging private land	20346.345	47005.223	26001.754	11468.897	0
5	Logging forest reserves	4060.567	1777.783	804.997	0	3329.653
6	Logging state land	0	1200	559.162	2077.567	358.935
7	Total	61119.912	87065.006	64802.913	51354.464	5686.588
8						
9		Data missing				
10		Estimate				
11						
12	1 temporary volumes					
13						

(b)

图 5.1　当从 MS Excel 表格（a）转换成 TAB 制表符分隔的文本（b）时，用于注释的高亮标识丢失了

（a）MS Excel 版本；（b）TAB 制表符分隔的版本

　　定性数据分析软件包（如 NVivo、ATLAS.ti 和 MAXQDA）具有输出功能，能够导出一个由原始数据、树状编码、编码后的数据及相关的备忘录和笔记组成的完整的"项目"，并且该"项目"能被保存。因为这些内容通常会以系统中专有的格式进行保存，所以不太适合进行长期的访问和获取。然而，获取并使用这些系统的编码体系对教学和复制，或重新编码数据来说是非常有价值的。这些编码体系通常可以从系统中导出，成为独立的文件，并以纯文本、富文本、MS Excel 或 XML 等可获取的格式保存。参见第四章使用 NVivo 9 编制数据文档的案例研究。

数 据 转 录

转录是在不同的数据形式间所进行的转换操作，在社会科学中最常见的是将访谈或讨论的录音转换为文本格式。虽然录音转录往往只是分析过程的一部分，但它增强了定性研究数据的共享和重用的潜力。

在一个研究中，与分析方法和目标相匹配的高质量、连贯的数据转录是良好的数据管理计划的一部分。需要注意研究过程中的转录惯例、转录说明或转录者指南，以及确保数据集一致性的模板。

数据转录如何进行在很大程度上取决于理论方法和实践应用，并且在不同学科间变化会很大。一个典型的正在从数据中寻找紧急主题的社会学研究项目通常需要一个"非自然化的"（类似于书面语言）方法去进行转录（Bucholtz，2000）。而进行对话分析的项目，在转录的时候会试图捕捉所有的声音，将采用"自然化的"方法，采纳一系列的符号表示特定的说话特征，如停顿的长度、笑声、话语间的重叠或语调（Jefferson，1984）。注意不要去"纠正"语法或词汇，因为这是在录音中的口语化表达。

转录工作是一个非常耗时的过程，该项工作经常外包给外部转录公司。需要为外包公司制订一个共同遵守的标准转录模板，并为他们提供书面操作指导或指南，阐明所要求的转录风格、布局和编辑，以确保整个转录过程的一致性。一个好的经验法则是确保转录：

- 每一次转录都有一个唯一的标识符，如名称或数字；
- 研究项目或数据集中有统一的排版；
- 使用演讲者标签标明谈话过程中的谈话次序或问答顺序；
- 演讲者次序之间空行；
- 以页编码；
- 有一个文档封面页，或带有简短访问或事件细节的标题，如日期、地点、访谈者姓名和受访者详细信息；
- 已经做出的修改操作是否得到清晰地呈现和说明，如翻译单词或真实姓名的更改。匿名化编辑最好放置在括号之间。

下面是一个包含上下文和识别信息的标准布局转录示例。这个模板被英国数据服务中心用作推荐的转录模板（UK Data Service，2013）。

标准转录模板

课题名称：移民故事　　　　　访谈序号：12

提交者：K. Clark　　　　　　访谈 ID：Yolande

访谈人：Ina Jones　　　　　　访谈时间：2009 年 6 月 12 日

受访人信息：

出生日期：1957 年 4 月 4 日　婚姻状况：已婚

性别：女性　　　　　　　　　职业：餐饮助理

区域：埃塞克斯（Essex）　　种族：汉族

Y：我 1968 年底来到这里。

I：您 1968 年底来到这里？已经很多年了。

Y：已经 41 年了。已经 41 年了。

I：（笑）已经很长时间了。那个时候您为什么会选择来英格兰？

Y：我遇到了我的老公，之后我们在中国香港结婚了，我申请来到了英格兰。

I：您在中国香港和您老公相遇的么？

Y：是的。

I：那个时候他已经在这里（英格兰）工作了吗？

Y：那个时候，他在这里工作了几年之后——过去的时候，这里的人回中国香港娶老婆是非常普遍的现象。我们是经别人介绍认识的，并且我们对彼此都有好感。那个时候，因为我想离开香港，所以觉得就那样结婚的话对我来说也不错。这是一次赌博。这真的是一次赌博！

在考虑设计转录格式的时候，最佳实践是：

- 在设计模板或指南之前，需要考虑转录格式和定性数据分析软件的导入功能两者之间的兼容性。文档标题和文本格式，如斜体或黑体，在转录稿导入到分析软件的时候可能会丢失。格式化为代表说话者和语调的两列文本也可能是有问题的；
- 草拟转录者说明或指南，表明您所需要的转录风格、布局和编辑，这在多个转录者同时开展工作的时候尤其重要；
- 在转录期间匿名化数据，或者标记敏感信息以便之后的匿名化处理；
- 除了提供原始语言的转录稿之外，还需要提供一个翻译版本，或者至少提供一个使用您所属国家语言的访谈总结，如果转录文本使用的不是您所属国家语言的话，就提供一份英语的访谈总结；

- 可以适当采用从音频格式自动转录到文本格式的软件包。这些自动语音识别（ASR）软件需要进行大量的培训和校准才能够识别一个特别的声音、口音和方言。如果访谈相似并且不含特殊术语，这些软件就会非常有用。所以使用这些软件的时候要非常小心，需要不断地对整篇文本进行检查和校验。

案例研究 | 自动语音识别（ASR）

ASR 的研究领域资金充沛，主要因为它广泛运用在生活中的很多领域。其包括苹果的 Siri 之类的智能手机功能；军事飞行和空中交通管制；情报收集；在工作场所中客户电话的抓取和分析；或为法院和医生所用的专业听写功能。有多种方法可以用来分析和处理语音：声波法、人工智能法、基于数学模型或算法的统计学习和人类语音的建模。每年都会有大规模的语音识别会议举行，其中也有政府资助的诸如 GALE 项目之类的评估项目（GALE，2010）。

Oard 项目对 ASR 主题有很好地介绍，它是一个调查 ASR 在口述历史研究中应用的项目（2012）。然而，ASR 系统有时也会因为一些问题而出错，这些问题有：

- ASR 系统可能无法使用字典库去识别特殊的文字，如术语；
- 受访者可能会有不常见的口音；
- 口语化的短语可能是由英语中现有的但不常用的单词组成。例如，"打肿脸充胖子"(all hat and no cattle)；"像在墙上钉果冻"(like nailing jello to the wall)；"请在这里签上您的名字"(put your John Hancock there)。

Pieraccini（2012）为感兴趣的读者提供了一个 60 年后的科技工作展望，即届时能够开发出使用语音与人类进行交互的计算机。

最后，研究人员传输包含有个人隐私和机密信息的录音和访谈稿给转录者，同时转录者回传数据给研究人员的时候，需要注意数据的安全问题。必须为转录者建立在处理数据时应遵循的数据安全程序；可以与转录员一起起草一个保密协议，并且文件在传输之前需要进行加密处理。

转录的附加信息可以"从现实生活中的方法项目"（Real Life Methods project）产生的《转录您自己的数据工具包》（*Transcribing Your Own Data Toolkit*）中获得，也可以从《在网上学习定性数据分析》（*Learning Qualitative Data Analysis on the Web*）资源中获得（Gills，2010；Real Life Methods，2011）。

这里我们使用术语"数字化"指代将纸质资料转化成数字形式，如转入数据库中。历史学家通常使用术语"转录"来表达这个过程。

数字化数据

当研究数据和相应的文档以数字格式存在的时候，数据共享会变得更加容易。非数字化数据可以通过多种方式转换成数字化资源，具体选择哪种方式取决于它们的格式和环境。信息可通过键盘被手动输入到一个文本或数据库模板；图像可以通过文件扫描仪或数码摄影进行扫描；文本可以通过图像扫描中的光学字符识别功能进行数字化。

过去收集的研究数据在很多介质和格式上都是可用的。我们认为最常见的如下：

- 基于文本的材料，如手写日记、野外调查笔记、表格、图表、带注释的印刷调查问卷或机打文本。它们通常以纸质格式存在；
- 人物、地点或物品的图像，如来源于民族学研究的图像。这些图像通常是以照片或幻灯片形式存在；
- 访谈或观察的视听资料，通常存放在模拟音频磁带、微型卡式录音带、录像带或对卷磁带中；
- 图表，如地图、计划或蓝图，通常以纸张为载体。

根据书写或字体的质量，可以对文本数据进行不同层级的数字化操作。

1. 扫描成图像文件，并保存为 TIFF 图像文件。这对于质量较差的字体信息、可读手写的文本或带有多个图表的文本而言，是最佳的选择方式。如果信息需要进行匿名化处理，可以于扫描前在副本（不是原件）上用黑色标志掩盖。珍贵的材料应该在进入多点扫描机之前复印副本，防止材料损坏。如果使用数码相机捕捉图像，数码相机应该有足够高的以像素为单位的分辨率且应该水平安装以确保稳定，并处于良好的天花板照明或专用照明中。数字化完毕后，相机图像应该被转移到安全的介质和有良好组织的文件中。

2. 如果原始文件中存在多页，可以借助 Adobe Acrobat 中的"纸张抓取"功能，将扫描产生的 TIFF 格式文件整理到一个 PDF/A 文件中。这份 PDF/A 文件能被检索，它可以制成带有内容页和标题的书签来协助导航。

3. 有着良好字体的文本可以被扫描成图像文件，然后使用可识别文本的"光学字符识别"（OCR）软件对其进行加工。对系统进行训练也是有必要的，以便识别非标准化的如技术术语之类的文字。要对 OCR 识别后的文本与原文本进行检查和校对，这是非常有必要的，因为在识别过程中错误会时常发生，且这是非常耗时的工作。生成的文件可以进行保存和格式化为文字的处理。

4. 文本可以从原始来源中使用键盘进行手工转录。在这个过程中，应尽可能地保持来源的原始状态，如果发生了改变，如纠正拼写错误，应在括号中注明。

5. 图像可以扫描或复印、保存为 TIFF 文档格式。音频最好能数字化成 WAV 文件格式，视频最好能数字化成 MPEG 格式或运动的 JPEG 2000 图像压缩标准格式。

地图可以通过扫描被数据化成栅格格式，或通过数字化地图功能而被转成矢量格式，如线、点、形状，这些数字化地图功能通常带有数字面板或通过从扫描图像中获得的可以在计算机屏幕上看到的数字化过程。

最后，在考虑那些不是您拥有的数字化资源的时候，需要注意原始材料的版权，我们会在第八章的关于权利的部分讨论这一问题。您也应该对数字化过程进行文档记录，因为这样可以提供一些关于数据质量、数据来源和数字化目的的重要信息。记住在这些文件中已经存在一些有用的元数据了。

以合乎逻辑的方式组织数据文件

数据是否易于阅读、检索及使用，极大程度上取决于数据是如何进行组织和结构化的（这两个过程是在文件内部操作的，如在数据库中），也取决于在文档结构（如目录和文件夹）中数据文件是如何进行命名和组织的。

文　件　名

合理的文件名和组织良好的文件夹结构，方便检索和追踪数据文件。文件名是一个文件的主要标识符。您可以考虑编制和开发一个适用项目的命名系统，并不断地使用它。好的文件名可以为文件提供有用的内容、状态和版本线索，可以唯一地标识文件，也可以帮助文件分类和排序，而且反映文件内容的文件名也便于搜索和发现文件。在协同研究中，有必要借助文件名去追踪文件的更改和编辑。在计算机上文件名应该独立于文件存放的位置。

文件名应包含以下元素：

- 项目缩写；
- 内容描述；
- 文件类型信息；
- 日期；

- 创建者姓名或首字母；
- 版本号，如使用序号和小数版本的数字；
- 状态信息，如草案或终稿。

最佳的命名操作：

- 创建有意义且简明扼要的名字；
- 使用文件名以便对广泛的文件类型进行分类；
- 不要使用空格、点和特殊字符（如"&"、"？"或"！"）；
- 使用连字符"–"或下划线"_____"，用来分割文件名中的逻辑元素；
- 避免冗长的文件名；
- 保留三个字母的特定程序代码文件扩展名，用来表示文件的格式，如".doc"、".xls"、".mov"和".tif"。

有时计算机会为文件添加基本信息和属性，如文件类型、创建和修改的日期和时间，但这并不是一种可靠的数据管理做法。最好是在文件名中、在文件内部或通过一个文件夹结构来记录和表示这些基本信息。

良好的文件名举例如下：

- FG1_CONS_12-02-2010.rtf（2010年2月12日焦点小组对消费者的访谈稿）；
- Int024_AP_05-06-2008.doc（对024号参与者的访谈，访谈人Anne Parsons，访谈时间2008年6月5日）；
- BDHSurveyProcedures_00_04.pdf（"英国牙齿健康状况调查"中调查程序第4版）。

欠佳的文档命名举例如下：

- SrvMthdDraft.doc，SrvMthdFinal.doc，SrvMthdLast0ne.doc，SrvMthdFriday night.doc
- Focus group consumers 12 Feb?.doc
- Health & Safety Procedures1

对文件进行批量重命名可以借助专业软件的力量，如Ant Renamer、RenamerIT或Rename4Mac。

文　档　结　构

需要仔细思考在文件夹中如何采用最佳的方式对文件进行结构化，因为良好的结构有助于定位并组织文件和版本。团队协同工作对有序结构的需求会更高。

最佳的做法之一就是在一个包含特定项目名称或项目缩写及日期（例如，这一年）的文件夹中，组织那些与项目相关的文件。在一级文件夹中，可以考虑为文件建立最合适的层级结构，决定是深层级结构可取还是浅层级结构可取。这样做了之后会很容易地建立副本和备份。

研究项目文件可以根据以下几种类型进行组织：

- 研究活动类型，如访谈、调查或焦点小组；
- 数据类型，如图像、文本或数据库；
- 材料的种类，如出版物、可交付成果或文献资料。

相关条目应该通过公共文件夹或文件名的方式互相链接。例如，注解文件可以和相应的数据文件进行关联，除了数据文件，还应包括项目管理、文献综述和方法论及推广和传播的文件夹。

图 5.2 给出了一个研究项目推荐使用的文件结构和文件命名惯例。注意，数据和归档文件会放在不同的文件夹中。通常会先根据数据类型，然后再根据研究活动来对数据文件进行进一步组织。归档文件也会根据文档及研究活动的类型进行组织。

图 5.2　一个研究项目的文件结构和文件命名示例

质 量 保 障

数据的质量控制是科学研究活动中不可缺少的一部分，它贯穿科学研究的不同阶段——包括数据收集、数据输入、数字化及数据校验阶段。在研究的各个阶段应该分配明确的角色和职责以确保数据质量，并且在数据采集开始前就规划程序步骤是非常重要的。

数 据 收 集

在数据收集期间，研究人员必须保证数据记录能够反映真实发生的情况、答卷、观察或事件。数据收集方法的质量极大地影响着数据的质量，详细记录数据是如何收集的可以为数据质量评估提供证据。

数据收集期间的质量控制手段可能包括：

- 仪器的校准以便检查精准度、误差和（或）测量的规模；
- 使用多种测量、观察或抽样方法；
- 请专家检查记录的真实性；
- 使用标准化的方法和协议来捕捉观察数据，并伴随着带有清晰指示的记录；
- 使用计算机辅助的访谈软件，以便对访谈进行标准化处理、验证答卷的一致性、规定问题的提问顺序及定制问题，确保只能针对合适的问题提问，在适当的时候确认答卷是否与之前的回答相悖，并检测出不允许出现的反应。

数据输入和数据抓取

当数据进入数据库或数据表格且被编码、数字化或转录了之后，宜使用标准化的、连贯的和带有清晰指示的步骤，以便用来保障数据质量并避免错误的出现，例如：

- 在数据输入软件时设置验证规则或内置隐藏项，如输入日期的时候提示格式；
- 使用数据输入屏幕，如一个模仿问卷形式的 MS Access 表，或者一个 SPSS 数据输入表；
- 变量值要从受控词汇、代码列表和选项列表中选择，以便减少手动输入数据操作。记录信息采纳国际公认的惯例，如 ISO 8601，是广受推荐的一个记录日期和时间表现的格式；
- 要有详细的变量标签和记录名称，以避免混乱；
- 设计一个专用数据库结构来组织数据和数据文件。

数 据 校 验

在数据校验期间，要对数据进行编辑、清理、验证、交叉校验和确认。典型的校验既包含自动化过程也包含手动操作过程，例如：

- 重复检查观察或回答的代码，以及超出范围的值；
- 检查数据完整性；
- 与原始数据对比，随机抽样验证数字化数据；
- 双重数据输入；
- 统计分析，如频率、均值、范围或聚类，以检测错误和异常值；
- 校对转录；
- 同行评议。

英国数据档案馆的数据质量控制

在英国数据档案馆，当研究数据准备建立专属的数据集进行存档的时候，将会进行各种各样的质量控制检验。检验包括：根据文档检查个案和变量的数量；检查超出范围值和不合理编码的分类变量；检查数据和文档是否违反机密性规则，并确保文档是数字格式。

质量控制的层级取决于基于对未来数据使用的判断而准备给数据添加多少附加值（UK Data Archive, 2010）。根据预期的未来使用情况及数据和文档的条件，对于每个即将入库的研究，在四个数据处理标准（A*、A、B、C）之中挑选一个标准进行处理。标准 A* 是针对最高使用的研究而言，保留的是完全加强版的数据处理，如定期的政府系列数据或关键的长期跟踪调研即采纳此标准。该标准的处理活动包括为调查准备完整的问题文本，并将访谈文本转换为 XML，以便在网络数据浏览系统中显示。标准 C 表示对于不太可能被再次使用的数据进行处理的最低级别，并且其中所存储的资料状况非常差，几乎没有改进的可能，或数据的格式依赖软件，没有其他替代的软件可以打开。各种级别的处理活动均涉及披露和版权检查。如果需要的话，研究的处理标准可以从标准 C 升高到标准 A*。

版本控制和真实性

文件的版本是指文件已被改变，但是它的内容与另一文件密切相关。对文件的更改进行记录从而形成文件的不同版本，重要的是必须知晓哪个是文件的主文件或最新版本，文件保留在同一位置还是不同位置。因为一段时间后，通常很难找到正确的版本，或很难知道版本之间的差异。

合适的版本控制策略取决于文件是由单个还是多个用户使用，是存放在一个位置还是在多个位置中，以及多用户或跨地域的版本是否需要同步，也就是说如果一个位置中的信息被改变，其他位置的相关信息也会被更新。伦敦政治经济学院为研究人员提供了一个有用的版本工具包（London School of Economics and Political Science Library，2008）。

对研究期间数据文件的变更进行持续记录的另一个原因是它能够保留数据的历史或出处，或世系。这形成了第四章所描述的良好数据文档的一部分。例如，可以编纂关于研究数据如何被推导、处理、清洗或更新的文档，特别是涉及不同的人或组织的时候尤其重要。

版本控制文件中的最佳实践

文件的版本可以通过以下方式进行识别：

- 记录在文件名或文件中的日期，如 HealthTest-2008-04-06；
- 在文件名中的版本号，如 HealthTest-00-02；HealthTest_v2；
- 文件历史、版本控制表或注释，它们在文件内部记录了版本、日期、创建者和对文件改变的细节信息，如表 5.3 所示。

表 5.3　版本控制表格示例

标题	埃塞克斯托儿所视力筛查试验
文件名	VisionScreenResults_00_05
描述	2007 年 6 月在埃塞克斯的 5 个托儿所进行 120 个视力筛查测试(Vision Screen Tests) 的结果数据
创建人	Chris Wilkinson
管理者	Sally Watsley
创建时间	2007 年 7 月 4 日
上次更改时间	2007 年 11 月 25 日
基于	VisionScreenDatabaseDesign_02_00

版本	负责人	记录	最后一次修订日期
00_05	Sally Watsley	00_03 版本和 00_04 版本由 Sally Watsley 进行对比与合并	2007 年 11 月 25 日
00_04	Vani Yussu	由 Vani Yussu 检查输入情况，独立于 Steve Knight 的工作	2007 年 10 月 17 日
00_03	Steve Knight	由 Steve Knight 检查输入情况	2007 年 7 月 29 日
00_02	Karin Mills	输入测试结果 81~120	2007 年 7 月 5 日
00_01	Karin Mills	输入测试结果 1~80	2007 年 7 月 4 日

版本控制也可以通过以下手段进行维护：

- 使用软件自带的版本控制功能，如 MS Word 能够跟踪一个文件的不同版本（文件→版本），从而将每个版本创建的作者、日期、注释和任何评论均保存在版本列表中；
- 使用版本控制软件，如 Subversion（SVN）；
- 使用文件共享软件，如保留修订历史记录的 Dropbox 和 Google Docs，或 Amazon S3。详见第九章关于合作工作空间和使用"云服务"的法律意义与可持续性意义的讨论；
- 控制文件编辑权限；
- 手动条目合并或由多个用户编辑。

最佳实践是：

- 决定要保留文件版本的数量、哪些版本应该保留、保留多长时间及如何对版本进行组织；
- 识别出需要保留的具有里程碑意义的版本，如主要版本而不是次要版本（保留版本 02-00 而不是 02-01）；
- 使用系统化的命名惯例对文件的不同版本进行唯一的标识，如使用版本号或日期；
- 记录创建新版本时对文件所做的更改；
- 有需要的话，记录条目之间的关系，如记录代码和它运行的数据文件之间的关系；记录数据文件与相关文档或元数据之间的关系；或多个文件之间的关系；
- 如果文件存储在不同位置的话，需要跟踪文件的位置；
- 定期同步不同位置的文件，如使用 MS SyncToy 软件；
- 识别用于存储里程碑意义的版本和主版本的单个位置。

因为数字信息很容易被复制和改变，所以重要的是能够确保数值数据的真实性，并且防止对数据的未经授权的访问和变更。

确保真实性的最佳实践是：

- 在编辑之前保存具有新版本号的文件；
- 保留数据的单个主文件；
- 将主文件的保护职责分配给项目团队的具体某位成员；
- 规范对数据文件主版本的写访问·

- 记录对主文件的所有更改；
- 维护旧版主文件以防之后的版本含有错误数据；
- 定期对主文件的副本进行存档；
- 制订销毁主文件的正式程序。

练习 5.1 场景：对调查和访谈中得出的研究数据进行格式化和组织

您开展了一项调查研究，这项研究旨在了解英国民众对于气候变化及相关风险的认识。通过在学术共同体、政策制定者及社会各界良好交流与对话的基础上，了解人们对气候变化的想法是非常重要的。

您的研究应该包括：

- 邀请 2000 名英国公民参与一个在线调查，对他们关于气候变化、气候变化的危害性认识及他们获取相关信息的来源进行测评和调查；
- 采访 20 位在气候政策制定和学术交流中的利益相关者；
- 对从报纸和核心学术期刊上获取的二手数据进行定性内容分析、评估有关媒体对于气候变化的研究和报道。

您会为得出的研究数据结果使用哪种文件格式？您如何组织您的数据文件和数据？您会使用哪种命名习惯？

练习 5.2 趣味测试

1. 不断地对我的文件名和文件夹结构进行组织是（多选）
（a）一种浪费宝贵时间的行为
（b）在我完成项目之前都是没有必要的
（c）对数据共享及在未来能够使用数据是非常重要的
（d）对我的研究项目来说是非常好的做法

2. 系统化的、具有逻辑性的文档命名（多选）
（a）使跟踪数据文件变得更为容易
（b）为文件的内容和状态提供了有用的线索
（c）有助于对文件进行分类
（d）是没有必要的，因为我是数据的唯一使用者

3. 为了保证能够对您的研究数据和资源进行安全地、长期地访问和获取，最好将它们转换成标准的格式。下面哪些格式最适合文本文件（多选）

（a）富文本格式（.rtf）

（b）PDF/A 格式（.pdf）

（c）开放文档格式（.odt）

（d）Notepad 格式（.txt）

4. 专有软件指软件（单选）

（a）是维护我的数据安全最好的选择

（b）永远存在

（c）可以成为一个安全的、稳定的方式来存储我的数据

（d）不推荐进行长期的数据存储

5. 数字化的信息可以轻易地进行复制、改变或删除。您如何确保您的数据真实可靠（多选）

（a）保留数据的主文件

（b）制订对主文件的写入权限

（c）为主文件分配职责

（d）记录主文件的更改

6. 数据的转录（单选）

（a）操作者始终是研究人员

（b）只能由专业的转录人员进行操作

（c）或者由研究人员操作，或者由专业的转录人员操作，只要保持转录稿的一致性即可

（d）应能完整地进行操作

7. 在对文本数据进行数字化的时候（单选）

（a）可以始终使用平板扫描仪对图片进行扫描

（b）如果光照充足，数码相机可以生成很好的扫描图片

（c）OCR 代表光学字符记录

（d）当密钥更新时，确保在将访谈转录成文本的过程中纠正了语法错误

───── **练习 5.3　转录定性数据** ─────────────────

图 5.3 展示了一个博士研究项目的转录访谈，该项目研究的是老龄化和中老年生活。研究人员将录音分配给转录人员，他们或多或少有点转录经验。转录人员中一部分是学生，一部分是同意进行非正式、廉价并快速开展此项工作的秘书人员。这些转录人员既没有得到研究人员任何的关于约定俗成的转录惯例方面的

指导，也没有得到关于如何查看转录稿内容的指导。

通读这篇转录稿。您从中注意到哪些问题？如果是您进行转录，您会有哪些不一样的做法？

[Interview_2_with_Penny[1][1]]

对 Penny 的访谈

访谈 2

在她的办公室里

2007 年 11 月 6 日

第一套问题大部分是关于老龄化的，还有衰老的经历。唔，首先，可以告诉我您确切的出生日期么？

fifteenth of the fifth forty eight

好的。您可以开始对您自己进行一个描述，用一些简单的话告诉我们关于您自己的一些情况。

就我自己来讲，天哪。我 55 岁了，是 3 个女儿的母亲，唔，所以我不断地染头发，我有一个女儿始终住在家里，我的婚姻很幸福。我已经结婚 31 年了，当然我知道我看起来并不像结婚 31 年的样子[说话时带有呼吸的滑稽的声音]。

嗯

我是一个晚育妈妈，我到 30 岁才有小孩，那个时候我和我丈夫已经结婚 6 年了，但我不想当妈妈，之后我一度后悔结婚。所以突然一下子，我想变成昨天一样，每天工作，但并不是全部时间都花费在工作上，而且我因忙碌而幸福。

不好意思刚才您说您几岁了？

55，肉毒杆菌真是个好东西！

（清清嗓子）

所以，从您喜欢的地方开始，给我们介绍一下您的生活吧？

我早些年的生活比较幸福，我有我的妈妈和爸爸，我在东区长大。

嗯

我的妈妈没有工作，我有一个姐姐，她比我大两岁，我有一个田园般的童年生活，即使我是个悲剧。我有一个哥哥John，他9岁时死于一场车祸，我的父母很明显地从这件事情中受到了打击，因为John是个男孩，但我们都渡过了难关，并且我认为那件事情会让我成为可能。我不知道它有没有影响我的生活，但有人跟我提到这件事情的时候我从没有那样的感觉。噢，孩子们的奶奶死了也没有对我造成很大的影响，因为她已经很老了，所以我认为死亡会影响我，我如何看待人们的死亡也会影响我。

嗯

如果有人能活到这个年纪我也会为那个人感到沮丧，但说实话，如果那个人走了我并不会感到沮丧，因为他已经很老了。但是自从我失去了我的母亲，我母亲那个时候80岁，生活幸福，衣食无忧。（咳嗽）是的，我的生活很美好，我很幸运。

您说了一些让您会想到其他人的死亡的方式，但会让您想到您自己的死亡么？

不，我没有，我不会想到我的死亡。

嗯

我必须澄清，我并没有思考太多关于死亡的事情，因为除了我哥哥和我妈妈的死。您知道，已经没有死亡可以影响到我了，那就是我说的没有什么会比我哥哥的死对我的影响更大，因为我哥哥是如此年轻，这很悲惨，是我的爸爸支持他买了那辆车，所以他不得不生活在那里，这是一个纯粹的意外 车子是那样走的，但我的哥哥没有那样走，而是，您知道，返回车库中了，就在那个时候我妈妈有一点，我不能说疯了，但是表现得很正常，这看起来非常不正常，您知道这个感觉，那个时候情况真的非常糟糕，我和我妹妹都出去了，我爸爸很伤心，因为他以为我们都在责备他，实际上并不是，我们能体会他的感受。这些年他不得不忍受这一切，但他说谢天谢地有了我，如果是别人的话，他会杀了他们，他会有这样的愤怒。所以这是我想过的最糟糕的情况。

图 5.3　关于老龄化的博士研究项目转录稿

来源：Morgan，2010

───　**练习 5.4　转录定性数据**

在本章第二个关于转录方面的练习中，您会和女性就一个敏感话题进行三十次的深度访谈。您想转录这些访谈，并且已经决定使用当地的一个转录服务公司进行转录操作。您需要为转录员制订指导笔记和一份转录员机密性协议。在这份协议中，您会加入哪些条款、覆盖哪些领域？请尝试提供合适的文字材料，包括可以设定一个情景，从而能够为转录员提供简要的项目背景介绍。

───　**练习 5.1　讨论**

在线调查的答卷可以直接从调查系统中以 SPSS 格式导出，SPSS 是最常用的分析答卷的软件。如果所使用的在线调查软件包没有直接输出到 SPSS 的功能，那么这些答卷可以先导出为 MS Excel 或 CSV 格式，然后导入到 SPSS 中。一旦项目完成，数据文件可以 SPSS 的便携式格式（.por）而进行长期存储，这个格式也能从 SPSS 中产生。所有的调查数据都会保留在独立的数据文件中。

访谈过程是采用数字录音设备录音的，每一份访谈录音都保留在独立的文件中，每二十份录音保留在一个单独的文件夹中。比较好的录音格式是 MP3 或 WAV，音频文件也可以这些格式进行长期存储，或者转成 FLAC 格式。音频录音可以转录成 MS Word 文件，以 RTF 文件格式进行长期存储。每一份访谈转录稿都会保留在一个单独的文件中，每二十份文件放置在一个单独的文件夹中。MS Word 文件转录稿可以导入到定性数据分析软件包中，通过创建一个单独的 CAQDAS 数据库进行内容分析。

从报纸和期刊中获取的二手文本数据，可以是可用的 PDF 格式的文件，也可以是复制成 MS Word 格式的文件。两种格式都能导入定性数据分析软件包中而进行内容分析。这些条目可以导入和访谈一样的 CAQDAS 数据库中。每一份报纸或期刊条目都会保留在一个单独的文件中，所有的文件都存储在一个独立的文件夹中。

适合数据文件的文档结构和文档命名惯例可以是：

PUCC
　01-Survey
　　Archive
　　　PUCC-Survey2013-01-00.sav

```
        PUCC-Survey2013-02-00.sav
    Current
        PUCC-Survey2013-03-00.por
  02-Interviews
    01-Audio
        PUCC-Interview01-2013-01-07.mp3
        PUCC-Interview02-2013-01-08.mp3
    02-Text
        PUCC-Interview01-2013-01-07.rtf
        PUCC-Interview02-2013-01-07.rtf
    03-Media
        PUCC-Media01-2009-05-18.pdf
        PUCC-Media02-2012-12-03.pdf
    04-Database
        PUCC-Database-01-00.nvp
```

练习 5.2　参考答案

1. 不断地对我的文件名和文件夹结构进行组织是（多选）

（a）一种浪费宝贵时间的行为——错误。这肯定不是一种浪费时间的行为。拥有组织良好的文件名和文件夹结构能够跟踪记录数据文件、为文件的内容和状态提供了有用的线索，并且能够协助文件分类。

（b）在我完成项目之前都是没有必要的——错误。您应该将整理文件夹作为良好的研究实践的一部分，因为在项目结束的时候重新进行组织的可能性非常小。

（c）对数据共享及在未来能够使用数据是非常重要的——正确。有序地组织文件和格式，这对于共享数据及在未来能够理解您的数据是非常有必要的。

（d）对我的研究项目来说是非常好的做法——正确。让良好地文档命名和文件夹结构化成为您日常研究实践的一部分。

2. 系统化的、具有逻辑性的文档命名（多选）

（a）使跟踪数据文件变得更为容易——正确。尤其是在您的文件名中包含了关于文件的内容、日期、创建者、文件类型及它们从属的项目或活动等信息的时候。

（b）为文件的内容和状态提供了有用的线索——正确。其前提是您的文件名描述了文件内容和版本信息。

（c）有助于对文件进行分类——正确。其前提是您的文件名包含不同的信息成分，包括项目信息、活动信息（如会议或调查）或时间信息。

（d）是没有必要的，因为我是数据的唯一使用者——错误。一个良好的系统会产生很大的作用，尤其是将来还要使用这些数据的时候。

3. 为了保证能够对您的研究数据和资源进行安全地、长期地访问和获取，最好将它们转换成标准的格式。下面哪些格式最适合文本文件（多选）

（a）富文本格式（.rtf）——正确。富文本格式某种程度上保留了文本的格式，是选择之一。

（b）PDF/A 格式（.pdf）——正确。这是选择之一，但是可能无法完全编辑文本，并且这也是一个专有的格式。

（c）开放文档格式（.odt）——正确。该选择能保留文本的格式，并且能充当通用的文档格式。

（d）Notepad 格式（.txt）——正确。这种格式能长期访问，但其从富文本格式转换过来的时候可能会丢失一些格式和其他的相关信息。

4. 专有软件指软件（单选）

（a）是维护我的数据安全最好的选择——错误。专有软件格式的长期可访问性远不如开放格式。

（b）永远存在——错误。专有软件可能会存在很长一段时间，但无法保证这段时间会有多长，也无法保证软件是否一直有用。

（c）可以成为一个安全的、稳定的方式来存储我的数据——错误。在当下和不久的将来，专有软件可能是安全和稳定的，但是没有长期的保证。最好使用非专有软件来进行数据长期保存，保障数据安全。

（d）不推荐进行长期的数据存储——正确。参见选项（b）。

5. 数字化的信息可以轻易地进行复制、改变或删除。您如何确保您的数据真实可靠（多选）

（a）保留数据的主文件——正确。将研究数据的主文件保留在安全的地点，并且备份，与工作文件分开，同时，每当主文件发生较大改变的时候要更新主文件。

（b）制订对主文件的写入权限——正确。把主文件设置为"只读"格式，从而确保主文件不会发生任何意外的变化。

（c）为主文件分配职责——正确。如果许多人可以访问和编辑主文件，并且每一个访问者没有明确职责的时候，在没有人注意的情况下，文件发生意想不到的变化的概率很高。

（d）记录主文件的更改——正确。这可以通过文件内部的版本控制表格进行操作。以上所有的解决方案都能够帮助确保数据的真实性。

6. 数据的转录（单选）

（a）操作者始终是研究人员——错误。没有必要。研究人员可能希望通过亲自的转录操作以节约成本、使他们能够沉浸在数据中或将转录过程作为他们方法论中的一部分（如在对话分析中），但使用专业的转录员也是非常常见的。

（b）只能由专业的转录人员进行操作——错误。没有必要。一些研究人员可能希望或需要自己亲手进行转录操作。

（c）或者由研究人员操作，或者由专业的转录人员操作，只要保持转录稿的一致性即可——正确。转录是由研究人员自己操作的还是由专业转录员操作的并不重要。不管谁做了这项工作，最重要的事情是保持转录稿的一致性，这可以通过开发一套所有的转录员都能遵循的、简短的转录指南来实现。

（d）应该完整地进行操作——错误。转录没有必要总是完整地进行操作，但是完整的转录稿，是未来共享和重用最理想的材料。

7. 在对文本数据进行数字化的时候（单选）

（a）可以始终使用平板扫描仪对图片进行扫描——错误。水平安装的平板、馈纸式描仪或数码相机都能够将纸上的扫描文件进行图像化处理。

（b）如果光照充足，数码相机可以生成很好的扫描图片——正确。只要相机分辨率足够高，保持水平安装，光线充足，那么就能够产生高质量的扫描图片。

（c）OCR 代表光学字符记录——错误。它代表光学字符识别。

（d）当密钥更新时，确保在将访谈转录成文本的过程中纠正了语法错误——错误。尽可能地将新数据保持为原始来源的状态。只能更改明显错误，并且清楚地标明括号之间的原始来源已经改变。

练习 5.3　讨论

请看图 5.4，我们为老龄化和中老年生活项目转录稿添加了点评批注。您可能注意到，这里似乎没有任何特定的惯例。因为本项目使用了多个转录员，他们返回的转录稿使用了不同的惯例和格式。在这种特殊情况下，记录每个"嗯"和"唔"，会加大文档长度。然而，对话分析需要高水平的注释，其中作为填充物的停顿将被记录。拼写并不总是正确的，所以需要对转录稿进行仔细校对，而且并没有使用页号或行号。

File was labelled[Interview_2_with_Penny[1][1]]

对 Penny 的访谈

访谈 2

在她的办公室里

2007 年 11 月 6 日

　　第一套问题大部分是关于老龄化的，还有衰老的经历。唔，首先，可以告诉我你确切的出生日期么？

fifteenth of the fifth forty eight

　　好的。你可以开始对你自己进行一个描述，用一些简单的话告诉我们关于你自己的一些情况。

就我自己来讲，天哪。我 55 岁了，是 3 个女儿的母亲，唔，所以我不断地染头发，我有一个女儿始终住在家里，我的婚姻很幸福。我已经结婚 31 年了，当然我知道我看起来并不像结婚 31 年的样子[说话时带有呼吸的滑稽的声音]。

嗯

　　我是一个晚育妈妈，我到 30 岁才有小孩，那个时候我和我丈夫已经结婚 6 年了，但我不想当妈妈，之后我一度后悔结婚。所以突然一下子，我想变成昨天一样，每天工作，但并不是全部时间都花费在工作上，而且我因忙碌而幸福。

不好意思刚才你说你几岁了

55，肉毒杆菌真是个好东西

[清清嗓子]

　　所以，从你喜欢的地方开始，给我们介绍一下你的生活吧？

我早些年的生活比较幸福，我有我的妈妈和爸爸，我在东区长大。

嗯

　　我的妈妈没有工作，我有一个姐姐，她比我大两岁，我有一个田园般的童年生活，即使我是个悲剧。我有一个哥哥 John，他 9 岁时死于一场车祸，我的父母很明显地从这件事情中受到了打击因为 John 是个男孩，但我们都渡过了难关，并且我认为那件事情会让我成为可能。我不知道它有没有影响我的生活，但有人跟我提到这件事情的时候我从没有那样的感觉，噢，孩子的奶奶死了也没有对我造成很大的影响，因为她已经很老了，所以我认为死亡会影响我，我如何看待人们的死亡也会影响我。

嗯

　　如果有人能活到这个年纪我也会为那个人感到沮丧，但说实话，如果那个人走了我并不会感到沮丧，因为他已经很老了。但是自从我失去了我的母亲，我母亲那个时候 80 岁，生活幸福，衣食无忧，[咳嗽]是的，我的生活很美好，我很幸运。

你说了一些让你会想到其他人的死亡的方式，但会让你想到你自己的死亡么？

不，我没有，我不会想到我的死亡。

嗯

　　我必须澄清，我并没有思考太多关于死亡的事情，因为除了我哥哥和我妈妈的死。您知道，已经没有死亡可以影响到我了，那就是我说的没有什么会比我哥哥的死对我的影响更大，因为我哥哥是如此年轻，这很悲伤，是我的爸爸支持他买了那辆车，所以他不得不生活在那里，这是一个纯粹的意外[车子是那样走的，左或右]，而是，你知道，返回车库中了，就在那个时候我妈妈有一点，我不能发疯了，但是表现的很正常，这看起来非常不正常，你知道这个感觉，那个时候情况真的非常糟糕，我和我妹妹都出去了，我爸爸很伤心，因为他以为我们都在责备他，实际上并不是，我们能体会他的感受。这些年他不得不忍受这一切 但他说谢了谢地有了我，如果是别人的话，他会杀了他们，他会有这样的愤怒。所以这是我想过的最糟糕的情况。

批注 [11]: 原始文件是这样标记的。[1][1]代表什么？标为 Int.001_final 更好

批注 [12]: 如果用 ID 表示的话是不是也会起作用？

批注 [13]: 这是对这个特定受访者的第二次采访还是整个研究中的第二次采访？

批注 [14]: 加入更多的语境信息是否有益？

批注 [15]: 如果日期用数字书写更符合阅读习惯，也更便于搜索转录稿中的日期。

批注 [16]: 清晰的语言分界和说话者标签在转录稿中至关重要，这里并没有使用这些。

批注 [17]: 应该包括多少对说话者语调的描述？分配的规则是什么？

批注 [18]: 能用所有听起来像"嗯"的词汇来表示么？会话分析可能会对抓取它们和它们之间的间隔非常感兴趣。这些"嗯"已经依次进入到此次序列，这使得转录会变得过长。

批注 [19]: 标注声音是使用圆形括号还是方括号？

批注 [10]: 在什么时候应该添加假名？如果他们像这次访谈一样重复进行访谈，那么最好在现场工作完成后进行。研究人员可以简要说明受访者跟人物时避免使用姓名，以便减少匿名化过程的负担。

批注 [11]: 需要校验错别字

批注 [12]: 是否需要包含附加的噪声？

批注 [13]: 空格是什么？停顿？还是缺少了字？

批注 [14]: 此处需要增加上下文信息，原来的访谈者最好在这里记录被访者的身体语言。

批注 [15]: 拼写特定词需要确保前后一致性，是否需要大写？

批注 [16]: 页面底部需要加上页码，可能的话加入行号。

图 5.4 已批注的关于老龄化的博士研究项目转录稿

来源：Corti et al.，2011

最后，需要考虑转录稿的格式，这是很重要的，因为转录稿使用了两列排版，一列是说话者标签，另一列是语调，在没有进行重要的重新格式化的情况下，转录稿几乎不可能导入 CAQDAS 软件包。此外，如果开展了需要进行转录访谈的研究，您是否会使用某种任意类型的模板，或为转录协议提出任何的思考建议或指导？

练习5.4　讨论

转录员协议和转录工作指南看起来可能像下面的文档，它们来自于现实生活中一个研究暴食症康复的博士项目。该项目包括一系列深入的定性访谈，含有高度敏感的数据。研究人员要求转录员们遵循一套转录惯例，这些惯例在一份简短的指南中清楚地陈列了出来，如图 5.5 所示，同时还发布了一份转录样本供转录员们参考。如图 5.6 所示，研究人员准备了一份机密性协议，并要求转录员们在上面签字。请通读这些材料。

暴食症康复探索的定性数据

转录指南笔记

研究背景

暴食症是很难攻克的，因此一些人试图去寻找康复的方式、康复的原因的行为不是很好理解。"康复"这个词对不同人来说意味着不同的事；临床医生建议使用各种标准来定义这个词，但目前很少有人去关注康复对于那些实际上已经度过和正在经历恢复过程的人来说意味着什么。

本研究旨在通过从暴食症患者的视角来看待康复问题。对他们深入访谈之后，我希望呈现一份丰富的集合报告，总结归纳他们在康复过程中遇到的困难和获得的洞察。

作为伦敦大学社会学系博士项目的一部分，在 Jane Woodstock 教授的指导下，我开展了这项研究。它得到了英国国家经济和社会研究理事会（ESRC）资助，并且已获伦敦大学研究和企业办公室（REO）的完全道德审批许可。

由于本研究具有敏感性，您将需要签署一份机密性协议，确认您能够遵守匿名和保密原则，并且保证不会向除您本人以外的任何人讲述访谈的内容或性质。

理论方法：逐字转录

如何进行转录与预期的分析类型密切相关。访谈的转录始终是个妥协的过程：

细节越多，可供分析解释的材料越多，但太多的细节减慢了以人工方式进行的文本阅读速度。这个项目需要完整的逐字转录。采用完整的逐字转录方法意味着，除了保存所说的实际词语之外，在录音中还需要捕获额外的语言材料（如说话者使用的语调、暂停、节奏和犹豫）。这保留了在原始访谈中传达的一些附加的含义，从而提供了关于说话方式的上下文信息。此外，逐字转录要求明显突出会话交流的性质，因此研究者的话也必须包括在内。

一般注意事项

- 应该在文件的每一页上添加一个标题，左边是访谈的序列号，右边是您的名字；
- 在页脚居中插入页码；
- 使用 Time New Roman 字体，字号 12，访谈者说的要用黑体标出，并对齐文本；
- 区分访问者和受访者，并指明受访者的性别。为访谈者使用";"，为受访者使用"F1:"或"M1:"，两者的选用取决于他们的性别（详见附例）；
- 虽然我要求对采访者所说的记录应包括在内，但是有一个例外，涉及"后台频道话语"，即当受访者在说话的时候，我可以在背景中听到诸如"对的"、"是的"、"我知道"或如"唔嗯唔"之类的话语。这些应答词语鼓励受访者继续说话，并向他们保证他们一直都会有听众。没有必要收录这些应答词语，因为这反而打断了受访者的倾谈；
- 像常规的撰写散文一样来使用标点符号。语法不应该改变或"整理"。不要使用模糊拼写（如用"enuff"代替"enough"）。

完全包括在内的东西

- 未完成的问题或逐级减弱的陈述——用圆括号"（）"表示这些，如"我从来没有理解她的方法，她看到它的方式，或"；
- 开始错误的句子；
- 重复的短语、单词、陈述或问题；
- 在访谈似乎"正式"完成之后，继续进行的讨论；
- 非词汇话语或如"嗯"、"额"和"阿"之类的"填充"；
- 犹豫和停顿——用圆括号"（）"表示这些，如"我恢复好的手段额"；
- 表示惊讶、震惊或沮丧的惊叹号，请使用标准感叹号；
- 重点——对词语或短语用斜体表示强调。

括在圆括号中的东西

- 背景中的噪声，如（大声轰隆）、（撞门声）或（低沉的声音）；
- 受访者的语调。在这里，需要标注出对心情、感觉、激情、情感和辅助语言学的信息。例如，（大声地笑）、（慢慢地咕哝）、（生气声音）、（轻微地颤抖）或（叹气）；
- 对于不清楚的单词或短语必须在文本中出现的位置进行标记，方法是将"听不清"一词放在括号中并以粗体显示。例如，"（**听不清**）。请不要猜测您不能理解的任何东西"。

转录之后

当您完成访谈转录之后，请通过电子邮件（邮箱地址）发送给我。收到转录稿时我会和您确认，确保之后您会删除并销毁所有格式的访谈录音和访谈稿，如 CD、WAV 文件和 Word 文档。

感谢您同意参加这个研究项目。对于如何转录这个研究的访谈，附录的访谈样例表明了我的想法和要求。如果有大部分的录音，您不能理解或解读，那么请立即与我联系。同样，如果您对转录工作的任何方面有疑问或对这些指导方针不清楚的话，不要犹豫，请与我联系，电话（手机号码）或邮箱（邮箱地址）。

Alice Jackson

图 5.5 暴食症康复探索博士项目的转录员操作说明

来源：Jackson, 2010

伦敦大学

暴食症康复探索

转录员保密协议书

这项研究正在由伦敦大学社会学系的博士候选人 Alice Jackson 进行。研究的目的是了解从曾患暴食症患者们的视角如何看待暴食症康复问题。

作为本研究的转录员，我知道我将会听到保密访谈的录音。关于这些录音的信息已经被参与本研究的受访者同意披露了，条件是他们的访谈内容将被严格保密。我知道我有责任遵守此保密协议。

关于这些录音的任何信息和涉及任何一方的信息，我同意不分享给除这个项目的研究员以外的任何人。任何违反本条款和以下详述的条款的行为将达到严重违反道德标准的程度，我确认我将完全遵守该协议。

我，_____ 同意：

1. 保持与我共享的所有研究信息处于保密状态，不与除研究人员以外的任何人以任何形式或格式（如 WAV 文件、CD 和转录稿）讨论或分享访谈的内容。
2. 当所有的研究信息在我保管之下的时候，要保证其任何形式或格式（如 WAV 文件、CD 和转录稿）安全。
3. 当我完成转录任务时，将所有以任何形式或格式（如 WAV 文件、CD 和转录稿）存在的研究资料都交还给研究员。
4. 在与研究员协商后，将关于此研究项目的所有不能交还给研究员的资料，如 CD 和存储在我的电脑硬盘上的信息，无论它们以什么形式或格式存在，均必须予以删除或销毁。

转录员：

_____　　_____　　_____
（打印姓名）　　　　　　　　（签名）　　　　　　　　　（日期）

研究员：

_____　　_____　　_____
（打印姓名）　　　　　　　　（签名）　　　　　　　　　（日期）

本研究已经获得伦敦大学研究和企业办公室（REO）审核并获得道德批准通过。

图 5.6　暴食症康复探索博士项目的转录员机密性协议

来源：Jackson，2010

它们都是优秀文档的一些实例，但是需要注意和改进的地方如下：

- 提供关于如何安全存储信息的建议，如通过密码控制区域进行数据备份，或把纸张锁在文件柜里；
- 解释在研究者与转录员之间如何安全地传输数据，如可以通过加密文件形式传输或 USB 拷贝音频和转录稿之类的文件，以确保传输数据的安全性。

参 考 文 献

ANDS (2013) *File Formats. ANDS Guides: Awareness level*, Australian National Data Service. Available at: http://ands.org.au/guides/file-formats-awareness.pdf.

Bucholtz, M. (2000) 'The politics of transcription', *Journal of Pragmatics*, 32: 1439–65.

Corti, L., Van den Eynden, V., Bishop, L. and Morgan, B. (2011) *Managing and Sharing Data: Training Resources*, UK Data Archive, University of Essex.

GALE (2010) *Global Autonomous Language Exploitation (GALE)*, Linguistic Data Consortium, University of Pennsylvania. Available at: http://projects.ldc.upenn.edu/gale/.

Gibbs, G. (2010) *Transcription Section. Learning Qualitative Data Analysis on the Web resource*. Available at: http://onlineqda.hud.ac.uk/resources.php#T.

Grimm, J. (2008) *Wessex Archaeology Metric Archive Project (WAMAP)*, Archaeology Data Service. Available at: ads.ahds.ac.uk/catalogue/resources.html?abmap_grimm_na_2008.

Jackson, A. (2010) Research data from PhD on *A Qualitative Exploration of Recovering from Bulimia* project. Unpublished data, University of London.

Jefferson, G. (1984) 'Transcription notation', in J. Atkinson and J. Heritage (eds), *Structures of Social Interaction*. New York: Cambridge University Press.

Li, C., Donizelli, M., Rodriguez, N. et al. (2010) 'BioModels Database: An enhanced, curated and annotated resource for published quantitative kinetic models', *BMC Systems Biology*, 4(92). Available at: www.ebi.ac.uk/biomodels-main/.

London School of Economics and Political Science Library (2008) *Versions Toolkit for Authors, Researchers and Repository Staff*, LSE. Available at: www2.lse.ac.uk/library/versions/VERSIONS_Toolkit_v1_final.pdf.

Morgan, B. (2010) Research data from PhD on *The Negotiation of Midlife: Exploring the Subjective Experience of Ageing*. Unpublished data, University of Essex.

Oard, D. (2012) 'Can automatic speech recognition replace manual transcription?' in D. Boyd, S. Cohen, B. Rakerd and D. Rehberger (eds), *Oral History in the Digital Age*, Institute of Library and Museum Services. Available at: http://ohda.matrix.msu.edu/2012/06/automatic-speech-recognition/.

Pieraccini, R. (2012) *The Voice in the Machine: Building Computers That Understand Speech*. Cambridge: MIT Press.

Real Life Methods (2011) *Transcribing your own Qualitative Data Toolkit*, Real Life Methods Project, University of Manchester. Available at: http://www.socialsciences.manchester.ac.uk/realities/resources/toolkits/transcribing-your-data/.

UK Data Archive (2010) *Our Quality Control*, UK Data Archive, University of Essex. Available at: http://www.data-archive.ac.uk/curate/archive-quality.

UK Data Archive (2013) *File Formats Table*, UK Data Archive, University of Essex. Available at: http://www.data-archive.ac.uk/create-manage/format/formats-table.

UK Data Service (2013) *Model Transcription Template*, UK Data Service, University of Essex. Available at: http://www.data-archive.ac.uk/media/136055/ukdamodeltranscript.pdf.

第六章

数据存储与数据传输

保护研究数据免受不必要的损失，需要有良好的策略对数据进行安全存储、备份、传输和处理。协同研究则为数据的共享存储和访问带来了挑战。

历史上一些公共数据丢失和发生意外的案例，也证明了人为错误或疏忽有时会造成灾难性后果。

2008 年，英国工作与养老金部的一个承包商丢失了一根记忆棒，里面含有 1200 万条个人资料，最终这根记忆棒在一个酒吧停车场被发现（Burns，2008）。无独有偶，同样在 2008 年，英国内政部（UK Home Office）的一名顾问遗失了一根记忆棒，内含关于 13 万条重大罪犯机密信息的数据（Winnett，2008）。南安普敦大学的一个学术研究部门发生了一场火灾，科研人员积累了数千兆字节的数据被销毁，造成了科学设施的重大损害和数据丢失，但遗憾的是并非所有这些数据事先都进行了备份（Curtis，2005）。

波士顿计算网络（Boston Computing Network，2013）指出，那些拥有珍贵数字资源的群体更关注数据丢失的情况：

- 在任意年份，都有 6%的 PC 机将经历一次数据丢失事件，例如，1998 年美国商业领域发生了大约 460 万起数据丢失事件；
- 美国每周有 14 万个硬盘崩溃；
- 31%的 PC 机用户由于不可抗拒因素丢失了所有文件；
- 60%的丢失数据的公司在灾难发生的 6 个月内倒闭；
- 30%的所有曾经发生过重大火灾的企业在 1 年内失败，70%在 5 年内失败；
- 34%的公司未能测试他们的磁带备份；而在完成测试的公司中，77%的测试结果是备份失败了。

确保数据安全是任何基于信息开展的活动的关键。良好的存储和备份策略能够防止数据丢失。反过来，数据存储和备份也能避免重复研究、维护数据主体的隐私并防止出现声誉风险。

数 据 存 储

所有的文件格式和物理存储介质都会过时，因此数字存储介质本质上是不可靠的。任何数据文件的可访问性，一方面取决于存储介质的质量，另一方面取决于该介质的读取设备的可用性。

当前可用来存储数据文件的介质主要有光学介质和磁性介质。所有的光学介质（如 CD 和 DVD）容易受到不当操作、温度和相对湿度的变化、较差的空气质量和照明条件的影响而损害。英国国家保护办公室（UK's National Preservation Office）为此颁布了关于保护 CD 和 DVD 的指南（Finch and Webster，2008）。光学介质最好垂直放置，存储在贵重物品（CD 存储）盒中，并放置于拥有 30%~50%相对湿度，避免高温（高于 23℃）、低温（低于 10℃）和温度波动的黑暗环境中。不建议将可重写光盘、CD-RW 和 DVD-RW 用于长期存储。

磁性介质，如硬盘驱动器和磁带，也会遭受物理降解（physical degradation）。个人计算机在闷热的办公室中比在温度受控的环境中更容易引起致命的崩溃。

纸质打印的资料和照片会因受到阳光和酸的侵蚀而出现降解，如某些类型的纸张会受到汗液和酸性物质的影响发生退变。因此，长期保存的论文必须使用高质量的材料来制作，如使用无酸纸、文件夹和盒子及不锈钢纸夹而不是订书钉等材料。

存储数据的最佳实践

- 以非专有或开放标准格式来存储未压缩的数据，以实现软件长期可读性（有关文件格式的信息，请参见表5.1）；
- 每2~5年将数据文件复制或迁移到新介质，因为光学和磁性介质都会发生物理降解；
- 即便是短期项目，也要使用两种不同的存储介质，如硬盘驱动器和CD；
- 定期检查所存储的数据文件的数据完整性。我们会在本章后面的数据备份部分描述校验和方法；
- 清晰地组织并标记所存储的数据，以便更容易地对其进行查找和物理访问；
- 确保存储数字化或非数字化数据的区域和房间，结构合理，没有洪水和火灾的风险，适合存储数据；
- 为纸质材料的数据或信息创建 PDF/A 格式的数字化版本，以便长期保存。

专业数字档案馆有保存政策，为监护数据提供指导（National Archives of Australia 2011；UK Data Archive，2011）。

数 据 安 全

为确保数据的安全需要注意物理安全、网络安全和计算机系统与文件安全，以防止未经授权的数据访问、对数据的不必要篡改及数据披露或数据破坏。为实现数据安全所采纳的措施须考虑需要与数据的性质及所涉及的风险相匹配。数据安全不仅能够使个人或敏感信息更加安全，同时对保护知识产权或商业利益也可能起到了很重要的作用。当数据被销毁时，也需要注意安全。

数据安全

物理数据安全要求：

- 对数据、计算机或介质所在的房间和建筑物进行访问控制；
- 对存储室中的介质或影印本资料的移除和访问情况进行日志记录；
- 只有在特殊情况下才能传输敏感数据，即使在硬盘坏了的情况下也不例外。举个例子，将包含敏感数据的硬盘交给制造商进行修复，也可能会违反安全规定。

网络安全意味着：

- 不能在连接外网的服务器或计算机上存储包含个人信息的机密数据，特别是托管互联网服务的服务器；
- 进行防火墙保护及与操作系统安全相关的升级和补丁，以避免病毒和恶意代码的侵扰。

计算机系统和文件的安全性可能包括：

- 使用密码锁定计算机系统并安装防火墙系统；
- 通过电源浪涌保护系统，以线路交互式不间断电源系统来保护服务器；
- 对个人数据文件实施密码保护和受控访问，如分配"不能访问"、"只读"、"读写"或"仅管理员"等权限；
- 对受限文件或存储区域通过加密来控制访问；
- 要求机密数据的管理者或用户遵循保密协议；
- 个人或机密数据如果事先没有进行加密，则不能通过电子邮件或其他文件传输手段发送；
- 在需要时，以一致和强有力的方式销毁数据；
- 记住，文件共享服务（如 Google Docs 和 Dropbox）可能不适合某些类型的信息。

个人数据的存储和安全

知晓存储个人数据的风险非常重要。在法律上，比起不包含个人信息的数据，更需要谨慎的对待包含了个人信息的数据。1998 年，英国颁布了《数据保护法案》（DPA），它规定只有被授权的用户才能访问个人数据（The National Archives，1998），我们在第七章中会更详细地讨论这一点。从 2008 年年中开始，英国对未经知情同意故意传播个人数据者，要实施经济处罚。同样，可能会要求研究人员在给定的特定时期内保留数据，如临床试验数据。可以参考本章的第一个案例研究，它给出了健康研究中数据保存的一个案例。除此之外，虽然英国的工程与物理科学研究理事会（EPSRC）期望数据安全保存的期限至少 10 年，但是对资助的研究数据保存的时间长度没有什么限制（EPSRC，2011）。

个人数据通常会以数字化和非数字化两种形式存在。非数字化形式的示例有纸质材料的患者记录、签署的知情同意书或包含姓名、地址和签名的访谈记录封面。不管存在形式如何，其都应从数据文件中删除个人信息，并在更严格的安全措施下单独存储它们。未来如果有这方面的需求，如需要再次联络某些人，匿名识别系统可以帮助将个人信息和数据文件关联在一起。

通常经由以下几种途径对个人信息被识别出的风险进行管控：匿名化、聚合数据，以及借助专用权限管理框架进行访问控制。英国数据档案馆（UK Data Archive，2012）为安全地处理敏感微观数据提供了有用的指导，下面的第二个案例的研究阐述了英国数据档案馆如何存储和处理安全数据，以使其可在研究中重复使用。第七章详细论述了为了让数据能被研究复用，如何共享个人信息和敏感信息的策略。

规划研究项目的知情同意程序时，应该重点关注涉及处理和存储机密数据或包含个人信息数据的策略。它能保障在未来的研究过程中，能够通知到个人数据涉及的个体，并就存储和传输这类数据征得个体同意。

| 案例研究 | 健康研究中的数据保留 |

虽然目前还没有关于研究数据应该保留的时间长度的总体建议，但是一些学科有具体的要求。在医学领域开展的一些实践被视为良好的实践，已被一些研究机构采纳。

英国医学研究理事会（MRC）指出，研究数据的保留时间取决于课题的类型（MRC，2012）。他们希望所有从课题得来的主要研究数据，包括样本、问卷、记录和标本等均以原始格式保留在生产它们的研究机构中，同时要求这些数据在研究完成之后至少保留 10 年。如果在课题开展过程中获得了数据收集的知情同意许可，则保留的期限可以延长。而涵盖课题和知情同意程序的原始记录的子集，在课题完成之后还必须保留 30 年。在临床或公共卫生研究中，记录在研究完成后必须保留 20 年，以便进行审查、重新评估或进一步研究。具有重大历史意义的课题、使用新颖的或有争议技术的课题或正在进行的课题，它们的原始记录在课题完成后必须保留超过 20 年。

大多数社会科学研究并没有数据的标准保留期。而授权的第三方数据一般要求使用完毕后进行销毁，即保留个人信息的数据，如人员姓名、地址等，保留期不能超过实际需要的时间。这就要求在数据保留的实践和数据保护要求两者之间进行平衡，这种做法不适用于大多数研究数据本身。它适用于因研究项目需要而披露的行政数据，如田野调查地址。如果在获得数据的明确许可下，为了特定的目的，进行数据保留则是可以的，如长期跟踪调研，需要持续监测受访者的地址，这种情况可以长期保留。最后，学术机构越来越严格地要求数据在最低保留期限内保留，以供其他人查阅支撑出版物的数据资料。

案例研究	在英国数据档案馆中存储和处理安全数据

英国数据档案馆对摄取披露的（"安全"）数据有严格的程序，一般用于研究目的，并且在其安全访问设施的环境下才可以访问这些数据。

所有用于安全数据课题的数字化文件必须加密，并保存在位于网络存储设备上的指定驱动器中的一个标记为"RESRICTED"的目录中；且在整个处理阶段必须保留它们。所有包含受限调查数据的数字化处理文件还必须在文件名中包含"RESTRICTED"文字，方便对它们进行识别。相关的物理介质、打印报告和电子邮件及与所有安全数据课题相关的提交者许可协议也标记为"RESTRICTED"，并保留在"绿色文件夹"中，该文件夹同样也标记为"RESTRICTED"。

只在档案馆内的专门办公室进行安全数据摄取工作，从事安全数据处理的工作人员离开岗位时必须随时锁门。所有处理工作必须在办公室的指定工作站进行，这些工作站具有适当的安全保护措施，包括计算机和存储卷的全磁盘加密、使用安全个人密码的身份验证，以及一个 5 分钟会话锁定，过期后需要重新输入密码凭据。

本地工作站仅用作终端，不用于处理工作。所有数据摄取工作都在专用的访问控制处理服务器上进行。正在处理的文件存储在安全的远程服务器或存储设备上，以便在处理期间保护数据免受未经授权的访问，并且因为像其他网络区域一样，这些文件在安全范围之外并且不由大学备份。不允许将位于安全服务器和存储设备上的受限访问文件复制或导出到本地工作站。

安全课题相关的数据文件一旦处理之后，就存储在其专用目录的加密卷内。在打开任何受限制的数据文件之前，处理人员必须退出其本地 PC 机上的所有非必要应用程序，特别是消息应用程序（如 Skype），同时也必须退出非工作相关网站。采用审计追踪电子表格来记录各类信息，包括接收电子文件和任何附带文书的日期和责任人信息、它们在处理和存储区之间进行的转移信息、它们的处理或删除信息及进行的各种质量控制检查信息。

安全处理办公室实行"清理办公桌"的政策。办公期间，所有绿色文件夹和任何关联的可移动存储介质当不需要使用时，必须锁在数据处理工作人员的桌子抽屉中。必须采用密码（password）或密码短语（passphrase）来保护相关的可移动存储介质。每天工作结束时，所有绿色文件夹和任何相关的可移动存储介质必须被锁在文件柜或保险箱中，其钥匙存储在钥匙保存器中，钥匙保存器的结构只有数据处理工作人员知晓。

最后，根据"清除屏幕"策略进行安全处理工作，在离开办事桌时，必须终止涉及安全数据的所有活动会话。当会话完成后，必须关闭"网络位置"，并且必须卸除由 TrueCrypt 保护的指定目录上的加密存储卷。只要 PC 机上仍通电源，但无人值守时，即便是 5 分钟也需要锁定到位，工作人员在离开其桌面之前使用"Ctrl + Alt + Delete"手动锁定 PC 机。

使用电子邮件传输数据存在缺陷，即使在机构内部传输也是如此。首先，由于电子邮件及其附件可能会存留在邮件链中的多个电子邮件服务器上，因此可能被未知人员访问到；其次，虽然加密可以帮助电子邮件在传输期间保持其数据的安全性，但是它不应该被用于常规的数据传输或存储中。

数 据 加 密

加密可用于对文件进行安全传输或存储过程中，如用于移动设备上的备份或存储，或用于将数据文件发送给他人。可以加密单个文件，也可以加密含有多个数据文件的整个存储设备或容器。加密软件使用算法对信息进行编码；需要密钥（password or passphrase）来解密该信息。表 6.1 显示了密钥长度越长，加密越安全。加密可用于安全传输和存储。

表 6.1　加密密钥长度和安全性之间的关系

密钥长度	使用专用超级计算机破解的估计时间	相关经验
8	0 毫秒	远远少于读这篇文章所需的时间
56	1 秒	发信号
64	5 分钟	足够长而不会为暴露数据而致歉
128	15×10^5 亿年	比宇宙的历史更长
256	超过 1×10^{24} 亿年	这个数字大于宇宙中原子数量

它可以防止未经授权的访问，并确保不能对文件进行任何篡改。密码学的实践可以追溯到几千年之前，并且已经演变成复杂的系统，下面的密码学案例研究中会讨论。

> **案例研究　密码学背景**
>
> 在近代以前，密码学用于隐秘地传递信息，将可理解的信息转换成难以理解的信息，并且使得拥有密钥的人能够逆向回复，但缺乏密钥的拦截者或窃听者则无法解读。间谍、军事规划者和外交官都使用加密而对通信进行保密。
>
> 移位加密或替换加密，如用另一个字母替换原字母的方法，具有悠久的历史。最早记录的密码学的运用之一，是埃及人在石头上雕刻的密文（约公元前 1900 年）。另一个早期的方法是隐写术，涉及隐藏信息的存在保持其机密性。据说 Herodotus 在一个剃光了头的、之后又长出新头发的奴隶的头上使用文身隐藏了一个信息（Kahn，1996）。更加现代的隐写术例子包括使用隐形墨水和数字水印来隐藏信息。
>
> 20 世纪早期发明了很多机械加密/解密装置并获得专利，这其中有转轮机，包括在第一次世界大战结束时出现的由德国工程师 Scherbiusv 发明的著名的恩尼格玛密码机（Enigma machine）。20 世纪 20 年代初此装置被军队和政府使用，且在第二次世界大战期间被德意志第三帝国进行商业使用（Singh，1999）。恩尼格玛密码机结合了机械系统和电子系统：一个键盘，一个具有字母表字母管脚的旋转盘，沿着主轴相邻分布，及步进部件，在每次按压键时转动一个或多个转子。
>
> 第二次世界大战期间，在英国布莱奇利公园的密码分析领域的创新促使世界上第一台完全电子的、数字化的、可编程的计算机出现，它被称为巨人计算机（colossus）。它被用来破解德国 Lorenz SZ40 / 42 机器（Copeland，2006）生成的密码，为二进制格式的数据加密奠定了基础。

加 密 软 件

目前有许多软件应用程序可用于加密数据。英国数据档案馆建议使用 PGP（Pretty Good Privacy，完美隐私）标准技术，既有开源版本（GnuPG），也有商业软件（PGP）。使用此类软件的加密功能需要创建公共和私有密钥对及密码短语。私有 PGP 密钥和密码短语用于对每个加密文件进行数字签名，允许接收者验证发送者的身份。收件人的公共 PGP 密钥由发件人安装以便加密文件，因此只有授权的收件人可以解密它们。参见使用 PGP 的案例研究。

开源软件 Axcrypt 可用于加密单个文件。例如，TrueCrypt 或 Safehouse Explorer 等软件可用于在便携式设备或硬盘驱动器上创建加密存储区、容器或对整个驱动器或光盘进行加密。传输到加密容器的所有文件都将被安全地保存，并且只能通过密钥访问。文件能很简便的从 TrueCrypt 容器拷进、拷出，当它们被写入或复制到容器时会被自动加密（在内存/ RAM 中），从加密容器中读取或复制时被解密。相同的软件可以用于加密整个光盘或设备。

案例研究 | **使用 PGP 加密数据文件以便传输到英国数据档案馆**

只需操作一次：

1. 安装 PGP 加密软件，如 GnuPG。
2. 创建自己的公钥/私钥密钥对和密码短语。
3. 下载英国数据档案馆公钥并将其解压缩（UK Data Archive，2013）。
4. 将此公钥导入 PGP 软件。

每次需要加密的文件：

1. 选择要加密的文件。
2. 选择英国数据档案馆公钥。
3. 使用您的私钥和密码（passphrase）对要加密的文件进行数字签名。
4. 使用英国数据档案馆公钥加密选定的文件。
5. 通过电子邮件或通过文件传输协议将文件发送到英国数据档案馆。

数 据 备 份

备份文件是数据管理的一个基本要素，万一发生数据损坏或丢失，它们可以保障从备份副本中恢复原始数据文件。定期备份可防止意外或恶意数据丢失情况的发生，这些情况是由于如下原因造成的：

- 人为错误；
- 硬件故障；
- 软件或介质故障；
- 病毒感染或恶意黑客攻击；
- 电源故障。

项目所需的备份形式取决于当地环境、数据的预估价值及丢失数据的风险级别。进行非正式风险分析可以很好地了解备份需求。

对您研究数据的备份战略的规划进行风险分析

问：您所在的机构是否已提供备份服务？

了解您所在机构是否有操作层面的备份政策。大多数大学都有自己的备份政策，其为全校提供网络空间的文件备份服务。大多数情况下，机构的备份政策并不包括备份您的本地驱动器，所以如果您用本地驱动器进行数据存储，则必须手动对其进行备份。如果您对备份解决方案的鲁棒性不满意，则可以自行对关键文件进行独立备份。

问：哪些系统要备份？

您必须对所有持有数据的系统制订备份策略，这些系统包括便携式计算机和设备、非联网计算机和家庭计算机。如果您所在的机构不提供任何系统备份，您可能需要承担起对您自己的所有备份的全部责任。

问：我应该多久备份一次我的数据？

这个需要考虑数据更改的频率，以及您能承受的备份间隔期间修改的数据的损失，可以考虑在每次数据文件更改之后进行备份，或者按照一定的频率每天或每周进行定期备份。

问：我应该在哪里存储我的备份？

在哪儿存储备份取决于备份的形式和数据丢失的风险。最便捷的方式是将备份文件存储在网络硬盘上。对于一些不便传播的关键数据，建议您采用离线存储的方式进行备份，它们可以保存在可刻录的 CD/DVD、移动硬盘或磁带上。如果每天备份很多小数据文件，将它们复制到可刻录 CD 可能就足够了。如果考虑将大量的数据备份到网络硬盘上，采用移动硬盘甚至磁带备份可能会更方便。切勿依靠笔式驱动器作为备份介质。物理介质应安全地存储在另外一个不同的地点，在这方面，大多数制造商都提供了关于物理介质的最佳存储环境建议。

问：我应该如何组织我的备份？

如果采用移动介质进行备份的话，确保它们具有内容和日期/时间的标签信息，并且确保备份的数据文件被有序组织。如果没有有效管理备份，那么利用备份来恢复已丢失的数据可能非常困难。

问：有没有一些可以用来帮助我备份的工具？

对于经常使用的数据和一些关键数据的备份，比较好的方式是借助自动备份软件。例如，Microsoft SyncToy 和 Mac TimeMachine，这两个软件不但易于使用，而且可以跨地域对文件进行同步操作。

问：如何备份个人数据？

当数据包含个人信息时，必须注意只创建所需的最小数量的副本，如一个主文件和一个备份副本。否则，可能会出现包含个人信息的数据文件增多的情况，会造成在项目结束时更难安全地进行销毁。

问：还有什么要考虑的吗？

定期对备份文件进行校验和确认是非常重要的工作，这项工作可通过将备份文件完全还原到其他位置并将其与原始文件进行比较的方法进行。借助检查文件大小、数据和 MD5 校验和值等方法来检查备份副本的完整性和一致性，我们将在下文关于检查数据完整性的篇章进行说明。

使用 MD5 校验和检查数据完整性

校验和没有听起来那么复杂，它们提供了一种计算数据文件完整性的简单方法，还可以自动创建文件列表。校验和就像文件的指纹一样，可以用来验证两个文件是否相同。

每次运行校验和时，都会为每个文件生成一个字符串。即使一个字节的数据被更改或损坏，该字符串也会发生改变。因此，如果复制或备份数据文件之前的校验码与之后的校验和匹配的话，则可以确认数据在此过程中没有被更改。

MD5Summer 是用于计算 MD5 校验和的一个免费软件，它运行在 Windows 操作系统上（MD5summer，2013）。该软件根据 MD5 校验和算法计算校验和。无论源文件有多大，它总能产生一个短的 128 位的 MD5 校验和值，可以很容易地进行存储和共享，并与一个不同文件的值进行比较。例如，通过将校验和列表复制到 USB 记忆棒上并进行比较，将有助于及早发现问题。如果 MD5summer 发现两个校验和之间存在任何差异，则应立即将数据传输到另一个存储设备中进行备份。该软件非常容易使用。

| 案例研究 | 数据备份和存储 |

　　从事珊瑚礁研究的课题小组使用 PDA（Personal Digital Assistants，手持式个人数字助手）收集现场数据。数字化的数据每天都会传输到机构的网络驱动器中。采用单独的版本号和创建日期对所有的数据文件标记。记录版本信息的数据表格也存储在网络驱动器上，该信息包括版本号和详述版本之间差异的注释。该机构的网络驱动器已完全备份到 Ultrium LTO2 数据磁带上；增量备份每周一至周四进行；并在周五至周日进行完整的服务器备份。磁带安全地存储在独立建筑中。在研究完成后，数据被存储在机构的数字化仓储平台中。

| 案例研究 | 数据备份和存储 |

　　2008 年 2 月，英国国家图书馆（BL）收到了 1969～1995 年由斯旺西大学学院进行的盎格鲁·威尔士方言调查的录音记录（British Library，2010）。这项调查通过对说话者进行访谈和录音的方式记录了威尔士英语的使用场景，包括农场和农业、房屋和家务、自然、动物、社交活动、天气等内容。该集合以 503 个数字音频文件的形式存储，并可以在英国国家图书馆的数字图书分馆中以 WAV 文件形式对其进行访问。所有的原始主文件录音带和数字副本都保留在威尔士英语档案馆（Archive of Welsh English）里面。原始主文件的音频盒式录音带共有 151 盒存储，已根据这些录音带创建了数字副本。

　　英国国家图书馆的数字图书分馆有四个镜像站点：Boston Spa、St Pancras、Aberystwyth 及一个由第三方提供的"深色"档案馆。每一个服务器都具有内置的完整性检查。用户可以借助英国国家图书馆的 Soundserver 系统，在阅览室访问 MP3 音频文件形式的副本，也可以在英国国家图书馆的"口音和方言网站"中的"Sounds Familiar"栏目在线获得来自 SAWD 录音的一套音频摘录。

数 据 销 毁

　　即使是删除文件和重新格式化硬盘驱动器，该硬盘的文件和数据也有可能被恢复。可靠地擦除数据文件的策略是数据安全管理的关键组成部分，并且该策略与数据生命周期的各个阶段紧密相关。

在研究期间，可能会破坏不再需要的数据文件的副本。在保障"工作"文件安全中，回溯在研究过程中的踪迹总是非常有用的做法，所以不要无情地破坏文件。在研究结束时，不需要保存的数据文件必须进行安全的销毁。

数 据 擦 除

硬 盘

对作为磁性存储设备的硬盘驱动器来说，删除文件不是意味着从物理驱动器中永久删除文件；而是删除文件分配表对文件的设置信息。恢复以这种方式删除的文件并不需要花费太多精力，这也能解释为什么数据可以从一些损坏的硬盘驱动器中恢复。有效地删除文件需要利用数据覆写方法。如果要从硬盘中安全地擦除文件，那么可以使用满足公认擦除标准的软件，如用于 Windows 平台的 BC Wipe、Wipe File、DeleteOnClick 和 Eraser 等软件。苹果计算机用户可以选择使用标准的"安全空垃圾桶"；或者选择使用永久橡皮擦软件也可以。

USB 闪存驱动器

基于闪存的存储设备（如记忆棒）与硬盘驱动器的构造不同，并且用于安全清除硬盘驱动器上文件的技术也不能用于固态磁盘的操作，因此建议物理破坏作为擦除文件的唯一确定的方式。

数据销毁最可靠的方法就是物理破坏。所有驱动器规避风险的方法是在首次使用之前，在安装操作软件时对设备进行加密，并在需要数据销毁时，使用您所在机构批准的安全销毁设备对驱动器进行物理损毁。

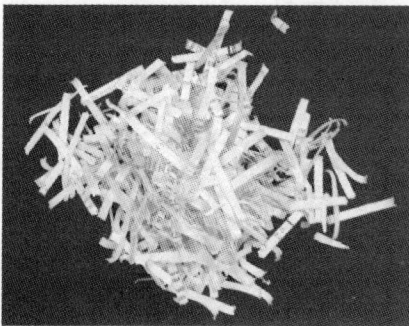

图 6.1　碎纸：横切 2mm×8mm，用于保密材料或敏感材料

纸张和 CD/DVD 光盘

经认证后达到合适的安全水平的碎纸机可以应用于纸张和 CD/DVD 光盘销毁。图 6.1、图 6.2 和图 6.3 中显示了在不同粉碎级别下纸张和 CD 粉碎的实例。计算机或外部硬盘驱动器在其使用寿命结束时可以从其壳体移除，并通过物理破坏方式对其进行安全处置。

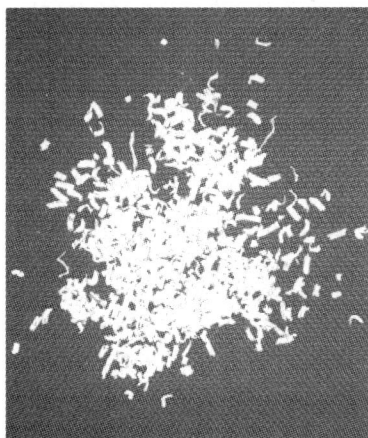

图 6.2 碎纸：横切纸屑 1mm×5mm，用于绝
密材料或机密材料

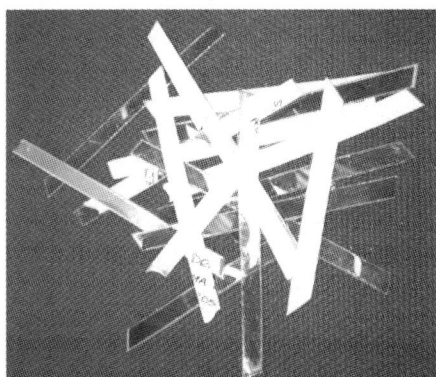

图 6.3 粉碎 CD

案例研究 | 数据销毁

德国标准化学会（German Institute for Standardization，DIN）已经对粉碎工业采用的纸张和光盘的销毁级别进行了标准化规定。对于机密材料的粉碎，采用 DIN 3 标准，意味着物体被切割成 2mm 长条或 4mm×40mm 的纸屑状的横切颗粒。英国政府对其材料销毁要求以 DIN 4 为最低标准，这确保了至少会有 2mm×15mm 的横切颗粒产生。最高安全级别为 DIN 6，这被美国联邦政府用于对绝密材料或机密材料的极端安全粉碎中，其要求物体被横切成 1mm×5mm 的颗粒。

练习 6.1 数据安全漏洞

阅读以下现实生活中的数据安全和安全漏洞案例。想想有哪些不同的做法，可以防止它们发生。研究人员或团队可以采取什么预防措施？

场景 1. 在街道上一个透明的塑料垃圾袋中，发现了未经粉碎和未匿名处理的打印数据转录稿。使用办公粉碎机粉碎大堆文件太费时，它们最后只有直接被丢进了回收箱。

场景 2. 一位高级讲师将其个人资料和机密数据存储在她所在大学计算机的硬盘驱动器上。她的部门给了她一台新的计算机，之前旧的计算机则给了从事研究的学生们在他们的办公室里使用。而学生们能够访问这名老师的个人资料和研究数据。

场景 3. 在一次会议途中，一位研究人员的笔记本计算机被盗。重要的研究数据都保存在硬盘驱动器上，没有在任何其他地方将其进行备份。

场景 4. 一位研究人员邮寄了一组用于转录的音频盒式磁带，研究人员在包裹上写错了地址，导致磁带在邮寄过程中丢失。

场景 5. 数字音频文件通过电子邮件发送给转录员，他将文件保存到他的计算机桌面，并且一旦接收到文件就将它们存储在他的电子邮件中。当转录完成，并返回到研究人员时，转录员没有从他的电子邮件和他的计算机中移除文件。他后来在 eBay 网上出售了他的计算机。

场景 6. 一位研究员与其他研究不同项目的研究人员共享一个办公室工作。在这位研究人员进行项目研究时，他将已经签过名的知情同意书的纸质副本留在了桌子上，其他研究人员有机会阅读这些机密文件。

场景 7. 一位转录员告诉了她的朋友和家人，她正在转录的一项"有趣的访谈"，并详细说出了访谈参与者的姓名和工作地点。

场景 8. 大学里的一场火灾毁坏了一间研究办公室，研究人员正准备存档的一个重要研究的所有纸质副本也在火灾中被烧毁了。

场景 9. 未匿名化的数据被无意中发布在项目的网站上。

场景 10. 一位研究人员加密了他的数据文件夹，然后忘记了密码，以致无法继续访问他的数据。

练习 6.2　数据安全漏洞

练习 6.1 列出的安全漏洞哪些可能对您的数据构成实际威胁？

练习 6.3　小测验

1. 您每天都很频繁地用到一些纸质材料的研究数据，当您离开办公室或下班了，最好将这些纸质材料存储在（单选）

（a）您的书桌上

（b）一个无锁的抽屉里

（c）一个有锁的文件橱里

（d）在高度安全的银行保险柜中

2. 备份数据（多选）

（a）防止数据丢失或损坏

（b）永远地保存它们

（c）应定期进行

（d）是您所在机构的唯一职责

3. 为了防止文件存储介质损坏，您应该多久更换一次备份磁带（单选）

（a）每天

（b）每月

（c）每年

（d）每 2~5 年

（e）每 20 年

4. 您应该对纸质材料的数据采取什么措施，才能确保信息的持久性（多选）

（a）将它们存储在可控温度、湿度的环境中

（b）在阳光直射的地方存储

（c）将其转换为 PDF/A 格式并存储在符合要求的地点

（d）将它们存储在阁楼中

5. 如何保护数据集中研究参与者的个人信息的安全性（多选）

（a）通过匿名化或降低数据的精度

（b）诸如姓名、地址的个人数据与其他数据分开存储

（c）通过加密包含个人信息的数据文件而实现

（d）要求数据用户签署"机密法令"

6. 对移动存储设备上的文件进行加密可确保您的数字化数据是（单选）

（a）开放的，任何人都能够查看

（b）受到保护的，而且只有那些使用加密密钥的人才能查看它们

（c）彻底删除

（d）转换成新格式

7. 什么方式适合将转录过的访谈记录传送给同事（多选）

（a）通过未加密的电子邮件附件

（b）使用不加密的 Dropbox

（c）使用加密的 Dropbox

（d）将其记录在 USB 记忆棒上并将其亲自送到收件人手中

8. 如何安全地销毁个人计算机硬盘驱动器上的数据（多选）

（a）删除文件并重新格式化硬盘驱动器

（b）删除并销毁硬盘驱动器

（c）删除文件并丢弃计算机

（d）使用安全擦除软件覆盖文件

9. 如何安全地销毁 CD 或 DVD 上的数据（单选）

（a）用 CD 粉碎机粉碎并丢弃碎片

（b）掰成两半并丢弃

（c）把它放在塑料回收箱中

（d）将其放在洗碗机里的热循环中

（e）使用专有软件覆盖光盘上的文件

（f）用修甲小剪刀剪切成小块

─── **练习 6.4　使用校验和检查数据完整性**

使用免费软件 MD5summer，尝试以下校验码练习 http：//ukdataservice.ac.uk/manage-data/handbook。

─── **练习 6.5　数据加密**

尝试以下加密练习，使用免费软件在驱动器上创建加密存储空间，SafeHouse Explorer：http：//ukdataservice.ac.uk/manage-data/handbook。

─── **练习 6.1　参考答案**

场景 1. 在街道上一个透明的塑料垃圾袋中，发现了未经粉碎和未匿名处理的打印数据转录稿。使用办公粉碎机粉碎大堆文件太费时，它们最后只有直接被丢进了回收箱。

预防措施：询问您所在的机构是否有批准的大批量文件粉碎服务可以执行这项任务，而不是将其用于回收。

场景 2. 一位高级讲师将其个人资料和机密数据存储在她大学计算机的硬盘驱动器上。她的部门给了她一台新的计算机，之前旧的计算机则给了研究的学生们在他们的办公室里使用。学生们能够访问老师的个人资料和研究数据。

预防措施：不要假设 IT 服务在移交计算机之前清理或重新格式化硬盘驱动器。处置计算机时始终要对存储在硬盘驱动器上的数据文件进行安全删除。只有"擦洗（scrubbing）"或物理破坏才足以保障从机器中删除它们。

场景 3. 在一次会议途中，一位研究人员的笔记本计算机被盗。重要的研究数据都保存在硬盘驱动器上，没有在任何其他地方将其进行备份。

预防措施：始终保留一份备份数据。旅行时，您可以从笔记本计算机中删除所有不必要的数据，并在适当的设备上创建备份，并存放在家里或办公室的另一个硬盘驱动器上。更好的做法是，您可以对设备进行加密，如笔记本计算机。根据《数据保护法案》，您有法律义务保护与生活有关的个人数据，如真实姓名和地址的安全，因此，尤其是在旅行时应该对其进行安全存储。

场景 4. 一位研究人员邮寄了一组用于转录的音频盒式磁带，研究人员在包裹上写错了地址，导致磁带在邮寄过程中丢失。

预防措施：小心地寄送包裹，并使用可跟踪的快递服务发送包裹。英国皇家邮政提供特殊的送货服务。在发送包裹之前始终要保留一份副本。

场景 5. 数字音频文件通过电子邮件发送给转录员，他将文件保存到他的计算机桌面，并且一旦接收到文件就将它们存储在他的电子邮件中。当转录完成，并返回到研究人员时，转录员没有从他的电子邮件和他的计算机中移除文件。他后来在 eBay 网上出售了他的计算机。

预防措施：要求转录员签署一份协议，一旦文件返回，转录员需要销毁其数据副本，并在转录后验证这项操作确实已经完成。最好不要通过电子邮件发送您不想保留在其他人的计算机系统上的文件。您可以通过安全传输渠道发送电子邮件或在发送之前对文件进行加密。

场景 6. 一位研究员与其他研究不同项目的研究人员共享一个办公室工作。在这位研究人员进行项目研究时，他将已经签过名的知情同意书的纸质副本留在了桌子上。其他研究人员有机会阅读这些机密文件。

预防措施：始终将机密文件和数据保存在锁定的文件柜中。不要把钥匙放在锁上；将钥匙存储在安全的地方。

场景 7. 一位转录员告诉了她的朋友和家人，她正在转录的一项"有趣的访谈"，并详细说出了访谈参与者的姓名和工作地点。

预防措施：要求转录员签署保密协议，防止转录员泄露机密信息，并告知转录员发送给他们的信息的性质，以及他们保密信息的责任。

场景 8. 大学里的一场火灾毁坏了一间研究办公室，研究人员正准备存档的一个重要研究的所有纸质副本也在火灾中被烧毁了。

预防措施：始终对重要数据实施异地备份的策略并对重要的纸质文件扫描成数字化格式保存。

场景 9. 未经匿名化处理的数据被无意中发布在项目的网站上。

预防措施：这是不能接受的。未经匿名化处理的数据必须进行安全地保存，并且只有被授权的用户才能访问。在发布数据之前，要始终仔细地检查是否已执行了恰当的匿名化操作。

场景 10. 一位研究人员加密了数据文件夹，后来他忘记了密码，以致无法继续访问他的数据。

预防措施：研究人员也可以保存密码的副本，但应该和数据文件夹分开存放在不同地点。

—— **练习 6.2　讨论**

不幸的是，数据安全和保障漏洞并不罕见。以上讨论的所有破坏现象都是由研究团队的成员或由火灾等不可预见的事件引起的。这些非恶意破坏现象是迄今为止最常见的，但是所有研究人员应该意识到，一些破坏是由恶意导致的：当决定获取安全的机密信息的人使用不道德或非法手段获取数据时，如通过黑客攻击台式计算机和盗取笔记本计算机的方式，这种破坏就是恶意的行为。

—— **练习 6.3　参考答案**

1. 您每天都很频繁地用到一些纸质材料的研究数据，当您离开办公室或下班了，最好将这些纸质材料存储在（单选）

（a）您的书桌上——错误。如果您的数据很重要或独一无二，这不是理想的选择，特别是您与其他人共享办公室的情况下。如果您在一个单独的、可锁定的办公室并且您是唯一有办公室钥匙的人，问题出现的可能性就会小很多。

（b）一个无锁的抽屉里——错误。再次强调，如果您处在一个共享的办公室，这不是理想的选择。如果您在一个单独的、可锁定的办公室并且您是唯一有办公室钥匙的人，问题出现的可能性就会小很多。

（c）一个有锁的文件橱里——正确。这是理想的解决方案，能够确保您的数据安全，失去它们的风险也是最小的，尤其是当这些文件中包含了个人信息的时候。

（d）在高度安全的银行保险柜中——错误。安全需要处在最佳水平，而不是最大水平。这是低效率的、过于安全的并且是不可持续的做法。

2. 备份数据（多选）

（a）防止数据丢失或损坏——正确。如果您的数据文件被错误地删除，变成损坏的（不可读的）文件或存储它们的磁盘变得不可读，您可从备份中恢复文件。

（b）永远地保存它们——错误。因为备份也可能丢失，或保存它们的介质可能会被损坏。

（c）应定期进行——正确。这能确保您的数据是最新的并且也保持了可读性。

（d）是您所在机构的唯一职责——错误。您所在的机构可以备份您的网络驱动器上的数据，但它不仅是机构的责任，您也应该负责备份您的数据，特别是在笔记本计算机、便携式设备或家用计算机中的数据。

3. 为了防止文件存储介质损坏，您应该多久更换一次备份磁带（单选）

（a）每天——错误。这是过分的行为，因为磁带具有比这更长的使用期。

（b）每月——错误。这也是不必要的，因为磁带的寿命比这个时间长，但是如果您非常谨慎，这种做法也是可以接受的。

（c）每年——错误。这也是不必要的，但是，再次强调，如果您非常谨慎，这也是可以接受的。

（d）每2~5年——正确。这是建议将文件迁移到新磁带的最佳时间周期；光学介质（如CD）和磁性介质（如硬盘驱动器、磁带）的使用功能都会衰退。

（e）每20年——错误。这个时间绝对太长了，备份次数太不频繁；风险非常高，20年后估计不能读取磁带上的数据了。

4. 您应该对纸质材料的数据采取什么措施，才能确保信息的持久性（多选）

（a）将它们存储在可控温度、湿度的环境中——正确。这样可以进行长时间的纸张保存。水分和温暖的环境为化学反应提供条件，造成纸张变质，形成了病虫害和霉菌侵袭理想的条件，并通过膨胀和收缩对纸张造成物理损害。

（b）在阳光直射的地方存储——错误。阳光可能导致打印品很快褪色，并使纸张变脆。

（c）将其转换为PDF/A格式并存储在符合目标的地点——正确。PDF/A是一种持久的数字保存格式。

（d）将它们存储在阁楼中——错误。很不幸，这不是正确答案！可能有一些物品需要安全地保存在阁楼，但研究数据不是其中之一。

5. 如何保护数据集中研究参与者的个人信息的安全性（多选）

（a）通过匿名化或降低数据的精度——正确。原理是通过屏蔽公开信息来防止参与者对数据进行识别（参见第七章的匿名化技术）。

（b）诸如姓名、地址的个人数据与其他数据分开存储——正确。行政信息和研究数据之间的联系应最小化，并通过ID号码访问数据。

（c）通过加密包含个人信息的数据文件而实现——正确。加密为数据文件提供了受控保护；只有知道加密密钥的人才能访问该文件。

（d）要求数据用户签署"机密法令"——错误。这真的没有必要！

6. 对移动存储设备上的文件进行加密可确保您的数字化数据是（单选）

（a）开放的，任何人都能够查看——错误。加密为数据文件提供受控保护；只有知道加密密钥的人才能访问该文件。

（b）受到保护的，而且只有那些使用加密密钥的人才能查看它们——正确。加密通过密钥或密码提供文件的受控保护。

（c）彻底删除——错误。加密不会删除文件。

（d）转换成新格式——错误。加密提供对文件的受控访问，但不会更改文件的格式或完整性。

7. 什么方式适合将转录过的访谈记录传送给同事（多选）

（a）通过未加密的电子邮件附件——错误。这不安全，尤其是在访谈包含个人信息的情况下。电子邮件保留在公共访问服务器上不安全，并且也不能安全地存储或传输数据。

（b）使用不加密的 Dropbox——错误。这不安全。云存储不像看起来那样安全，因为存储的文件并没有保存在指定位置的服务器上。

（c）使用加密的 Dropbox——正确。对以这种方式存储的文件，加密保护了它们，未经授权不能访问。

（d）将其记录在 USB 记忆棒上并将其亲自送到收件人手中——正确。这很好，但要确保收件人要监护它！确认收件人拥有您认为您能给他们的所有文件。

8. 如何安全地销毁个人计算机硬盘驱动器上的数据（多选）

（a）删除文件并重新格式化硬盘驱动器——错误。知晓操作的人仍旧可以恢复数据，因为删除和重新格式化仅仅是只删除了文件保存在硬盘驱动器上的链接或路径。

（b）删除并销毁硬盘驱动器——正确。为了安全销毁，硬盘驱动器应该进行物理销毁，而不能只是重新格式化。关于物理销毁硬盘，不要尝试短剑，也许锤子可以做得更好！

（c）删除文件并丢弃计算机——错误。这种情况下，知晓操作的人还是能够恢复数据。

（d）使用安全删除软件覆盖文件——正确。确保使用经过批准的软件，如政府标准软件。

9. 如何安全地销毁 CD 或 DVD 上的数据（单选）

（a）用 CD 粉碎机粉碎并丢弃碎片——正确。一旦粉碎，任何人都没有办法可以将碎片（和铝涂层）拼凑还原！

（b）掰成两半并丢弃——错误。将两个部分拼凑起来不会阻止下定决心的数据入侵者获取数据。

（c）把它放在塑料回收箱中——错误。显然 CD 应该用金属回收，而不是塑料回收！

（d）将其放在洗碗机里的热循环中——错误。CD 在这种处理方式下不受影响。试试看！

（e）使用专有软件覆盖光盘上的文件——错误。这当然不可靠，特别是对于不是只读的光盘来说。

（f）用修甲小剪刀剪切成小块——正确。是的，无法使用碎纸机的时候可以用这个方法。

参 考 文 献

Boston Computing Network (2013) *Data Loss Statistics*. Available at: http://www. bostoncomputing.net/consultation/databackup/statistics/.

British Library (2010) *Learning Sounds Familiar*, British Library. Available at:http:// www.bl.uk/learning/langlit/sounds/credits/.

Burns, J. (2008) 'Atos could lose DWP contract after data loss', *Financial Times*, 3 November. Available at: http://www.ft.com/ cms/s/0/6016afb0-a932-11dd-a19a-000077b07658.html#axzz2HfkTzv3G.

Copeland, B.J. (2006) *Colossus: The Secrets of Bletchley Park's Codebreaking Computers*. Oxford: Oxford University Press.

Curtis, P. (2005) 'Southampton fire expected to cost £50m', *The Guardian*, 31 October. Available at: www.guardian.co.uk/technology/2005/oct/31/news.research.

EPSRC (2011) *Data Policy Stipulations*, Engineering and Physical Sciences Research Council. Available at: http://www.dcc.ac.uk/resources/policy-and-legal/research-funding-policies/epsrc.

Finch, L. and Webster, J. (2008) *Caring for CDs and DVDs*. NPO Preservation Guidance, Preservation in Practice Series. Available at: www.bl.uk/blpac/pdf/cd.pdf.

Kahn, D. (1996) *The Codebreakers - The Story of Secret Writing*. New York: Scribner.

MD5summer (2013) *MD5summer*. Available at: www.md5summer.org/.

MRC (2012) *Archiving: Data and Tissues Tool Kit*, Medical Research Council. Available at: http://www.dt-toolkit.ac.uk/researchscenarios/archiving.cfm.

National Archives of Australia (2011) *Digital Preservation Policy*, National Archives of Australia. Available at: http://www.naa.gov.au/about-us/organisation/accountability/operations-and-preservation/digital-preservation-policy.aspx.

Singh, S. (1999) *The Code Book: The Science of Secrecy from Ancient Egypt to Quantum Cryptography*. London: Fourth Estate.

The National Archives (1998a) *The Data Protection Act 1998*, The National Archives. Available at: http://www.legislation.gov.uk/ukpga/1998/29/contents.

UK Data Archive (2011) *Preservation Policy*, UK Data Archive, University of Essex. Available at: http://www.data-archive.ac.uk/media/54776/ukda062-dps-preservationpolicy.pdf.

UK Data Archive (2012) *Microdata Handling and Security. Guide to Good Practice*, UK Data Archive, University of Essex. Available at: http://www.data-archive.ac.uk/media/132701/ukda171-ss-microdatahandling.pdf.

UK Data Archive (2013) *UK Data Archive Public Key*, UK Data Archive, University of Essex. Available at: http://www.data-archive.ac.uk/media/249917/ukdataarchive.zip.

Winnett, R. (2008) 'Home Office loses confidential data on all UK prisoners', *The Telegraph*, 21 August. Available at: www.telegraph.co.uk/news/uknews/law-and-order/2598204/Home-Office-loses-confidential-data-on-all-UK-prisoners.html.

第七章

数据共享中的法律和伦理问题

在从事涉及人类受试的研究时，数据的采集、使用和共享必须遵守伦理规范和法律规定。大多数国家都有关于数据使用的法律规定，但这些法律的适用范围各不相同。在涉及人类受试的研究中，研究人员不仅要遵守相关法律规定，还应坚守崇高的伦理规范。各学科都有其领域内专业机构和相关资助机构量身定制的方针原则。大多数科研机构也都签署了研究人员行为准则，来确保其研究人员能恪守科研诚信（UK Research Integrity office，2009）。

本章我们主要研究与数据复用和数据共享密切相关的法律及伦理问题，包括保密、知情同意、数据的安全操作和数据的共享策略。只要遵循最佳实践和合理方案，即使是敏感的、涉密的研究数据也能以符合法律、尊重伦理的方法进行共享。

法 律 背 景

在涉及个人信息、组织机构信息和国家数据的使用方面，大多数国家都有法律规定。欧洲采用了一种跨国的方法，具体体现在 1995 年通过的欧盟数据指令（European Union Data Directive）中。欧盟成员国在进行相关立法时须遵守该指令。英国于 1998 年通过了《数据保护法案》（*Data Protection Act*）。在被认为拥有世界上最严格的数据保护制度的德国，隐私权在 1983 年的人口统计评议法案（Volkszählungsurteil）中被规定为宪法权利。此外，《德国联邦数据保护法》也明确规定：要求告知人们采集、处理和使用个人数据的目的，并获取得其书面同意。在其他欧洲国家，保护的实质差别很大，如挪威等甚至不是欧盟成员的国家，依然遵守欧盟指令（EU Directive），还有一些国家极少有保护措施。

2012 年，欧盟议会开始讨论关于欧盟数据保护条例（EU Data Protection Regulation）的提案，以协调欧盟各成员国在贯彻《数据保护法案》过程中存在的矛盾和差异。

美国没有类似的综合性立法，取而代之的是专门的行业法规。这些行业法规规定了医疗和信用记录等专门领域如何利用个人信息，但这更多地依赖于自我监管（Singer，2013）。

McAfee 提供了一份目录，其中整合了世界各国的隐私权和《数据保护立法》（McAfee，2013）。

英国：1998 年的《数据保护法案》

英国《数据保护法案》注重个人权利，包括知晓哪些数据被数据管理者持有，以及数据被如何使用和更正误差。1998 年《数据保护法案》的制定主要针对组织或个人存储、使用和传递的个人信息的数量及其准确性（The National Archives，1998a）。

就处理涉及可识别在世者的个人数据而言，《数据保护法案》规定了 8 条原则。所有数据必须：

- 公平、合法地处理；
- 获取和处理必须有明确的目的；
- 适当充分、恰当相关，但不过度；
- 准确；
- 保存时限不超过必要的保存时间；
- 进行数据处理时尊重数据主体的权利，如对数据使用、存储、处理、传输和销毁的知情权，以及对持有信息和数据的访问权利；
- 保证数据安全；
- 在安全没有保护的情况下，不得向其他国家传输。

对研究人员非常重要的一点是：法案为用于研究、统计、历史或其他特定用途的个人数据提供一定的豁免权。此外，在社会研究中，《数据保护法案》并非针对从参与者那里获得的所有研究数据，而只适用于个人数据或是敏感的个人数据。最重要的是，该法案不适用于匿名数据。

1998 年英国《数据保护法案》（ UK Data Protection Act 1998 ）**相关定义**

《数据保护法案》定义了数据、个人数据、敏感个人数据、数据管理者和数据处理者的概念（Information Commissioner's Office，2013a）。如果您正在从事涉及人类受试者的课题，那么了解与您研究相关的每个术语是十分重要的。

数据管理者：以独自、合作或与他人共同决定个人数据的处理目的和处理方式的个人或组织。

在研究阶段，数据管理者可能是您个人，也可能是您的雇主。尽管数据管理者可能指派或外包给一位数据处理者，但仍由数据管理者承担责任。法律责任贯穿于处理个人数据的全过程，如在有关个人数据的个体权利方面也同样涉及法律责任。其实，从您得到数据开始到数据被销毁，或被完全匿名化，在这整个过程中，您都需要遵守法律。

数据处理者：除了数据管理者雇佣的一位雇员外，代表数据管理者处理数据的任何人。

个人数据：记录或信息本身，或与数据管理者持有的其他数据和信息关联的、会泄露现实存在的世人身份的记录或数据。

例如，假设在一项调查中，您通过给每位参与者分配数值标识符来匿名化身份信息，但您（数据管理者）的另一份文件可以将上述的数值标识符与参与者的真实姓名或其他个人信息关联起来，那么，严格来讲，之前的数据依然有个人特征。每条记录都被视作含有个人信息。

倘若您能消除标识符及其对应的个人识别信息间的关联线索，并使用经过匿名化处理的数据取代个人数据来开展研究，那么您就很可能得到《数据保护法案》的彻底豁免。

敏感的个人数据：包括种族、种族起源、政治观点、宗教信仰、工会会员身份、身心健康状况、性生活、犯罪或涉嫌犯罪、对（已被指控）罪行的诉讼及此类诉讼的处理或此类诉讼在法庭的判决。要避免对敏感个人数据的担忧，最安全的方法就是不采集、不持有上述类型的数据，除非研究中确实需要它们。

总的来说，在研究中泄露个人数据的情况鲜少出现，但正如第六章中提到的数据丢失的案例一样，确实有过少数几次违反英国《数据保护法案》的情况。信息专员办公室（Information Commissioner's Office，ICO）有权对严重违反《数据保护法案》的情况做出 50 万英镑以下的处罚（Information Commissioner's Office，2013b）。

案例研究	个人数据公共泄露事件

患者数据失窃致使公立医疗系统基金会（NHS Trust）面临 375 000 英镑的罚款

布莱顿和萨塞克斯大学医院公立医疗系统基金会（Brighton and Sussex University Hospitals，NHS Trust）向 Out-Law.com 透露，一个受雇来销毁患者数据的承包商将存有这些数据的硬盘在拍卖网站上进行出售。信息专员办公室的发言人表示，相关监管机构曾就该事件提议处罚其基金会 37.5 万英镑（1 英镑

=8.71 元人民币）。其基金会已对罚款提议提出质疑（Pinsent Masons，2012）。

警方因未加密记忆棒失窃而被罚 12 万英镑

在存有毒品调查中提供证词的公众名单的记忆棒失窃后，一名警察被处以 12 万英镑的罚款。这一未加密设备没有密码保护，其在一名警员家中被盗。该设备中存有 11 年来与重大犯罪调查相关的 1075 名人员的详细信息（Press Association，2012）。

困境家庭联合会的负责人 Louise Casey 被指责：研究人员称，Louise Casey 对有缺陷家庭的报道违背伦理标准

基于信息请求自由权，英国格拉斯哥大学社会与政治学院（Glasgow's School of Social and Political Science）的讲师 Nick Bailey 指出，在 2012 年 7 月发布的一份广受好评的报告中，困难家庭联合会负责人 Louise Casey 未向报告中涉及的被访家庭征求或取得伦理批准（ethical approval）。Bailey 还指出，尽管 16 个被访家庭的名称被替换，但孩子的数量、年龄和性别等具体信息都未更改，这使得他们能被轻易识别（Ramesh，2012）。

正如前文所言，美国的数据保护立法不像欧洲那样统一，但有一个部门的综合性立法涵盖了个人健康信息。美国《健康保险携带与责任法案》（Insurance Portability and Accountability act，HIPAA）中的隐私规定（Privacy Rules）于 1996 年通过，其规定整合更多的健康信息，也涉及隐私保护的问题。美国国立卫生研究院（National Institutes of Health，NIH）为研究人员提供了详尽的指南，对 HIPAA 涉及和不涉及的要求进行了解释和说明（National Institutes of Health，2013）。

英国：其他主要立法

在英国，还有其他一些国际和国内立法会影响涉密数据的共享。

1998 年《人权法案》

1998 年《人权法案》第 8 条规定了私人和家庭生活、住所和通信受到尊重的权利（The National Archives，1998b）。凡是考虑使用与人类有关的数据时，研究人员都需要牢记这一条例。DPA 中所涉及的数据共享，以及遵循《数据保护法案》的数据共享，也一定符合《人权法案》中第 8 条的相关规定（Ministry of Justice，2011）。

2007 年《统计和注册服务法案》

2007 年《统计和注册服务法案》（*Statistics and Registration Service Act 2007*）主要涉及英国统计局（the UK Statistics Authority）的结构和功能，且仅适用于指定的官方统计数据（The National Archives，2007）。数据访问是英国统计局一项明确的法定职责，该法案还规定了公开个人信息的合法途径。根据该法案，当信息能确定到某个具体的人时，若信息中有对该人身份的详细描述，可将这些内容从信息中删除，或连同其他所有已发布的信息一并删除。

该法案允许向"获准的研究人员"开放个人信息。所谓"获准的研究人员"是指获得英国统计局授权，以统计研究为目的访问个人信息的研究人员。访问标准要求英国统计局斟酌该研究人员是否合适，其申请访问的目的是否恰当。该法案还规定，以合法途径之外的方式公开个人信息是一种犯罪行为。

尽管对于管理着未被认定为官方统计数据的涉密研究数据的研究人员，该法案不适用，但这些研究人员可能仍然希望采用获准研究人员的模式来访问高度机密的数据，就像英国数据服务中心对 ESRC 资助的数据所做的那样（UK Data Service，2013a）。

2004 年《环境信息法规》

为满足需求，2004 年《环境信息法规》（*Environmental Information Regulations 2004*）赋予了社会公众访问大学等公共机构环境信息的权利（The Nation Archives，2004）。该法规与《信息自由法》类似，本书第八章中将更为详细地论述这些权利。访问自由权并不意味着无条件的访问。在一些情况下，访问请求可能或一定会被拒绝，如当数据中含有个人信息时。

2012 年《自由保护法案》

《自由保护法案》（*Protection of Freedom Act 2012*）于 2012 年在英国通过，主要是针对某些特定证明材料的销毁、保留、使用及其他规定。例如，对生物特征信息和监控数据的处理提出了需征得同意等要求（The Nation Archives，2012）。这一法案很少涉及研究人员。

隐私保护习惯法保密义务

在英国，有一项基于习惯法而非成文法的保密义务。保密义务仅适用于那些非公共领域的信息。它适用于供应方秘密地向接收方提供信息的情况。若已有协议（如同意书）清楚说明了对供应方提供信息的保密范围，这即可构成一份合约。

这无需采用书面形式。违反这类保密协议而泄露信息，不仅违反了保密义务，而且还可能违反合约。在没有明确声明的情况下，保密义务仍然存在，例如信息是在合作方在合理推测下认为保密的情况下所提供的。

保密义务不是绝对的，且不受法律特权的保护。当收到法院传票，或当警察在进行相关调查时，研究者不得不放弃研究数据。

查塔姆研究所守则

在会议中可援引举世闻名的查塔姆研究所守则（Chatham House Rule），以鼓励信息开放共享。查塔姆宫是英国皇家国际事务研究所（the Royal Institute of International Affairs in the UK）的所在地。作为一家智库，查塔姆研究所旨在对全球、地区和某个国家所面临的重大挑战进行独立分析和知情讨论（信息开放的讨论，formed debate）。查塔姆研究所守则用以促进会议中的言论自由和保密。守则规定：

若某个会议或会议中的部分环节是基于查塔姆研究所守则召开的，则参会者能够自由使用从会上获得的信息，但是不得泄露发言人的身份、所属机构，以及其他参与者的相关信息（Chatham House，2013）。

对研究人员而言，这意味着在进行实地考察时，任何根据查塔姆研究所守则所做的记录，都需要被标出，清楚地注明哪部分会议记录或纪要采用了查塔姆研究所守则，从而支持发言人的请求。我们认为，除非向原参与者征询了后续使用的意见，否则不应与原研究者以外的人分享这些信息。

法律部分小结

关于数据管理和共享的法律法规非常之多，特别是对于初次启动项目的研究人员而言。无疑，比起过去一段时间，最近出台了更多的法律法规和规范指南，不仅如此，整个行业环境也在不断地变化。2013年初，美国与欧盟在数据保护方面的紧张关系不断加剧（Singer，2013）甚至可以说是越来越糟，德国议员Jan-Phillipp Albrecht提出了《〈欧盟数据保护法〉的修正案》，要求数据的再次使用需获得明确的同意，该修正案极大地削减了二次研究（Ustaran，2013）。尽管未来充满了复杂性和不确定性，几个关键点仍值得牢记：

• 尽早找出与您相关的法律；
• 不采集非研究所必需的任何个人数据或敏感数据；
• 请您的研究办公室提供建议。

个人数据：给研究人员的小结

在着手收集数据前，请考虑如下问题：

- 你是否真的需要采集个人数据？采集参与者的姓名、地址等信息往往只为了管理，并无研究价值。不采集个人数据可能会使数据的管理和共享更为容易。如果确实需要采集，如需要随访，那么应将这些数据与研究数据分别存放。
- 告知你的参与者个人数据使用的相关事宜。告知研究参与者将如何使用、存储、处理、传输和销毁从他们那里采集的个人数据。除法律原因造成的外，个人数据仅在征得明确同意的情况下对外公开。
- 不是所有通过参与者获得的研究数据都构成个人数据。如果数据是匿名的，如去除了关键的个人标识，则这些数据不再构成个人数据，因而不再适用于《数据保护法案》。

许多组织机构，包括档案馆，都为员工制订了内部程序，就处理这类信息源时，如何处理和存储个人信息进行了说明。下面的案例展示了英国数据档案馆的工作人员所执行的程序步骤。

案例研究　　英国数据档案馆个人信息处理

鉴于英国数据档案馆有责任确保只对英国数据档案馆雇员和授权个人开放其保管的信息资产，英国数据档案馆的所有员工都签署了一份保密协议。特别是对那些被数据生产者或该档案馆认定为可在一种程度上开放的数据，包括涉及个人数据或个人信息的内容，该档案馆有责任确保为其提供必要的安全保护。该协议旨在保护该档案馆和主管大学，避免发生向该档案馆及其高校以外的范围，未经授权公开该档案馆保密信息资产的行为。这也是确保该档案馆符合信息安全管理行业准则 ISO 27001 的步骤之一（ISO 27001 Directory，2013）。协议包括：

- 标出或指明个人数据或个人信息（根据档案馆的信息分类政策），并说明这些数据已归为保密信息，工作人员将采取一切适当的、合理的措施来确保该信息中涉密内容的安全；

- 工作人员同意，在其当前合同期内及此后的工作中，永远不向第三方谈及和泄露他们在该档案馆工作中接触到的任何个人数据或个人信息；
- 工作人员将依照 1998《数据保护法案》（*Data Protection Act 1998*）及其修正案规定的条款和准则保护该档案馆的信息资产。

　　发现任何对该档案馆信息资产未经授权的访问、处理或公开行为，都必须立即向该档案馆数据安全主管汇报。任何违反本协议的行为，都将依据相关惩处措施进行处理。

研究的伦理框架

　　涉及人类受试者研究的伦理准则是由专业机构、主管机构及资助机构共同发布的。英国国家经济与社会研究委员会（Economic and Social Research Council，ESRC）对英国社会科学研究伦理规定的 6 项关键原则如下：

　　1. 研究应通过设计、审查和执行，来确保其完整、优质和透明。

　　2. 研究人员和参与者必须充分了解研究的目的、方法、预期用途，以及参加研究可能导致的后果及风险。

　　3. 必须尊重研究参与人员提供的保密信息及被访者的匿名信息。

　　4. 研究参与者参与研究必须是出于自愿的、不受任何强迫的。

　　5. 在任何情况下，都应避免对研究参与者及研究人员的伤害。

　　6. 研究的独立性必须清晰，所有利益冲突或偏见都必须明确（ESRC，2012）。

　　直接影响涉密研究数据共享与存储的研究伦理原则包括知情同意、匿名及数据的未来使用风险。

知情同意、授权和数据处理

同意的核心原则

　　1947 年《纽伦堡法典》（*The Nuremberg Code*，1947）和 1964 年《赫尔辛基宣言》（*The Helsinki Declaration*，1964）为涉及人类受试研究中的同意问题奠定了基础（HHS，2005；World Health Organization）。根据这两个文件提出了有效同意的说法，这意味着首先参与者必须有行为能力，能够了解后果、做出决定；其次参与者对参与项目要有充分的知识和理解；最后，其同意的决定必须是出于自愿。

通常，研究人员需要取得参与者参加研究的知情同意，以及使用所采集的信息的知情同意。欧洲各国的具体情况有所差异，一些国家对研究项目提出了更加严苛的要求，如签署同意书，这里我们主要针对英国的情况。在英国，所有涉及人类受试的研究计划都需获得伦理批准。在美国，伦理批准和书面同意也属于强制性要求。

知情同意应考虑到整个数据生命周期中的数据利用，即从数据产生到数据的长期保存。至少承诺书不应阻碍数据共享，如通过承诺销毁多余的数据。

在向参与者就参加研究征求同意时，研究人员应向其提供以下信息：

- 研究及其参加和退出的性质；
- 如何保密，如通过对数据的匿名化处理；
- 参与、出版和数据共享的不同的许可条件选项；
- 如何储存及长期保存研究数据；
- 如何在将来的研究和教学中使用数据，包括有哪些使用限制。

在一些情况下，同意参加的表态显得更加隐晦，如同意参加某项活动或项目而共享相关信息。举例来说，某人在申请商店的会员卡时，同意该商家利用所有采集的信息来实现分析和营销目的。

协调知情同意和未来的未知用途

数据归档对知情同意要求中的"知情"二字带来了问题。一旦对未来的研究人员开放数据，则无法预知数据将被用于哪些具体的研究项目或问题。然而，可告知参与者们，他们的数据可能被通过哪种方式、被哪些人所使用。研究人员可以向参与者提供类似数据再利用的案例，并告知他们，当数据被存入可信赖的数据仓储时，可对研究界设定不同的使用限制。档案馆通常会制订数据访问和使用方面的条款和条件，包括不得违反保密原则、不能向更大范围共享数据、不得用于商业目的。还可以限制特定用户群组访问数据。

尽管医学研究和社科研究在泄露风险和潜在社会效益方面常存在差异，但在未来利用尚且未知的人体组织生物样本库的同意要求方面，确实存在类似的情况。欧洲人权和生物医学公约理事会生物医学研究部门指出，同意无须特指，但在不可预见的使用方面必须尽可能的详细和具体（Kozlakidis，2012）。这种被称作广泛、持久或开放的同意方式，在一些案例中带来了很高的参加比（超过99%），如在威尔士癌症银行就出现了这种情况（Wales Cancer Bank，2007）。

同意的形式

是通过签署详细的书面同意书、信息声明还是通过口头同意的形式来取得知情同意，取决于研究的性质、采集数据的类型、数据格式及其用途。

对需要采集个人数据、敏感数据和机密数据的深度访谈或研究：

- 推荐采用书面同意书的形式来确保遵守《数据保护法案》及专业机构与资助方要求的道德准则；
- 书面同意通常包括一份信息表和参与者签署的同意书；
- 口头同意协议可以与音频或视频数据一并记录；
- 根据参与者身份披露的可能性，数据可分为不同的类别，不同类型数据的共享需要不同的同意协议。例如，对经过匿名化处理的记录而言，开放限制条件相对较少，而对于披露内容较多的图片，则会有更加严格的限制。

对于不采集姓名等个人身份信息的调查，未将个人身份信息存入电子数据文件的调查，剔除上述个人身份信息相对简单容易的调查，以及作答只以汇总形式使用的调查，通常不采用书面同意。信息表还将详细阐明研究的实质和范围、研究人员的身份，以及被采集数据的后续情况，包括所有的数据共享行为。

事实上，同意书和信息表应在必要的地方确认保密承诺。应详细、具体地说明在将来的数据分析中将如何对数据保密，而不是宽泛而模糊的声明，如可以说对记录进行匿名化处理或对数据进行访问控制等。同意书的样例及适当的措辞可从许多来源获取（Division of Health Research，2013；ICPSR，2013；National Research Ethics Service，2013；UK Data Service，2013b）。尽管研究中常常会惧怕泄露风险，但这通常更多是理论上的，而非实践上的。正如本章后文所述，对控制披露/泄露技术的充分理解对保护那些承诺保密的数据是很有意义的。

何时征求同意

就同意来说，寻求同意的时机要权衡两点内容：一是参与者的充分知情；二是仔细考虑参与者会作出知情决定的最佳时机。同意最终不仅要解决参加研究的问题，还需要解决数据传播和共享的问题。然而，同意可以分阶段获得。显然，同意是参加研究首当其冲要解决的问题。在这一阶段，还建议就可能的传播渠道和共享意图提供相关基本资料。对于传播和共享参与者在研究过程中所贡献数据的同意程序，可等到数据采集完成后再进行。在这一阶段，最好让参与者能够追溯性地评估保密、数据预期使用方式、版权分配等所有相关问题。

根据研究的实质，同意可以是一次性的，即只发生一次，也可以是一个持续的过程。

一次性同意简单易行，避免了要求参与者们再次同意的烦琐。在研究初期征得同意，且覆盖参加研究和数据利用的各个方面。对未采集保密和敏感信息的研究而言，如一些调查只与参与者接触一次，一次性同意往往就足够了，并且也是最可行的。对这种方法的质疑在于它过分强调"在清单上打勾"。当研究更具探索性，或无法完全预知数据的使用、研究成果及研究方法时，再或者说对于许多纵向研究而言，一个更加过程导向的方法往往更受青睐。

过程性/持续性同意贯穿整个研究周期，确保不断地向参与者征得知情同意。这种方式被 ESRC 研究伦理框架（ESRC，2012）等政策推荐使用，在与参与者有多次接触的研究设计中尤其重要。若要以多种方式使用数据，可在参与者完成贡献以后征求其同意。这种方法的风险包括：可能在完成全部同意程序之前就与参与者失去了联系，或因多次请求参与者同意而使其产生厌烦情绪。

芬兰国家社会科学数据档案馆面向本国的一项研究发现，参与者在对数据未来被他人使用的态度上，远比研究人员以为的更开放。通过下面的案例，我们可以看到研究人员在研究过程中所犯的"过度保护"参与者的错误。

案例研究　**芬兰国家社会科学数据档案馆回顾性同意研究**（基于 Kuula，2011）

收集定性数据的研究人员通常认为，研究参与者不会接受将其数据进行归档的想法。为检验这一假设，芬兰国家社会科学数据档案馆（Finnish Social Science Data Archive，FSD）的工作人员请多位研究人员与其研究参与者们再次取得联系。发送给参与者们一封联名信，一是提醒他们研究项目；二是告知他们同意的情况下，可能将相关数据进行归档，供研究人员将来再次使用。在与参与者们随后的电话访谈中，深入探讨了研究、归档和数据未来使用的条款。

这项再联系项目选择了四个项目：三项访谈研究，一项大学生们写的传记。第一个访谈数据集涉及对日常工作中平等和性别问题的讨论；第二个数据集针对环境冲突问题；第三个数据集则聚焦了芬兰农村地区妇女的生活经历。

要在研究完成后再找到这些研究参加者确实是个难题，但研究团队找到并再次联系到了 169 名研究参与者，其中 98%（165 人）同意对其数据进行归档；只有 4 人拒绝了数据归档。所有这些数据集都涉及非常特别和私人的故事，还包括一些他们手头事务的敏感的经历。与农村妇女的访谈进行了 2～4 小时，过程中大家十分坦率；受访者诉说了她们生活方方面面的喜怒哀乐。尽管大家最初并不认为能得到该数据集的授权，但事实上，所有被访妇女都同意将访谈内容进行归档供未来研究使用。

团队发现，参与者同意归档的主要原因是希望能推动科学进步；人们当时之所以参加研究，正是因为他们认为访谈的主题是值得研究的。同意共享这些数据意味着继续实现这一愿望。一位研究参与者还指出，原来的研究成果并未能让他信服，因此他非常欢迎来自不同学科的研究人员对原有数据再次进行分析。其他人则对研究人员的再次联系稍有不悦，因为他们觉得，研究人员将来或目前对数据的使用，与他们原先参与研究的决定并无冲突。

关于知情同意的文献有很多，Wiles 等（2005）提供了一个很好的概述。对感兴趣的人而言，关于定性数据再利用同意获取的最佳办法的辩论资料已出版（Bishop，2009；Broom et al.，2009；Mauthner，2012）。

数据的匿名化处理

在共享和归档从涉及人类受试的研究中获得的数据以前，这些数据要进行匿名化处理或编辑加工，从而避免个人、机构或公司被外界识别和辨认。从伦理层面看，这是为了保护研究参与人员的身份；而在法律层面上讲，则是为了防止个人数据泄露，当然，除此之外，还可能涉及商业原因。研究信息中绝不能披露个人数据，除非参与者明确同意可以这样做，这种同意最好是书面形式的。在一些研究形式中，如在记录口述历史时，或在一些人类学研究中，公开和共享被调研者的姓名是很常见的现象，当然这是以征得同意为前提的。

尽管匿名化的过程是为了生产"更安全"的数据，但需要注意的是，通过一个可信赖的仓储获取数据的数据复用者通常与数据的第一手用户一样，有不得泄露机密信息的法律和伦理责任。在考虑数据匿名化处理的程序时，应同时注意数据共享知情同意的获取，或对数据访问设置限制条件。所有策略的实施都应以实现两者的平衡为目的：移除和替换可能造成泄露的信息，尽可能多地保留有意义的信息。研究数据的匿名化处理很耗时，也因此成本高昂，但尽早地规划有助于降低这些成本。

下文内容是对定量和定性数据合理匿名化处理的建议。此外，信息专员办公室也发布了匿名化处理程序的详细操作建议（Information Commissioner's Office，2012）。

数据标识符

个人身份的披露可能是因为：

- 直接的身份标识，如姓名、地址、邮编、电话号码或照片；
- 间接的身份标识，特别是当这类信息与其他公开可得的信息（如工作、职业或工资、年龄等具有特殊数值的特征）进行组合后，可能识别到某人。

直接身份标识常作为科研管理的组成部分而被采集，但通常并不是重要的研究信息，因而可以很容易地从数据中删除。

定量数据的匿名处理

定量数据的匿名化处理技术包括去除或聚合变量、降低某个变量的精度和减少变量中的细节描述。对关系型数据和地理数据应格外注意，前者中有关数据集变量间的关联可能披露身份信息；而后者若识别空间参考系也会得到地理数值。

对定量数据进行匿名化处理的技术方法推荐如下：

- 删除数据集中的直接标识符，如详细的个人信息。这些标识符通常不是二次研究所必需的。

举例如下：删除被访者的姓名或用代码进行替换；删除地址、邮编、机构和电话号码。

- 聚合或降低某个变量的精度，如受访者的年龄和居住地。一般而言，以最低精度描述地理信息就不太可能违背保密协定。具体尺度取决于所采集数据的类型，但是完整的邮编、行政区、城镇或村庄名等非常详细的地理信息很可能存在问题。那些可能泄密的变量在编码或分类后，可被整合到更大范围的编码中。

举例如下：记录出生年，而不具体到年月日；记录部分邮编（前3～4位数字）而不是完整的邮编；通过删除最后一个数字，把详细的"单位组"标准职业分类职业代码整合到"次要组"代码。

- 用更一般的文字替换可能泄密的、自由表述的回复，来泛化涉及细节信息的变量内容。

举例如下：具体的医学专业领域可能间接地识别到某位医生。这一专家变量可以被替换为更一般的文字，亦或是编码成一般性回答，如"某医学专业领域"，或"某两个或更多医学专业领域"。

- 若在较大的研究组内，某些个体值呈现异常或非典型，则要限制连续变量的上限或下限，以隐藏离群值。在这类情况下，尽管其他回答保持实际量，但这些异常大或小的值可被归入一个编码，亦或对所有回答都进行编码。

举例如下：将"年薪"进行最高标准化处理，以避免识别出高收入个人。即使低收入群体未被编入该群组，也可对年收入 100 000 英镑及以上采用最高标准。

- 相关数据需要进行匿名化处理。相关或关联数据集中变量间的关系可能会披露身份信息，或者说，当这些数据与其他可公开获得的信息相关联时，也可能会披露身份信息。

举例如下：在农场的保密访谈中，农民的姓名都用编码进行了替代，其他与农场经营性质和农场地理位置相关的机密信息也经过了变形处理，成了匿名数据。但如果在同样的几家农场使用同样的农民编码采集生物多样性的相关数据，且数据中包含生物多样性数据的具体唯一地址，那么该农场的位置也将不再保密。通过关联这两个数据集可确定农民的身份。农民姓名编码和生物多样性位置数据之间的关联应该被删除，如可在公开发布的数据中使用不同的编码来分别指代农户访谈的数据和农场位置的数据。

- 用非公开的地理特征或变量来替换点坐标的方式对地理数据进行匿名化处理。点坐标数据可以锁定被研究个人、组织或企业的方位，这可能会披露其身份信息。可使用一些更大的、不会泄露地理区域的信息来替代点坐标，如多边形状（公顷网格、邮政编码区、县区），或一些线形（随机曲线、道路、河流），还可以用一些有意义的替代变量来替换坐标数据，这些替代变量一方面代表了某地理位置，另一方面也表明了选择某一地区进行研究的原因，如贫困指数、人口密度、海拔高度和植被类型等都可作为替代变量。如此一来，既保留了数据本身的值，又剔除了可能造成泄露的地理信息。当然，还有一种更好的选择，即原封不动保持详细的空间参考（spatial references），而对数据访问进行控制。这一方法使数据在受控的情况下，能被应用于地理空间应用或数据联动。

举例如下：这是英国社会经济研究所的一项名为"理解社会"的纵向研究所采用的策略。该研究的研究数据由英国数据档案馆发布（University of Essex et al., 2013）。当家庭地址数据被简化到政府级区域时，该研究的核心数据可在标准访问条件下使用，相比之下，在英国国家电网（British National Grid）参考系统中，每个家庭详细位置数据的分辨率精确到了 1m，这些数据只能基于安全访问用于研究目的。如此，在这样一种安全的环境里，该研究数据可与更多的管理数据及其他调查数据进行关联。

统计披露技术

研究需要使用涉密微观数据时，研究人员需要一个安全环境来访问详细的涉密数据。这种受控环境使研究人员能够自由地处理数据，但所有的统计结果和输出都需要进行彻底地保密检查。这正是被称为基于输出的统计信息披露控制（SDC）。SDC 与更早的基于输入的 SDC 恰好相反，后者主要是在研究访问前，对数据进行匿名化处理和编辑，以防披露风险（Ritchie，2007）。这基本上就是审核确认输出内容是否可以确定到某个特定的个人。SDC 无法自动实现，它需要就以下内容达成一致认识：被审核的输出、潜在的披露风险和对可接受风险的认可程度。

Ritchie 指出了三种披露检测的方法：

• 初级披露（primary disclosure）：辨别表格单元格中的信息。
• 二次披露：从汇总数据或其他数据源来推断辨别信息。
• 将数据转换成非披露数据（non-disclosive）（Ritchie，2007）。

若能确保数据的机密性，如根据事先商定好的保密标准，则可认为上述方法是达标的。对于英国国家统计局而言，这是：

花费一位好事者过多的时间、精力和专业知识，来确定一个别人的统计单位，或披露尚未对公共领域开放的信息（Office for National Statistics，2004）。

通常还会设置阈值规则，如若单元频数≥5，那么表中的单元格计数就可能被认为是非机密信息。如果数据没有充分的变化，或少量的统计单位就能确定数据，则需要更高的频数。下面的例子说明了如何用单元格数量核查保密性。

基于 Ritchie 的初级披露实例（2007）

初级披露（primary disclosure）是指图表单元格中的关于个人（或组织）的可直接识别的信息。表 7.1 显示了不同行业公司的营业额水平，我们可以评估是否有单元格存在泄密。

表 7.1　初级披露：输出表

行业	公司编号	总营业额	营业额←1000	营业额→1000
101	2	2000	1	1
102	1	100	1	0
103	6	5000	6	0
总计	9	7100	8	1

来源：Ritchie，2007

在这张表中，102 行业类公司的所有计数都泄密了，因为这家公司的数值都是可见的。101 行业的计数也泄密了，因为 101 行业中的每家公司都知道自己的营业额数值，由此能计算出另一家公司的数值。根据 ONS 法则（如上文所述，超过 5），103 行业中的计数没有泄密，但如果 103 行业中 6 家公司中的 5 家聚集在一起，即可确定另一家公司的数值。尽管这不大可能，但仍然需要避免这一结果的发生。

用户需充分了解在特定安全环境下访问涉密数据的管理规则。最佳实践和培训必须是该过程中的组成部分。我们将在本章的控制访问部分讨论仓储库如何进行具体操作。

定性数据的匿名化处理

在对访谈记录、文本或音像数据等定性材料进行匿名化处理时，匿名或模糊描述都可用来解决有疑问的识别信息。在保持数据完整性的情况下，删除信息是最可取的方法。应考虑匿名等级，达到知情同意过程中所达成的要求。在对数据共享或数据控制访问获取知情同意时，还应结合考虑匿名化处理方面的问题。研究人员不应将隐藏数据作为保护数据机密性的唯一方法。

在预先规划和征得参与者同意的过程中，就要考虑和探讨哪些内容可以被记录或转录，这是一种更为有效的数据生产方式，能够准确地反映研究过程和研究者的贡献。例如，若不能披露某位雇主的姓名，那么应事先商定好在进行采访时不会提及雇主姓名，这比采访后再花大量的时间将雇主姓名从记录或转录中删除要容易多了。

研究人员通常认为研究参与者希望销毁其原始数据，或对这些数据进行保密存储，使外界无法访问。但是事实上，如果对这些数据进行适当的变形或提供其他保护措施，参与者们会很乐意与其他研究者分享其数据。

文本的匿名化处理

对文本进行匿名化处理的最佳实践：

- 非必要的情况下，不采集披露性数据（disclosive data），例如，若不使用全名数据，则不询问参与者的全名；
- 除了纵向研究需要在编辑时特别注意各材料间关系，在其他研究中，匿名化问题应在转录或着手写作时就开始规划；

- 在整个研究团队的整个研究过程中，所使用的化名或替换符应始终保持一致，例如，在出版物和后续研究中，都应使用与之前研究中相同的化名；
- 谨慎使用"查找和替换"的工具，以避免误改和遗漏了拼写错误；
- 明确标识文中的替换符，如可以使用"括弧"或使用"XML"（可扩展标记语言）标签，如"<anonsec> 被匿名化为<anonsec>"；
- 在研究团队内部以保存为目的，保留未经处理的数据版本；
- 为所有的匿名处理操作包括替换、聚合、移除，创建匿名处理日志（anonymization log），将这种日志与经过匿名化处理的数据文件分开存储，如表 7.2 所示。

表 7.2　匿名处理日志示例

访谈号和页码	原名称	处理后
Int1 p1	年龄为 27 岁	年龄为 20～30 岁
Int1 p1	西班牙	欧洲国家
Int1 p2	6 月 20 日	6 月
Int1 p2	Amy（真实姓名）	Moira（化名）
Int1 p3	曼彻斯特	北部大城市或英格兰城市
Int1 p4	Jean 阿姨	阿姨
Int2 p1	Francis	我的朋友
Int2 p8	Station Road 小学	一个小学
Int2 p10	Sainsbury's 超市的生产和销售部部长	某知名连锁超市的首席行政官
Int2 p11	科尔切斯特镇北部	小镇的北部

表 7.2 展示了如何对一份采访记录进行匿名化处理：用化名或特征标签（大型超市的高级管理人员、姑姑）代替了人们的真实姓名；一个具体的地理位置可用一表述方位特征的、有意义的描述性词语来替换（"北方大城市""英国省会城市""城镇北部"）。

对文本进行匿名化处理的在线工具

一些工具可半自动地对文本进行最简单地匿名化处理。美国校际政治及社会研究联盟（ICPSR）有一个名为 QualAnon 的网络工具。该工具使用简便，只需要使用者上传两份文件：一份是文本文档；一份姓名关键词文档，该文档包括了将要做化名处理或编码替代的姓名。该工具将返回一份经过匿名化处理的文件及一份报告（ICPSR, 2012）。爱尔兰定性数据档案馆（Irish Qualitative Data Archive）也有一款类似的工具。

视听数据的匿名化处理

对数字化视听数据的匿名化处理应谨慎、细致，如对录音或数字图像进行编辑时。消除真实的人名或地名都是可接受的，但通过改变音频的音高对声音进行伪装，或通过像素化视频图像中的部分内容对人脸进行模糊化处理，将会大幅降低研究数据的可用性。这些操作过程要花费大量的劳动力，同时也十分昂贵。

如果视听数据的保密是个问题的话，一个更好的选择或许是征得研究参与者的同意，以原始的格式来使用和共享这些数据。或者也可以对数据文档进行适当的访问控制。

管理数据访问

对于共享数据，有越来越多的选择，每一种选择都各有利弊。在本书第十一章，我们将详细介绍这些内容。如果你需要共享你的数据，应考虑清楚谁能访问你的数据；他们能用这些数据做什么；是否需要一些特殊的使用限制；以及你希望这些数据对他们开放多久。你对这些问题的回答决定了适合的共享设施及数据访问方式。

如果你想控制共享数据的时间，多数数据中心和机构知识库会考虑延迟一定的时间再发布。一手调查人员（primary investigator）可延期至 18 个月后再发布调查结果。但如果研究人员和研究参与者之间达成了某项专门协议，延期时间还可以更长。在一些特定情况下，可以通过控制或限制数据的访问和使用来保护敏感数据或保密数据。各家数据中心和存储库提供数据访问控制选项的水平各不相同。

案例研究　**英国数据档案馆**（UK Data Archive）**的访问频谱**

英国数据档案馆所拥有的大部分数据资源都不属于公共领域。这些数据仅限于注册用户以特定的目的进行使用。使用者要同意最终用户许可协议（End User Licence），该协议具有法律效力。在此过程中，使用者要同意一些条件，如不得传播任何个人、家庭和机构的可识别信息或保密信息；不得试图利用数据去获取那些与可识别个人有关的特指信息。

　　因此，使用者可根据研究目的使用数据，但不得发布数据，或以可能导致个人或机构身份泄露的方式利用数据。控制数据访问绝不是保密的唯一办法。正如我们在前文看到的那样，获取适当的知情同意，并对数据进行匿名化处理，将两者结合即可让大多数数据得以共享。

　　针对机密数据，英国数据档案馆在与数据拥有者讨论时，可能会设定一些其他的访问控制，例如：

- 访问数据时需要取得数据拥有者的专门授权；
- 为保密数据设定一定的限制期，直到相关保密性问题不再具有针对性；
- 只向获得批准的研究人员提供访问；
- 对数据提供安全访问，即允许对机密数据进行远程分析，但不得下载或带走数据。

访问控制应始终与数据类型、数据机密等级及对数据泄露风险的评估相适应。可对一些数据的访问控制设定混合层级，将非机密数据的标准访问与机密数据的控制访问相结合。

　　美国民意研究中心（NORC）于 2008 年建立了首个数据飞地（data enclave），为获得授权的研究人员访问敏感微观数据提供了一个保密的、安全的虚拟环境（Lane et al., 2008）。其他国家也采用了这一远程访问模式来访问受限的社会和经济数据，而不再是采用他们现有程序，即要求研究人员亲自前往安全场所。在欧洲，欧盟资助的项目"数据无边界"（DwB）一直在为"欧洲研究区"（European Research Area）探索使用这些安全系统，为公平访问官方微观数据提供支持（DwB, 2011）。

　　这些安全访问服务使研究人员能够在一个安全的中央服务器上，使用一些熟悉的分析软件和办公工具（如 Stata、SPSS 和微软 Office 软件）来远程分析其机构数据。没有数据在网络上进行传输，使用者的计算机成了远程终端，只有在通过统计披露审查后，安全系统中的输出结果才能发布。含有详细地理信息（如邮编级别的变量或网格参考的版本）的商业和社会调查数据的访问获取是很有限的。对这些受限数据的访问是通过会员模型，获准的会员接受必要的数据管理与分析相关的培训、支持和建议，从而在保护研究者隐私的同时，实现研究产出最大化。基于信任，通过用户协议和共同的行为准则达成双向承诺。

数据共享与正式的伦理审查

从事涉及人类受试者的研究时，数据保护和共享的需求会产生一对矛盾。多数情况下，当同时遵守数据保护和研究伦理的字面含义与内在精神时，即可共享研究数据。明确数据将被如何管理和共享，应该作为伦理审查过程的一部分。研究伦理委员会（RECs）或美国的机构审查委员会（IRBs）也应支持研究人员在遵循研究完整性和数据共享最佳实践方面的所做付出。

在征得同意及符合伦理地、依法地处理数据的过程中，RECs 可以为研究人员提供建议和指导。RECs 可能会要求在一定时间后销毁研究中所采集的个人数据，以避免可能出现的数据泄露。然而，正如前文的《数据保护法案》（Data Protection Act）定义中描述的那样，区别研究中采集的个人数据和一般研究数据是非常重要的。只有在征得了特定同意，并且可识别信息能够被剔除出共享数据的情况下，才能披露个人数据。因此，RECs 不应要求研究人员销毁研究数据本身，但可要求删除或剔除姓名和地址等个人数据。

此外，RECs 也不应反对同意书上任何对申请更大范围共享研究数据的陈述。在共享涉及敏感信息或机密信息的研究数据时，应格外谨慎、仔细，但这些数据并非没有共享的可能。大多数 RECs 的成员都见多识广，并且能够为研究人员提供很多帮助，但有时依然可能存在信息差。研究人员需要让 RECs 明白，首先大多数研究数据是可以共享的；其次许多资助方要求共享数据；再次匿名数据是被《数据保护法案》豁免的；最后一些程序可以实现符合伦理的数据共享。在伦理审查的过程中，数据中心和机构知识库能够给研究人员提供数据共享方面的支持。

案例研究 │ **在美国和 IRBs 一起工作**（基于 Pienta 和 Marz，2012）

密歇根大学（University of Michigan）的 ICPSR 为研究人员及其工作人员提供技术协助和培训，帮助他们为数据归档，以及向使用者开放数据做准备。在数据生命周期的两端，即存储数据和使用数据时，都要求通过伦理审核。

根据美国联邦法规对涉及人类受试者研究的规定（45 CFR 第 46 部分），使用已删除身份标识符的公开数据集时，无需再经由伦理审查委员会（IRBs）审核。因为许多研究机构都知道，在准备用于发布的数据时，IRBs 会采取十分严格的披露风险程序来保护个人秘密，因此，在将去识别化后的数据存储在 ICPSR 时，通常少有机会跟 IRBs 打交道。但研究人员可能还要向 IRBs 咨询，在将数据存储到 ICPSR 之前，IRBs 是否还要求其他程序。

美国国家吸毒和艾滋病病毒数据存档计划（NAHDAP）是一个基于 ICPSR 建立的"专题档案"，由美国国家药物滥用研究所（NIDA）资助。它对 300 多个吸毒和（或）艾滋病研究提供网络访问。NAHDAP 提供了一系列数据发布的选项，包括公开使用文件、限制使用文件和延迟传播文件。NAHDAP 要求使用者在访问受限资源前，先取得 IRBs 的批准或豁免，并遵守使用者所在机构的方针原则。

总　　结

总而言之，只要满足一定的标准，即使是敏感的、机密的研究数据也可以符合伦理和法律为前提进行共享。从研究启动时，研究人员就应该注意并综合考虑以下三个重要的方面：

- 何时获取知情同意，包括数据共享的规定；
- 需要对哪里的数据进行匿名化处理以保护人们的身份信息；
- 如果有必要，可以考虑对数据进行访问控制。

即使没有考虑数据共享，上述这些措施也是良好研究实践的一部分。

练习 7.1　同意和数据共享

这里我们就同意书给出两个例子，这两个例子都是源自英国数据服务中心的真实资源，文中还给出了每项研究的背景信息。阅读每份同意书及其相关的研究背景资料，然后回答以下问题：

- 你对每一份同意书和信息表的初步印象是什么？
- 你认为这些同意书多有效？
- 在所列举的同意书中，你是否认为缺少了哪些内容，或有哪些部分是不必要的？
- 将这些同意书与你以前为项目编制的同意书进行比较，你认为自己的同意书是否有哪些地方需要修改？

每份同意书都有各自的优势和不足，因此最好的办法就是辩证地看待每份同意书。

1. 定性访谈与日记研究的同意书（图 7.1 ~ 图 7.3）

北坎布里亚郡口蹄疫的健康影响和社会后果，2001 ~ 2003（Mort，2006）

研究背景：2001 年，口蹄疫的暴发对英国农村地区的经济、社会和政治生活产生了巨大的影响。英国卫生部资助的这项研究显示了流行病对人类健康和社会所带来的后果。

这项研究招募了常设小组（standing panel），小组成员是来自受灾最严重地区北坎布里亚郡的 54 名当地群众。18 个月以来，该小组持续记录周记，描述危机如何影响着他们的生活，以及他们所看到的周围的恢复过程。小组成员招募自各行各业，包括农民及其家庭成员，农业领域的工人，旅游业、酒店业和农村商贸等中小企业从业者，专业医护人员，兽医，志愿者组织和生活在处置场地附近的居民。

18 个月间，常设小组成员完成了 3200 份密集的、多种多样的周记。此外，还有一些补充资料，包括与每位受访者的深度访谈、焦点小组讨论及其他与利益相关者的 16 场访谈。

英国兰开斯特大学健康研究所知情同意书

姓名 _____

地址 _____

_____

我同意参加研究项目"2001 年口蹄疫暴发造成健康和社会后果"，具体包括：
- 完成为期 18 个月的周记。
- 完成一份关于我生活质量的问卷（整个研究过程中要先后完成 3 次）。
- 关于我的生活经历、我的工作及我的健康的个人和团体访谈。

我了解：
1. 我告诉你的一切信息都会严格保密。我提供给你的一些信息可能会用在报道和文章中，但是我的身份是匿名的（不给出我的姓名）。
2. 我可以在任何时候自由退出该项目。

签名 _____ 日期 _____

图 7.1　早期知情同意书：口蹄疫研究

来源：Mort et al.，2006

该研究团队向项目参加人员征得了初步参与项目的同意，但在初始阶段并未考虑到征求对数据进行共享或归档同意。研究结束后，研究团队希望将这些数据进行归档，他们回过头来再向常设小组回溯征求同意，将数据进行归档，对其他研究人员进行开放。研究团队向版权法专家寻求专业建议，帮助他们起草协议条款，这些条款将提供给常设小组参与人员一系列选择，包括如何对他们所写的日记、转录的访谈及录制的采访音频进行归档。最终的数据集包含大量的敏感信息和机密信息，匿名化处理时对这些数据进行存档的最低要求。现在这些数据可以开放给其他研究人员。

归档存储或同意书

（日记——英国数据档案馆经济与社会数据服务中心）

协议条款

　　以下声明为您（数据存储者）提供了一系列选项，主要关于您希望您的日记、日记副本或日记的部分内容以怎样的形式进行归档。请删除每个编号陈述中不适用的部分。请注意，"日记"是指"匿名日记"（不涉及您的姓名）。

本人签字确定

（1）我同意将我的日记（或日记副本）的全部内容或部分内容存储于英国数据档案馆经济与社会数据服务中心（Economic and Social Data Service, UK Data Archive）。

（2）我同意将我的日记或日记中我同意的部分通过_____开放给研究者或公众，以学术或教育的目的进行使用。

本人确认

（1）在未征得我进一步同意的情况下，我同意/不同意英国数据档案馆经济与社会数据服务中心（Economic and Social Data Service, UK Data）使用该日记/该日记中的部分内容，包括以任何形式或媒介复制该日记或日记中的部分内容，以及授权他人从事相关工作。

（2）在不披露我的身份信息的情况下，我同意/不同意由_____发布我日记的全部/部分内容。

（3）本人特此将本人日记/日记复本/日记部分内容的所有权转让给英国数据档案馆经济与社会数据服务中心。我了解我仍保有相关内容的版权，但授予英国数据档案馆经济与社会数据服务中心复制权和发布权，并同意UKDA授权他人进行复制和发布。

存储方签名_____　　日期_____

存储方姓名（打印）_____

见证人_____（姓名，打印）

见证人签名_____

图7.2　日记的回溯性同意书：口蹄疫研究

来源：Mort et al., 2006

　　同意书如图 7.1、图 7.2 和图 7.3 所示，这项研究为获取初步同意和回溯性同意使用了三种同意书。

归档存储或同意书

（音频材料——英国数据档案馆经济与社会数据服务中心）

协议条款

　　以下声明为您（数据存缴者）提供了一系列选项，主要关于您希望您的音频材料或音频材料的节选，以怎样的形式进行归档。请删除每个编号陈述中不适用的部分。请注意，"音频材料"是指"匿名音频材料"（不涉及您的姓名）。

本人签字确认

（1）我同意将我的整个音频材料或音频材料节选内容存储于英国数据档案馆经济与社会数据服务中心。

（2）我同意将我的音频材料或音频中经我同意节选的部分内容通过＿＿＿＿＿＿开放给研究者或公众，以学术或教育的目的进行使用。

本人确认

（1）在未征得我进一步同意的情况下，我同意/不同意英国数据档案馆经济与社会数据服务中心使用该音频材料/该音频材料中经我同意的节选内容，包括以任何形式或媒介复制该音频材料或音频材料中的部分内容，以及授权他人从事相关工作。

（2）在不披露本人身份信息的情况下，我同意/不同意由＿＿＿＿＿＿发布我的音频材料的全部/部分内容。

（3）本人特此将本人音频材料/音频材料同意节选部分的所有权转让给英国数据档案馆经济与社会数据服务中心。我明白我仍保有相关内容的版权，但授予英国数据档案馆经济与社会数据服务中心复制权和发布权，并同意 UKDA 授权他人复制和发布。

存储方签名＿＿＿＿＿＿＿＿＿＿＿　　日期＿＿＿＿＿＿＿＿＿＿＿＿＿＿＿

存储方姓名（打印）＿＿＿＿＿＿＿＿＿＿＿＿＿＿

见证人＿＿＿＿＿＿＿＿＿＿＿　　（姓名，打印）

见证人签名＿＿＿＿＿＿＿＿＿＿＿＿＿＿＿＿＿

图 7.3　音频材料的回顾性同意书：口蹄疫研究

来源：Mort et al.，2006

2. 焦点小组研究同意书

《了解人们对时事的态度：对英国选举的定性研究》（QES Britain）（Winters，2007）

研究背景：对英国选举的定性研究旨在记录和分析 2010 年大选前后英国选民们自己口中的观点和关心的话题。这项研究的目标在于获得丰富的定性数据，通过这些数据能深入了解市民对政治家、政党领导、政治问题的看法，以及大选前后市民对公民义务、政治异化和竞选的见解，还能帮助分析参与者阐述其评价时所使用的语言和表达的意思。通过定性分析，该项目调查了人们规范价值的来源，明确了参与者用于作出判断的隐性假设，并且确定了新的研究主题。该研究采用了焦点小组和访谈的方式来采集数据。

同意书：该研究使用了信息表和同意书，如图 7.4、图 7.5 所示。

英国社会科学院（The British Academy）和英国伯克贝克学院（Birkbeck College）致力于以符合伦理的方式从事社会研究。在同意参与之前，您需要考虑以下几方面的内容：

- 您将以加入焦点小组的形式参与研究。这一过程将会被电子录像，并转为文字记录。
- **您的姓名及可能会直接或间接确定您身份的信息将会被更改，以确保您的匿名性。**
- 讨论内容的全部记录都会被安全地保存，其他研究人员只有在确保匿名性的条件下，才可获得授权。

转化为文字的数据（不包括姓名及其他身份信息）将由研究人员保留，并作为该研究的一部分分析使用。这些数据也会被存储到英国数据档案馆，英国数据档案馆在研究数据访问、保护参与者秘密等方面有着严格的规定。

如果您想就该研究任何内容进行讨论，或了解该同意书的具体细节，请联系 Kristi Winters 博士。

电话：
电子邮箱：
网页：

焦点小组详细信息：
日期：
时间：
位置：

媒体上的其他相关研究：
Drs. Rosie Campbell and Kristi Winters（2007）
'the myth of the homogenous voter'. Thinking Aloud Podcast

访问地址：
www.bbk.ac.uk/polsoc/research/rcampbellvoting/

了解人们对时事的态度

项目由英国社会科学院（British academy）资助

寻找参与者参加焦点小组的讨论时事问题

参与酬金：25 英镑

研究由英国伦敦大学的研究院伯克贝克学院博士后 Kristi Winters 博士负责（Birkbeck College，University of London British Academy）。

常见问题：
问题：这项研究关于什么内容？

地方选举、即将到来的大选、所担心的经济问题、气候变化、未来的公共服务、个人和国家安全等。

在 21 世纪初，英国面临诸多挑战。本研究旨在与人们探讨时事问题，更多地了解人们对英国所面临挑战的看法。

我需要做些什么？

谈一谈你的观点。

焦点小组由 5～10 人组成，由一位主持人引导。首先您需要填一份简短的问卷。为了获得一个好的社会截面并非每位申请者都会被邀请参加焦点小组，但可能邀请您参加一对一的访谈。

下次大选后，还会组建另一个焦点小组再来回顾这些问题。如果您受邀参加第一焦点小组，您还可能有机会参加大选后的焦点小组，您同样会得到 25 英镑作为参加酬劳。

焦点小组将在您方便的地方进行。该过程将进行视频录像，并转为文字记录。

调查结果的副本将会被仔细分析以便更好地了解当今英国人的观点。

我理解您的时间非常宝贵，为补偿您参加焦点小组往返途中的花费，我会给每位参与者 25 英镑作为补偿。

研究需要花费多少时间？

焦点小组将持续 90 分钟。前 5 分钟主要是让参与者审核和签署一份同意书，这份同意书上列出了参与者的权利。在这段时间内，还将回答参与者在焦点小组开始前的其他疑问。会前，您可向我们索取一份同意书的副本。

在焦点小组会议结束后，与会者还需填写一份调查问卷。

视频文件及转化成的文字记录将被如何处理？

您将被分配得到一个参与人员 ID，这样一来，视频文件和文字记录文件中就不会存有您的具体联络信息。

所有的文件都有密码保护，并存放在有密码保护计算机中。不会使用电子邮件发送文件，只能使用有密码保护的数据棒和挂号件邮寄。

文字记录人员需签署一份文件，约束他们依法保护您的匿名权。在转为文字的过程中，所有的直接识别信息（如姓名、地址、职业、街道等）及间接识别信息（如工作场所、参与的组织等）都将被移除或更改。

其他研究人员在利用这些数据时必须遵守研究数据访问及保护参与者秘密的严格规定。

该研究的结果将会被整理成文并进行发表。研究结果也可能用于教学和研究培训。发表的作品可能会引用您的讨论内容，但绝不会涉及个人姓名。为了在发表的作品中使用你的文字，请您向研究人员转让版权。

我可以改变我的参与意愿吗？

您的贡献非常巨大，但如果您在任何时候想退出，我将随时尊重您的意愿。

我怎样找到源于该研究的出版物？

希望获得该研究相关出版物发表通知的参与者，应在参与同意书上确认自己希望以怎样的形式获得通知。

我怎样才能获得更多关于该研究的信息或参加该研究呢？

如有任何问题，请邮件或电话联系 Kristi Winters 博士。

图 7.4　英国定性选举研究信息表

来源：Winters，2007

了解公众对时事的态度，Kristi Winters 博士（伦敦大学伯贝克学院，Birkbeck College，University of London），**由英国社会科学院**（British Academy）**资助**

- 我已经阅读并充分理解"了解公众对时事的态度"这一项目的信息手册。
- 我同意参加该项目。参加该项目包括接受采访，并被记录（包括录像）。
- 我理解我参与项目是出于自愿；我可以随时退出该项目，并且无需给出不再继续参加的理由。我退出项目前参与的焦点小组讨论，在退出后仍可被使用。
- 我同意将我提供的数据在英国数据档案馆进行归档。我理解其他研究者只有在同意按照此表规定的条款确保我匿名，并对我的信息保密的情况下，才能访问该数据。
- 我了解我所说过的话可能在出版物、报告、网页及其他的研究产出中被引用，但是我的姓名等具体身份信息将不会被使用。
- 在此，我将自己所贡献内容的版权转让给 Kristi Winters 博士，我所说过的内容可在出版物、报告、网页及其他研究产出中被引用。

- 我愿意/不愿意（请删去不适用内容）收到该研究所有出版物的通知。我希望通过电子邮件、短信、电话（请删去不适用内容）的方式得到相关通知，并已向 Kristi Winters 博士提供了相关联系信息。
- 我了解，我的电话号码、地址等详细个人信息不会被披露给 Kristi Winters 博士及其助手以外的任何人。
- 我确认我自愿同意参加由 Kristi Winters 博士主持的这项定性研究项目。我已经了解了该项目所涉及的内容，并同意按照上述方式使用调查结果。我了解，这些材料受到职业道德规范的保护。

―――――――――　　　―――――――――　　　―――――――――

参加者姓名　　　　　　　签名　　　　　　　　　　日期

图 7.5　英国定性选举研究同意书

来源：Winters，2007

―――― 练习 7.2　定性数据的匿名化处理 ――――

　　在本次匿名化处理的练习中，我们将再次使用练习 7.1 第一同意中的"口蹄疫研究"（Mort，2006）。首先，我们再次阅读该研究的背景材料。

　　我们给出了一份访谈的文字记录，这是与一位英国环境、食品与农村事务部（Department for Environment, Food and Rural Affairs, Defra）地区官员的访谈。作为一名 Defra 工作人员，也作为一个受疫情影响的农业家庭的成员，他就自己在口蹄疫期间的经历接受了采访。这位受访者同意，只要不会泄露其身份信息，其他研究人员就可以研究和教育为目的使用他的访谈文字记录。

　　通读图 7.6 中的对访谈文字记录的节选，思考在将这份访谈文字记录归档共享前，需要进行哪些匿名化处理。虽然这份访文字记录取自真实的访谈，但这段节选中的所有身份识别信息都是虚构的。

北坎布里亚郡口蹄疫带来的健康影响和社会后果，2001～2003（SN 5407）
M. Mort，兰卡斯特大学（Lancaster University），健康研究所（Institute for Health Research）

注：该文字记录中的所有身份信息都是虚构的

访谈对象：Lucas Roberts，Defra 工作人员

访谈日期：2002 年 2 月 21 日

出生日期：1965 年 5 月 2 日

性别：男

职业：一线工人

地址：普兰顿，北坎布里亚郡（Plumpton，North Cumbria）

　　Lucas 和他的父母一起住在家里，但当我们在他父母那整洁的小房子里见到他的时候，他说"我希望能尽快搬出去"。我们坐在一间非常舒适的客厅里，房间里燃着明火，Lucas 为我们煮了咖啡并拿饼干招待我们。虽然一开始 Lucas 有些紧张，说话很快，非常警觉，但随着我们交谈的进行，他似乎放松了很多，也忘记了录音的事情。

　　我想先请你谈谈你情况，介绍一下你的个人经历。

　　应该算是农民出身吧，我在哥哥现在的那个农场里长大。中学毕业后，我在农场工作了一段时间，但后来去念了大学，参加了考试，学习怎样把土地用于休闲行业，类似于乡村/环境管理的课程。所以显然，我不再务农了，平时上课，周末再回到农场。假期里，我会回到农场工作，直到我在萨福克郡（Suffolk）找到了第一份实习工作。离开的时候我已经 20 出头了，不再是青少年了，那之后我拿到了毕业文凭。再之后，我在贝德福德郡（Bedfordshire）继续深造，并拿到了一个农村资源管理（rural resources management）的学位。后来，我开始从事一个社区林业项目，其实就是在一个天然森林里工作。我在那个岗位上干了 4 年，大概在 1995 年年底回去了。

　　就乡村管理来说，我个人认为挺难做的，作为一份工作，它的竞争也很激烈。我是把选择放得宽一些，还是专注于此，像一般管理一样，我只是希望能做与环境相关的内容。我和昆布雷公司（Cumbre）合作做了些零碎的工作。昆布雷公司也就是现在的 Milbro 公司（Milbro Ltd），它是几年前被私有化的。几年间我和他们断断续续签订了几份合同。有时候我也为环境咨询机构工作，我以一个自由职业者的身份去过德国、斯洛文尼亚共和国，做过各种各样的项目。在此期间，我有一个好朋友在做商品菜园（market garden）的生意，所以有的时候我也会去他那里工作（笑）。他去度假时，我会去做一些零碎的活儿，所以我觉得我把自己归为给自己干活儿，给自己当老板的一类。这些工作我都持续

在做，但确实比较零散。我还做过一份研究助理的办公室工作，虽然这也不太像[停顿]就是进行交通咨询（traffic consultancy），来关注当地的交通枢纽，以及他们的问题。我发现整天待在办公室的电脑后面是一件很困难的事，我有点习惯了户外工作。直到后来疫情暴发，我还在为 Milbro 公司做一些调查工作，2 月份时，这项工作结束了。后来我在商品菜园工作，然后显然，口蹄疫暴发了，我们当时都很乐观地认为疫情会被扼杀在萌芽状态。口蹄疫病例出现在埃塞克斯郡（Essex）的屠宰场，我想它是后来扩散到了德文郡（Devon）。接着，大家开始追踪疫情[停顿]，直到 3 月 3 日，疫情扩散到坎布里亚郡（Cumbria）。我觉得，1 周以后，至少，甚至当时[强调]，很显然疫情并没有那么严重，但我还是觉得疫情终将被控制。似乎疫情开始出现的地区类似一个三角形。一处疫情发生在 Longtown 的拍卖市场，更早的一起发生在玛丽波特地区，像是形成了一种包围圈的样子，并且嗯……[停顿]

再回到你父母的话题。它是混合农场吗？

是一个奶牛场，我们确实也养一点肉牛，进行贮藏，但它并不是混合农场，是个奶牛场。

你和哥哥都在那儿么？

农场现在是我哥哥的，我只是在这里帮帮忙。

在你成长时？

我忘记了，我还有一个哥哥，我们兄弟三人。我那个哥哥退学以后在这个农场工作了一年，然后他去了另一个农场工作，他现在是一个泥水匠，是个建筑工人。他也离开了农场，所以当时只有我大哥。但凡他做的，他都能得“A”，后来他在隔壁农场工作了一年，然后在 Newton Rigg 学了一个课程，从那以后，他就一直在那个农场了。

那么你的父母呢？你可能当时还太小，以至于不记得 1967 年疫情暴发时的事了吧？

我完全记不得。事实上，在拿 1967 年的疫情和这次口蹄疫暴发相比较前，我完全没有意识到还有这事儿。

你的父母有说过有关 1967 年疫情暴发时的事情吗？

　　没有。1967年的那次疫情并没有真正影响到坎布里亚郡，当时疫情只是到了那里，但并没有怎么影响到那里，当然我的父母也没受到什么影响。但我记得我父母确实没有谈起过1967年疫情的事。现在我爸爸已经70岁了，他也没怎么提起过这事儿。他有点觉得自己现在已经退休了，只是接受了疫情暴发这件事。

图7.6　与Defra工作人员的访谈文字记录

来源：Mort，2006

练习7.3　调查数据的匿名化处理

波兰籍和立陶宛籍工人：工会面临的机遇和挑战，2004～2006（Anderson and Trades Union Congress，2009）

研究背景：该项目由牛津大学移民、政策和社会研究中心（COMPAC）与英国工会联盟（TUC）合作开展。项目调查了一些在英国工作的波兰籍、立陶宛籍工人，这些人曾索取过TUC关于就业权及工会作用的宣传单。这份调查深入探究了波兰籍工人和立陶宛籍工人在英国劳动力市场上曾遇到过哪些困难，还调查了他们加入工会的可能性。具体而言，调查主要针对以下问题：

- 谁是工会成员？或谁想要加入工会？为什么？
- 加入工会时会遇到哪些障碍？
- 潜在的工会会员们在哪里工作？
- 就就业关系和就业条件方面而言，在英国的波兰籍工人和立陶宛籍工人面临着哪些困难？

深入研究该课题的调查报告及问卷（课题编号 6284），请前往 http://discover.ukdataservice.ac.uk/catalogue/? sn = 6284，获取课题相关资料。

现在我们来看看图7.7中所给出的部分数据文件表。该表只给出了10位受访者的数据。为方便展示，表中的所有身份信息都是虚构的。在这些数据表归档前，如何对其进行匿名化处理呢？

Polish and Lithuanian Workers: Opportunities and Challenges for Trade Unions, 2004-2006 (SN 6284), by B Anderson, University of Oxford.
NOTE: all identifying info contained in this sample file is fictional

	w1	w2	w1b		w4a	w4b	w4c									w5	w6	
code	qutype	lang	c_age2	gender	engspea2	engread2	mthswkuk	mthswkho	mthswkot	monwtot	retotmhw	yrswokuk	yrswkhom	yrswkoth	yrewtot	app4reg2	dateapr2	mylasten	ylasten
106p	4	3	33	2	2	2	8	18	0	26	3	0	0	0	0	1	23-Mar-2005	1-Jan-2005	2,005
	4	3	32	1	2	2	18	120	0	138	5	0	0	0	0	1	1-Aug-2004	1-Feb-2004	2,004
129p	4	3	31	1	2	2	0	0	0	0	0	0	0	0	0	1	21-Apr-2005	1-Mar-2005	2,005
15p	4	3	31	1	3	3	12	12	0	24	3	0	0	0	0	1	11-Sep-2004	1-Sep-2004	2,004
196p	4	3	29	1	1	2	12	36	0	48	3	0	0	0	0	1	1-Oct-2005	1-Oct-2004	2,004
202p	4	3	27	1	2	2	7	42	0	49	3	0	0	0	0	1	1-May-2005	1-Feb-2005	2,005
214p	4	3	27	1	3	3	0	60	0	60	3	0	5	0	5	1	1-Apr-2005	0-Jan-1900	888
433p	4	3	23	1	2	2	0	12	24	24	3	0	0	0	0	1	21-Sep-2004	1-Oct-2004	2,004
491i	4	3	22	1	1	2	0	180	0	180	5	0	0	0	0	1	1-Oct-2005	1-Aug-2005	2,005
111p	4	3		2	1	2	12	24	0	36	3	0	0	0	0	1	2-Jun-2004	1-Jun-2004	2,004

w7		w8		w9	w9b	w9d	w9d	w9e	w10a	w10b	w10c		w10d
migproc0	othmigp0	jobukfi2	myjbukfi	yrjbukfi	currwk	empag	wktown	wkccounty	typebus	numwowp1	natwowp1	propna	numwobu1	natwobu2
5		9-Feb-2005	1-Feb-2005	2,005	1	2	Gerrards Cross	Buckinghamshire	pizzeria	8	5	0.6250	63	40
5		0-Jan-1900	1-May-2004	2,004	1	2	Penrith	Cambs	chicken factory	20	11	0.5500	100	25
5		17-Mar-2005	1-Mar-2005	2,005	1	1	Trowbridge	Wiltshire	factory of packages for car parts	30	3	0.1000	40	888
5		4-Nov-2004	1-Nov-2004	2,004	1	2	Peterborough	Cambridgeshire	fruit factory	40	12	0.3000	50	12
5		0-Jan-1900	1-Oct-2004	2,004	1	2	Tunbridge Wells	Kent	restaurant, supermarket	20	4	0.2000	888	888
5		0-Jan-1900	1-Feb-2005	2,005	1	2	Cromarty	Ross Shire	scrap metal	20	5	0.2500	20	5
1		0-Jan-1900	1-Apr-2005	2,005	1	1	Leominster	Hereford	food factory	120	11	0.0917	200	11
5		11-May-2004	1-May-2004	2,004	1	2	Huntingdon	Cambridgeshire	food factory	300	200	0.6667	300	200
5		0-Jan-1900	1-Aug-2005	2,005	1	2	London	London	security	40	40	1.0000	40	25
7	through acquaintances	2-Jun-2004	1-Jun-2004	2,004	1	1	Cambridge	Cambs	kitchen in barracks	30	10	0.3333	777	777

(Continued)

w11	w12	w13	w14			w16			w15	w17	w18	w19	w20a	w20b	w21	
ampcont2	nijob	whyni	whyniot	payhr	paywk	paymth	jobhrs	jobhrsgroup	jobtitle	overtime	bankacc	howpay	payoth	busemp	agemp	foundacc	accoth
2	2	3		0.00	0.00	1,046.00	70.00	4	topping pizzas	4	2	1		1	0	2	
1	1	999		0.00	234.00	0.00	50.00	4	bookings and sending goods to the shops	1	1	3		1	0	1	
2	1	999		5.50	0.00	0.00	40.00	3	welding, gluing, packing	1	1	3		2	2	4	
1	1	999		5.35	0.00	0.00	54.00	4	packing	1	1	3		1	1	3	
1	1	999		4.85	0.00	0.00	60.00	4	pizza chef (caffe uno) and cleaning operative (Tesco -- £6/h)	1	1	3		2	0	1	
2	1	999		4.85	0.00	0.00	50.00	4	almost everything	2	1	3		1	0	1	
1	1	999		0.00	0.00	1,915.16	42.00	3	Arbor Contract Engineers Ltd- machine engineer	2	1	3		1	1	1	
1	1	999		5.80	0.00	0.00	48.00	4	line runner	1	1	3		1	1	1	
1	1	999		6.00	0.00	0.00	50.00	4	security officer	1	1	3		1	0	1	
1	1	999		5.25	0.00	888.63	37.00	3	kitchen porter, sometimes waitress	1	1	3		1	1	2	

w22	w23					
livecond	PROBWK	prob1	prob2	prob3	prob4	prob5
5	1	no work schedule	racism from the manager's side	mobbing	spreading fear	lack of contract or P60
3	1	overtime not paid, bank holidays not paid, no holiday pay, no sick pay	worse treatment			
2	2					
3	2					
4	2					
1	2					
2	2					
1	1	agency took £50 and documents for registration at HO, but they didn't send the money so I couldn't get registered, so I had to fight to get the money back from agency	when I gave the HO registration documents to the factory's office, they disappeared and then reappeared only when I said that I would call the police			
	1	doesn't pay all the salary -- pay several hours to several days less	deduct for travel from agency to the workplace and back -- £3.5 per day (			
4	1	farm -- constantly made mistakes when calculating salary, held passport	frequent mistakes with calculations of payment, we don't understand whether we get paid for overtime or not	payslip is difficult to read	don't inform about our rights and benefits; hide such information	

图 7.7　部分调查数据文件来自关于波兰籍和立陶宛籍工人的工会研究

来源：Corti et al.，2011

───── 练习 7.1　参考答案 ─────

1. 定性访谈与日记研究的同意书

　　回顾性同意书是一个不错的想法，它让参与者有机会决定自己是否愿意把自己的访谈和日记进行归档和共享。研究人员常常担心参与人员不愿意共享他们的数据，但在这个案例中，回顾性同意是很成功的。一个含有敏感数据、机密数据的大型数据集，可以在经过少量的匿名化处理后，被归档。

在一个小项目里，使用大量不同的表格和选择来获取同意，其缺点在于给被访者和研究团队带来了更大的负担。对前者而言，他们不得不完成这些文字材料，而对后者而言，他们不得不管理这些资料。这样可能还会带来一个风险，即无法作为一个整体来访问最终的数据资源，因为不同的要素都有着不同的同意协议。

第二个和第三个同意书提供了多选的文字答案。在日记的同意书中，受访者可以选择开放其数据的日期。虽然这让参与者能更加自由地记录他们自己的意愿，但在提供数据访问时，过多的同意变换方式将带来管理困难。因此我们建议，设定一个大家都同意的数据开放日期。

第一个同意书在方法上不太正式。第二和第三个同意书显得更加正式，读起来更像是法律文件，但可能读着没什么愉悦感。研究人员后来又返回再找到受访者征得其回顾性同意，在这段时间，口蹄疫暴发的政策和法律环境已经发生改变，公众对疫情更加关注和敏感。该团队向一位版权专家寻求专业意见，以帮助起草这些表格中的协议条款。更严格的同意书可能对一些项目有益，但其他项目则可能需要一种更为非正式的协议。

第二种和第三种同意书也规定参与者可以将所有权转让给档案馆。因为大多数数据中心和数据存储库不愿对研究数据的所有权提出要求，因此可采取以下措辞：在此，我授权使用我的日记……

2. 焦点小组研究同意书

另外一些不错的信息表和同意书中有以下几点值得参考：

同意书是一种很简单的形式，它不允许签署者只同意某几项陈述但不同意其他的陈述。但是，它确实非常清晰地阐述了需要参与哪些内容，以及数据将会被共享。对受访和录像可以另外单独征得同意，必要时，允许参与者拒绝录像的决定。

由于该研究需要在选举后继续追踪参与人员，所以如果参与者退出的话，如何处理前面的访谈数据是一个难题。这位研究人员的对策是，在进行实地调查之前，就先征得参与者包括参加项目和进行归档在内的全部同意。他还保留了对被访者前面贡献内容的权利，只允许被访者退出将来的活动。

明确指出版权问题，使最终的出版物和研究成果能够引用参与者的话语。

将这份同意书和英国数据档案馆的同意书样例（图7.8）进行比较。

【项目名】的同意书

请在恰当的方格内打对号。　　　　　　　　　　　　　　　　　是　　否

参与事项

我已于日/月/年阅读并理解了项目信息表。　　　　　　　　　　□　　□

我有机会就项目提问。　　　　　　　　　　　　　　　　　　　□　　□

我同意参加该项目。参加该项目将包括接受访谈并被录音或录像[1]。　□　　□

我了解我参加该研究是出于自愿，我可以在任何时候退出研究，且
不必给出任何理由。　　　　　　　　　　　　　　　　　　　　□　　□

本课题使用我所提供的信息

我了解，我的电话号码、家庭住址等个人详细信息，不会被泄露给
该项目以外的人员。　　　　　　　　　　　　　　　　　　　　□　　□

我了解我所说的话可能在出版物、报告、网页及其他科研产出中被
引用。　　　　　　　　　　　　　　　　　　　　　　　　　　□　　□

请在下面两个选项中二选一。

我同意在上述事项中使用我的真实姓名。　　　　　　　　　　　□

我不同意在上述事项中使用我的真实姓名。　　　　　　　　　　□

在该课题之外使用我提供的信息

我同意将我所提供的数据在英国数据档案馆进行归档[2]。

我了解，其他真正的研究者只有在同意按本文件要求对信息保密时，
才能访问这些数据。　　　　　　　　　　　　　　　　　　　　□　　□

我了解，其他真正的研究者只有在同意按本文件要求对信息保密时，
才可在出版物、报告、网页和其他研究产出中引用我所说的话。

我们可以合法地使用你提供的信息

我同意将我对该项目相关材料的版权转让给（研究者姓名）。　　□　　□

_____　　　_____

参加者姓名　　　　　　[打印]　　　　　　　　　签字　　　　日期

_____　　　_____

参加者姓名　　　　　　[打印]　　　　　　　　　签字　　　　日期

获取更多项目信息的联系方式：姓名、电话、电子邮箱等。

注:

1. 也可列出其他参与形式。

2. 可在此提供更多细节信息，使参与者能就录音、录像和转为文字记录的内容等另外做出决定。

图 7.8 英国数据服务同意书范例

来源：英国数据服务中心（UK Data Service，2013b）

练习 7.2　参考答案

图 7.9 展示了本次访谈中经过匿名化处理的措辞。

坎布里亚郡北部（In North Cumbria）口蹄疫带来的健康影响和社会后果，2001~2003（SN 5407）

M.Mort,兰卡斯特大学(Lancaster University),健康研究所(Insfitute for Health Research)

注：该文字记录中的所有身份信息都是虚构的

访谈对象：Lucas Roberts，DEFRA 工作人员　　　　　　　　批注 [S1]: 标签[V1] 替换为：Ken

访谈日期：2002 年 2 月 21 日

出生日期：1965 年 5 月 2 日　　　　　　　　　　　　　　　批注 [S2]: 标签[V2] 删除

性别：男

职业：一线工人

地址：蒲兰顿，北坎布里亚郡（Plumpton，North Cumbria）　　批注 [S3]: 标签[V3] 删除

Lucas 和他的父母一起住在家里，但当我们在他父母那整洁的小房子里见到他的时候，他说"我希望能尽快搬出去"。我们坐在一间非常舒适的客厅里，房间里燃着明火，Lucas 为我们煮了咖啡并拿饼干招待我们。虽然一开始 Lucas 有些紧张，说话很快，非常警觉，但随着我们的交谈，他似乎放松了很多，也忘记了录音的事情。

批注 [S4]: 标签[V4] 替换为：Ken
批注 [S5]: 标签[V5] 替换为：Ken
批注 [S6]: 标签[V6] 替换为：Ken

我想先请你谈谈你情况，介绍一下你的个人经历。

应该算是农业出身吧，我在哥哥现在的那个农场里长大。中学毕业后，我在农场工作了一段时间，但后来去念了大学，参加了考试，学习怎样把土地用于休闲行业，类似于乡村/环境管理的课程。所以显然，我不再务农了，平时上课，周末回到农场。假期里，我会回到农场工作，直到我在萨福克郡（Suffolk）找到了第一份实习工作。离开的时候我已经 20 出头了，不再是青少年了，那之后我拿到了毕业文凭。再之后，我在贝德福德郡（Bedfordshire）继续深造，并拿到了一个农村资源管理（rural resources management）的学位。后来，我开始从事一个社区林业项目，其实就是在一个天然森林里工作。我在那个岗位上干了 4 年，大概在 1995 年年底回去了。

就乡村管理来说，我个人认为挺难做的，作为一份工作，它的竞争也很激烈。我是把选择放得宽一些，还是专注于此，像一般管理一样，我只是希望能与做环境相关的内容。我和昆布雷公司（Cumbre）合作做了些零碎的工作，也就是现在的 Milbro 公司（Milbro Ltd），它是几年前被私有化的。几年间我和它们断断续续签订了几份合同。有时候我也为环境咨询机构工作，我以一个自由职业者的身份去过德国、斯洛文尼亚，做过各种各样的项目。在此期间，我有一个好朋友在经商商品菜园（market garden）的生意，所以有的时候我也会去他那里工作（笑）。他去度假时，我会去做一些零碎的活儿，所以我觉得我把自己归为给自己干活儿，给自己当老板的一类。这些工作我都持续在做，但确实比较零散。

批注 [S7]: 标签[V7] 替换为：公司
批注 [S8]: 标签[V8] 替换为：公司

我还做过一份研究助理的办公室工作，虽然这也不太像[停顿]就是进行交通咨询（traffic consultancy），来关注当地的交通枢纽，以及它们的问题。我发现整天待在办公室的电脑后面是一件很困难的事，我有点习惯了户外工作。直到后来疫情暴发，我还在为 Milbro 公司（Milbro Ltd）做一些调查工作，二月份时，这项工作结束了。后来我在商品菜园工作，然后显然，口蹄疫暴发了，我们当时很乐观地认为疫情会被扼杀在萌芽状态。口蹄疫病例出现在埃塞克斯郡（Essex）的屠宰场，我想它是后来扩散到了德文郡（Devon）。接着，大家开始追踪疫情 [停顿]，直到 3 月 3 日，疫情扩散到坎布亚郡（Cumbria）。我觉得，一周以后，至少，甚至当时[强调]，很显然疫情并没有那么严重，但我还是觉得疫情终将被控制。似乎疫情开始出现的地区类似一个三角形。一处疫情发生在 Longtown 的拍卖市场，更早的一起发生在玛丽波特地区，像是形成了一种包围圈的样子，并且嗯……[停顿]

> 批注 [S9]: 标签[V9]: 转换为　公司

再回到你父母的话题。它是混合农场吗？

是一个奶牛场，我们确实也养一点肉牛，进行贮藏，但它不是个混合农场，是个奶牛场

你和哥哥都在那儿么？

农场现在是我哥哥的，我只是在这里帮帮忙。

在你成长时？

我忘记了，我还有一个哥哥，我们兄弟三人。我那个哥哥退学以后在这个农场工作了一年，然后他去了另一个农场工作，他现在是一个泥水匠，是个建筑工人。所以他也离开了农场，所有当时只有我大哥。但凡他做的，他都能得 A，后来他在隔壁农场工作了一年，然后在 Newton Rigg 学了一个课程，从那以后，他就一直在那个农场了。

那么你的父母呢？你可能当时还太小，以至于不记得 1967 年疫情暴发时的事了吧？

我完全记不得。事实上，在拿 1967 年的疫情和这次口蹄疫暴发相比较前，我完全没有意识到过这事儿。

你的父母有说过有关 1967 年疫情暴发时的事情吗？

没有。1967 年的那次疫情并没有真正影响到坎布里亚郡（Cumbria），当时疫情只是到了那里，但并没有怎么影响到那里，当然我的父母也没受到什么影响。但我记得我父母确实没有谈起过 1967 疫情的事。现在我爸爸已经 70 岁了，他也没怎么提起过这事儿。他有点觉得自己现在已经退休了，只是接受了疫情暴发这件事。

图 7.9　与 Defra 工作人员访谈转录文档的注释稿

来源：Corti et al.，2011

实际上经过匿名化处理的言辞可能比你自己选择的更少。假名（pseudonym）被广泛地用于替代受访者姓名、亲属、村庄、公司名及广义的出生日期。对于收集到的大多数采访和日记数据，只需要进行最小化的匿名处理即可。我们通过借鉴各种数据使用（包括数据归档）中要求的同意，经过深思熟虑制订了一份的知情同意程序。

练习 7.3　参考答案

尽管调查问卷需要收集各类身份信息，以帮助对各类职业和行业或产业进行编码。但是，数据中的揭示性内容并不会被直接输入到数据表中，并在未来提供共享。尽管收集详细信息有助于进行有效的编码，但信息在被共享前就应进行数值编码，从而避免泄露风险。

- typebus：使用标准行业分类代码（standard industrial classification code，SIC）

来替代详细的描述。

• pademp：使用组织分类标准（SOC）来替换文字描述。

就一些日期变量而言，调查中采集并提交到数据表中的信息，可能比同意书中要求的更为详细：这部分细节后续也应被删除：

• dateapr 2 and mylasten：问卷只要求日期和月份，但是在数据文件中注明了完整的日期，即年/月/日；随后会删除具体日期和月份信息；

详细的地点名会被匿名化处理：

• Wknown and wkcounty：用工作地区来替代真实的地点，如政府办公区。

在自由作答的问题中（free text questions），提到了一些披露性信息；要避免这种情况，可在准备数据共享前，对作答内容进行编码或匿名化处理：

• prob1 和 prob2：可识别的公司名称，如 Seraco、Big Talk Contract LTD、Tottenham、Fowlers and Parmak，都应该被剔除。

参 考 文 献

Anderson, B. and Trades Union Congress (2009) *Polish and Lithuanian Workers: Opportunities and Challenges for Trade Unions, 2004–2006* [computer file], Colchester, Essex: UK Data Archive [distributor], September. SN: 6284. Available at: http://dx.doi.org/10.5255/UKDA-SN-6284-1.

Bishop, L. (2009) 'Ethical sharing and re-use of qualitative data', *Australian Journal of Social Issues*, 44(3): 255–72. Available at: http://www.data-archive.ac.uk/media/249157/ajsi44bishop.pdf.

Broom, A., Cheshire, L. and Emmison, M. (2009) 'Qualitative researchers' understandings of their practice and the implications for data archiving and sharing', *Sociology*, 43: 1163–80, DOI: 10.1177/0038038509345704.

Chatham House (2013) *Chatham House Rule*, Chatham House. Available at: http://www.chathamhouse.org/about-us/chathamhouserule.

Corti, L., Van den Eynden, V., Bishop, L. and Morgan, B. (2011) *Managing and Sharing Data: Training Resources*, UK Data Archive, University of Essex. 82–1.

Division of Health Research (2013) *Sample Consent Forms and Information Sheets*, *Social Science Research Ethics*. Available at: http://www.lancs.ac.uk/researchethics/1-4-samples.html.

DwB (2011) *Data without Boundaries (DwB)*, Data without Boundaries. Available at: http://www.dwbproject.org/.

ESRC (2012) *Framework for Research Ethics*, Economic and Social Research Council. Available at: http://www.esrc.ac.uk/_images/Framework-for-Research-Ethics_tcm8-4586.pdf.

HHS (2005) *The Nuremberg Code*, USA Department of Health and Human Services. Available at: http://www.hhs.gov/ohrp/archive/nurcode.html.

ICPSR (2012) *QualiAnon Tool. DSDR Qualitative Data Anonymizer. Data Sharing for Demographic Research*, ICPSR. Available at: https://www.icpsr.umich.edu//icpsrweb/DSDR/tools/anonymize.jsp.

ICPSR (2013) *Confidentiality Language for Informed Consent Agreements*, ICPSR, University of Michigan. Available at: http://www.icpsr.umich.edu/icpsrweb/content/datamanagement/confidentiality/conf-language.html.

Information Commissioner's Office (2012) *Anonymisation Code of Practice*, Information Commissioner's Office. Available at: http://www.ico.gov.uk/for_organisations/data_protection/topic_guides/anonymisation.aspx.

Information Commissioner's Office (2013a) *Key Definitions of the Data Protection Act*, Information Commissioner's Office. Available at: http://www.ico.gov.uk/for_organisations/data_protection/the_guide/key_definitions.aspx.

Information Commissioner's Office (2013b) *Monetary Penalty Notices*, Information Commissioner's Office. Available at: http://www.ico.gov.uk/enforcement/fines.aspx.

ISO 27001 Directory (2013) *An Introduction to ISO 2700*, ISO 27001 Directory. Available at: http://www.27000.org/iso-27001.htm.

Kozlakidis, Z. (2012) 'Human tissue biobanks: The balance between consent and the common good', *Research Ethics*, 8: 13–23.

Kuula, A. (2011) 'Methodological and ethical dilemmas of archiving qualitative data', *IASSIST Quarterly*: 34(3–4) and 35(1–2): 12–17.

Lane, J., Heus, P. and Mulcahy, T. (2008) 'Data access in a cyber world: Making use of cyberinfrastructure', *Transactions on Data Privacy*, 1(1): 2–16. Available at: http://www.tdp.cat/issues/tdp.a002a08.pdf.

Mauthner, N. (2012) 'Accounting for our part of the entangled webs we weave: Ethical and moral issues in digital data sharing', in T. Miller et al. (eds), *Ethics in Qualitative Research*, 2nd edn. London: Sage. pp. 157–75.

McAfee (2013) *International Privacy and Data Protection Laws*, McAfee. Available at: http://www.mcafee.com/us/regulations/international.aspx.

Ministry of Justice (2011) *Public Sector Data Sharing: Guidance on the Law, Annex H in Data Sharing Protocol*. Ministry of Justice. Available at: http://www.justice.gov.uk/downloads/information-access-rights/data-sharing/annex-h-data-sharing.pdf.

Mort, M. (2006) *Health and Social Consequences of the Foot and Mouth Disease Epidemic in North Cumbria, 2001–2003* [computer file]. Colchester, Essex: UK Data Archive [distributor], November. SN: 5407. Available at: http://dx.doi.org/10.5255/UKDA-SN-5407-1.

National Institutes of Health (2013) *HIPAA Privacy Rule*, National Institutes of Health. Available at: http://privacyruleandresearch.nih.gov/pr_03.asp.

National Research Ethics Service (2012) *Consent Guidance and Forms*, NHS Health Research Authority. Available at: http://www.nres.nhs.uk/applications/guidance/consent-guidance-and-forms/.

Office for National Statistics (2004) *Protocol on Data Access and Confidentiality. National Statistics Code of Practice*, Office for National Statistics. Available at: http://www.ons.gov.uk/ons/guide-method/the-national-statistics-standard/code-of-practice/protocols/data-access-and-confidentiality.pdf.

Pienta, A. and Marz, K. (2012) *The National Addiction and HIV Data Archive Program:*

Navigating Your IRB to Share Research Data, presentation at ICPSR. Available at: http://www.icpsr.umich.edu/icpsrweb/ICPSR/support/announcements/2012/11/video-slides-available-from-webcast-on.

Pinsent Masons (2012) 'NHS Trust facing £375,000 fine over theft of patient data', *Out-law.com*, 12 January. Available at: http://www.out-law.com/en/articles/2012/january-/nhs-trust-facing-375000-fine-over-theft-of-patient-data/.

Press Association (2012) 'Police force fined £120,000 after theft of unencrypted memory stick', *The Guardian*, 16 Oct. Available at: http://www.theguardian.com/uk/2012/oct/16/police-force-fine-theft-memory-stick.

Ramesh, R. (2012) 'Troubled families tsar Louise Casey criticized over research', *The Guardian*, 24 Oct. Available at: http://www.guardian.co.uk/society/2012/oct/24/families-tsar-louise-casey-criticised?newsfeed=true.

Ritchie, F. (2007) *Statistical Detection and Disclosure Control in A Research Environment*, mimeo, Office for National Statistics. Available at: http://doku.iab.de/fdz/events/2007/Ritchie.pdf.

Singer, N. (2013) 'Data protection laws, an ocean apart', *The New York Times*, 2 Feb. Available at: http://www.nytimes.com/2013/02/03/technology/consumer-data-protection-laws-an-ocean-apart.html?_r=0.

The National Archives (1998a) *The Data Protection Act 1998*, The National Archives. Available at: http://www.legislation.gov.uk/ukpga/1998/29/contents.

The National Archives (1998b) *Human Rights Act 1998*, The National Archives. Available at: http://www.legislation.gov.uk/ukpga/1998/42/contents.

The National Archives (2004) *The Environmental Information Regulations 2004*, The National Archives. Available at: http://www.legislation.gov.uk/uksi/2004/3391/contents/made.

The National Archives (2007) *Statistics and Registration Service Act 2007*, The National Archives. Available at: http://www.legislation.gov.uk/ukpga/2007/18/contents.

The National Archives (2012) *Protection of Freedoms Act 2012*, The National Archives. Available at: http://www.legislation.gov.uk/ukpga/2012/9/contents/enacted.

UK Data Service (2013a) *Join Us: Secure Access*, UK Data Service, University of Essex. Available at: http://ukdataservice.ac.uk/get-data/secure-access/join-us.aspx.

UK Data Service (2013b) *Examples of Consent Forms*, UK Data Service, University of Essex. Available at: http://ukdataservice.ac.uk/manage-data/consent-and-ethics.aspx.

UK Data Service (2013c) *Code of Practice. Secure Data Service Members*, UK Data Service, University of Essex. Available at: http://ukdataservice.ac.uk/manage-data/legal-ethical/consent-data-sharing/consent-forms.aspx.

UK Research Integrity Office (2009) *Research Code of Practice*, UK Research Integrity Office. Available at: http://www.ukrio.org/what-we-do/code-of-practice-for-research/.

University of Essex, Institute for Social and Economic Research and NatCen Social Research (2013) *Understanding Society: Waves 1–2, 2009–2011* [computer file], 4th edn. Colchester, Essex: UK Data Archive [distributor], January 2013. SN: 6614. Available at: http://dx.doi.org/10.5255/UKDA-SN-6614-4.

Ustaran, E. (2013) 'Editorial: "Killing the internet"', *Data Protection Law and Policy*, 10(1). Available at: http://www.e-comlaw.com/data-protection-law-and-policy/article_template.asp?Contents=Yes&from=dplp&ID=1055.

Wales Cancer Bank (2007) *Annual Report 2006–2007*, Wales Cancer Bank. Available at: http://www.walescancerbank.com/documents/WCBAnnualReport_2007.pdf.

Wiles, R., Heath, S., Crow, G. and Charles, V. (2005) 'Informed consent in social research: A literature review', *NCRM Methods Review Papers*, NCRM/001. Available at: http://eprints.ncrm.ac.uk/85/.

Winters, K. (2007) *Qualitative Election Study of Britain, 2010* [computer file]. Colchester, Essex: UK Data Archive [distributor], February. SN: 6861. Available at: http://dx.doi.org/10.5255/UKDA-SN-6861-2.

World Health Organization (2008) *Declaration of Helsinki*, World Health Organization. Available at: http://www.who.int/bulletin/archives/79%284%29373.pdf.

第八章

与研究数据有关的权利

所采集的各类数据作为研究项目组成部分被赋予了与文学或艺术作品相同的权利。这些数据包括文本、地图和音像资料，还有数据库结构的信息。这些内容在产生时就有了权利，如著作权，或更加广泛的知识产权（IP）。这使权利人掌控着他们作品的使用权，如复制和改编作品的权利、出租或出借作品的权利、向公共传播作品的权利及授权和转让作品的权利（JISC Legal，2011）。在数据的采集、使用和共享时，应充分考虑到各项权利的相关事宜。

通常这些权利不会引起研究数据共享和再利用方面的问题。如果出现问题，则可能是误用了基于某项协议所获取的数据而造成的，也可能是由于公众申请获取数据所造成的。尽管从法律层面来讲，知识产权领域是非常复杂的，但是，它有助于在知识产权和版权的范围内，理解能基于哪些条件使用、共享和发布原始研究数据，以及第三方来源的数据。

知 识 产 权

知识产权（IP）通常是指个人或组织对其所创造的智力作品所拥有的、被外界认可的专有权。例如，文学、音乐、艺术或戏剧作品，或设计和发现，也可以是手稿、发明、软件、公司或品牌的名称或标识等。知识产权的常见类型包括著作权、专利权、商标权和设计权。其中一些权利需要注册，如专利权，但有些权利不需注册，如著作权等其他权利自作品诞生时就自动产生了（Intellectual Property Office，2013）。授予的专有权利包括在各种市场的出版权利，对产品加工和传播的许可权，以及防止作品在未经授权的情况下复制或非法抄袭的保护权。

在大学等大多数研究机构，机构所拥有的知识产权均来源于所聘请研究人员参与的研究。尽管研究的资助方可能也希望获得一些权利，但在大多数情况下，知识产权归研究人员所有，除非研究产出具有商业价值。如果某项高校研究项目有商业合作伙伴，则可能对研究产出存在共有权利，合作协议或法律合同是处理知识产权的最佳方式。

　　需要注意的关键一点是，在研究开始前，研究人员必须要明确研究数据源的所有权及其他相关权利，包括采集的数据和使用第三方的数据。这反过来会有助于确定未来这些数据的发布和访问方式。

　　两种被认为与研究数据最相关权利类型是著作权和数据库权。

合理使用下的著作权和豁免权

　　著作权是自动赋予作品创作者的一种知识产权。它可以防止未经许可复制和发布原始作品的行为。在未经同意的情况下，著作权不可被剥夺，在没有法律诉讼保证的条件下，不得滥用著作权。除非有合同将著作权另行指定给其他人，或著作权所有者签署了著作权转让文件，否则作品的创作者被自动认定为著作权的第一所有者。

　　根据英国的《1988 年英国著作权、外观设计和专利权法》(the UK Copyright, Designs and Patents Act 1988)(the National Archives，1998)，著作权适用于以下内容：

- 原创的文学、戏剧、音乐或艺术作品；
- 录音、电影、广播或有线电视节目；
- 出版物的版式设计。

　　大多数研究成果，包括电子表格、出版物、文字文件、报告、计算机程序及文学作品，都受著作权保护。但是，事实并不受著作权保护。要申请著作权，相关作品必须是原创的，并且是以固定的物质形式存在的，如书面形式或记录的形式。思想观点或未经记录的演讲等内容是不享有著作权的。著作权的有效时限取决于作品类型，表 8.1 进行了简单列举。

　　通常，在复制数据前，需要获得著作权所有者的版权许可。幸运的是，许多国家都有"合理使用"豁免权，基于该权利，以非商业性的教学或研究为目的，或在个人学习中，或在评论和新闻报告中，数据可以被部分复制且不侵犯著作权。这适用于文学、戏剧、音乐或艺术作品。应承认所使用的数据源、数据发布方和版权所有者。

　　以合理使用(fair dealing)为前提，按照合理的比例，对作品部分复制的限定，只适用于图书馆员制作副本或代表图书馆员制作副本，这并不适用于研究人员和学生的复制行为（Copyright Licensing Agency，2013）。合理使用原则规定，合法的数据使用者可以非商业的目的、以教学和研究为目的复制材料中的内容。因此，根据合理使用的概念，仅以研究为目的使用数据，不侵犯任何权利。合理使用原则也存在于加拿大和澳大利亚等其他国家。

表 8.1　英国版权法保护下的版权周期

作品类型	版权周期
文学艺术作品	版权终止于作者死亡之日历年底起算的 70 年期满
音频录音	自制作、出版、放映或向公众公开之日历年底起算的 50 年期满
版面安排	自首次出版之日历年底起算的 25 年期满
皇家版权	自首次出版之日历年底起算的 50 年期满或自创作之日历年底起算的 125 年期满
数据库版权	自创作或出版之日历年底起算的 15 年期满
未出版的作品	1989 年 8 月 1 日前未出版的作品，或在 1989 年 8 月 1 日至 2005 年 12 月 31 日期间创作的作品，无论作品创作于何时或其作者何时死亡，版权保留至 2039 年 12 月 31 日

来源：英国版权服务中心，2009。

在美国，版权法特例具体体现在"正当使用"（fair use）中，辩护允许对受版权保护的资源进行有限使用，如用于评论、批评、新闻报道、研究、教学、图书馆存档及学术活动时，无需征得版权所有者同意（USA Copyright Office，2013）。这虽然与合理使用（fair dealing）有相似之处，但"正当使用"并不是"合理使用"的同义词，因为"正当使用"并没有一套严格的防护机制（set of defences）。

尽管各国版权法在具体内容上有所不同，但《保护文学和艺术作品伯尔尼公约》（简称《伯尔尼公约》）规定了各国间关于知识产权（版权和著作人身权）的共同框架协议（UK Copyright Service，2013）。该公约最早于 1886 年通过，由世界知识产权组织（WIPO）负责执行。相比研究人员和学生，《伯尔尼公约》在实际操作中更倾向于保护版权所有者的利益。

在欧洲，《欧盟版权指令》（*EU Copyright Directive*）的制定旨在协调版权和特例之间的关系，并在将法令纳入本国立法范畴的成员国中，实施 WIPO 版权法协议。然而，目前在欧盟各国实施的国家立法中，对教育、研究和图书馆方面的版权法例外或限制尚未统一。一项在四个欧盟国家间开展的法律调查显示，英国与欧洲大陆国家的版权法存在差异。在英国，版权法的门槛相对较低，作品和实时数据更容易得到版权保护，申请版权的关键标准是"努力"。而欧洲大陆国家的门槛则高出许多，独创性和创造力均为申请版权的必要条件（CIER，2011）。

受英国版权法保护的作品种类列举（Charlesworth，2012）

- 文学作品：原创且形式固定的作品，如小说类和非小说类图书、期刊、报纸、杂志、信件、电子邮件、网页等；若口述内容能够以书面形式或其他形式被记录，亦可归入文学作品。
- 艺术作品：绘画作品、照片、雕塑、拼贴画、地图、图表和平面图等。
- 音频资料：记录在各种媒介上的可播放的声音。
- 视频：可播放动态图像的媒介。
- 广播：所有能合法地被公众接受的传输信息。

数据库权利

数据库相关权利的处理方式有所不同。如果信息以结构化形式组织和存储在数据库中，那么除了数据库内容的版权，其结构也拥有数据库权利。根据英国1997年《版权和数据库权利条例》（*Copyright and Rights in Databases Regulations*）规定，数据库是以系统的、有条理的方式所组织的独立作品的集合（The Nation Archive，1997）。数据库权利被保护并奖励数据库的开发和编排。一个数据库会受到版权和数据库权利的双重保护。要申请数据库权力，数据库必须是以原创的方式在内容的获取、校验核实或编排呈现方面投入了实质性智力而取得的成果。尽管简单地将数据录入到电子表格中不能算是实质性投入，但对多源信息的翻译、整合和编码基本上就可归为实质性智力投入了。除了收集信息，数据库的选择和编排都需要消耗作者的时间、技能和劳动力。数据库权是一项理所当然应该享有的权利，保护数据库不被未经授权的抽取，避免数据库内容在未经授权的情况下再次被利用。

大多数的数据库权自数据库创建或发布之日起开始，有效期持续15年，然而，对于一些复杂的数据库而言，尽管其内容具有直观性，但其数据库结构本身可被归为一种文学作品，因此，它们也可以像文学作品一样拥有70年的版权。对于数据库内容的保护，《欧盟数据库指令》（*European Union Database Directive*）对一些欧洲国家采用了与英国相同的方式（Europa，1996）。

若有研究人员希望利用某个数据库中的部分数据及这些数据的结构，去创建一个新数据库，那么在发布这些数据前，他们应当获取明确的版权和数据库权利许可。

有关知识产权的归属及转让的有用信息

- 一旦原创作品以固定形式存在于某种有形物体上（书写或录制），该作品的作者或创作者自动享有作品的版权。
- 观点或未记录的演讲不具有版权。
- 在一本书出版之前，其原始手稿就已经有版权了。
- 若一个作品有多位创作者，则默认该作品版权归全体创作者共同所有。
- 雇佣过程中创作的作品，版权依法归雇主所有，有相反协议的除外；事实上，许多学术机构会把研究材料和出版物的版权给予研究人员；研究人员也应了解其所属机构如何进行版权分配。
- 对于博士研究生所从事的研究，由于博士研究生并非研究机构的雇员，因此数据及其成果的版权归博士研究生而非机构所有。
- 对于合作完成的研究或衍生数据，版权归所有研究人员和参与机构共同所有。
- 通过记录或将研究访谈内容转化为文字而采集到的数据，版权均归研究人员所有，但每位发言者都是其访谈中被记录言辞的作者（Padfield，2010）。
- 如果研究人员希望发表大量访谈摘录，最好能通过签署同意书的方式取得访谈者的版权转让。
- 复制或出版数据，必须获得权利所有者的权利许可，以研究为目的的数据分析和使用除外。
- 根据"合理使用"的例外，在承认数据来源、数据发布方和数据所有者的情况下，以非商业目的复制数据，不属于侵犯版权。
- 版权所有者可进行版权转让，但只能以书面形式，通过转让文件，即"转让书"进行转让。
- 可对著作权的归属进行出售和遗赠（转让和继承），与实物的所有权无关；版权的转让不影响其有效时限。
- 一个数据库的内容受到版权的保护，结构受数据库权利的保护。
- 在英国，根据1988年《版权、设计和专利法案》（*the Copyright, Designs and Patents Act 1988*），作品的创造者还享有精神权利，赋予作品创造者作品作者或创作者身份的权利。作者须以书面形式声明享有该权利，且精神权利通常与著作权的有效期相同。
- 发表权等同于著作权，用以奖励编辑其他研究作品时所作出的创造性贡献，如基于那些版权已失效但未曾出版过的史料来源，转录或发布一个新数据库时即可享有该权利。

JISC Legal（2011）、英国社会科学院和英国出版商协会（the Publishers Association, 2008）以及 Korn 等（2007）还提供了更多关于学术界著作权的信息。

信息自由立法：你的责任

人们有权要求访问公共机构拥有的信息记录，这其中包括大学或研究机构的研究数据。许多国家都制定了某种形式的信息自由法，旨在确保公共部门的问责制和有效管理。2003 年，欧盟针对公共部门信息的再利用问题发布了一项指令（European Union, 2003）。该指令现已在欧盟各成员国的国家立法中陆续实施。早在 1966 年，时任美国总统 L. B. Johnson 就通过了《信息自由（FOI）法案》，但该法案只适用于联邦机构（USA Department of Justice, 2013）。

在英国，《信息自由法案》的设立旨在增加公共机构的行政透明度，法案生效已十年有余（The National Archives, 2000）。该法案要求所有公共机构都拥有经信息专员办公室（ICO）批准通过的信息公开计划，并要求根据该计划公开相应的信息。计划应明确，机构承诺例行开放的数据类别，如政策和规程、会议纪要、年度报告和财务信息等（ICO, 2013）。基于《信息自由法案》，研究数据可被申请并依法提供给任何人，但数据的版权和知识产权仍归原研究者所有。

尽管支持开放是普遍态度，但英国的相关法案中还规定了一些特例，如：

- 不得申请关于尚在世个人的个人数据，除非是自己的数据；
- 通过网站等其他途径可以访问的信息；
- 有意在未来出版的信息；
- 保密协议中限制的信息，如签署知情同意书中的信息，或数据仓储所持有的限制访问的敏感数据；
- 发布将损害合法商业利益的相关信息；
- 在苏格兰，有出版时间表和明确出版意图的有限项目研究的信息；英国政府计划对此实施豁免（Matthews, 2012）；
- 若保密信息对公众利益的益处大于公开信息。

数据不可能永远被隐藏，若数据被申请开放，但未在当时公开的话，应假定数据可能被再次申请公开，同时采取措施确保数据不被损坏。

最近有一些备受瞩目的案例，依据《信息自由法案》申请访问英国高校所拥有研究数据。

依据英国《信息自由法案》要求访问研究数据

"高校被要求提交树木年轮数据"

位于英国贝尔法斯特的女王大学被英国信息委员会委员告知要求提交用于气候研究的 40 年来的树木年轮研究数据。这是一项持续事件的最新进展，"气候怀疑论者"试图从研究人员，特别是那些努力了解过去气候的研究人员那里，获取原始数据和研究方法文件（BBC，2010）。

"科学家隐藏气候变化数据触犯法律：但是法律漏洞意味着他们不会被起诉"

英国隐私委员会已做出裁定："气候门"（Climategate）邮件丑闻中的科学家拒绝公开原始数据的行为构成违法。英国信息专员办公室表示，英国东英吉利大学的研究人员在处理气候变化怀疑者的要求时违背了《信息自由法案》（*the Freedom of Information Act*）（Derbyshire，2010）。

"Philip Morris 公司：烟草公司利用《信息自由法案》获取机密科研数据"

Philip Morris 国际公司试图迫使英国斯特灵大学提交该校采集的超过 10 年的青少年吸烟和香烟包装有关的机密数据。2011 年 6 月，苏格兰信息专员办公室认为，高校以"申请系无理取闹"为由拒绝提供相关信息的理由不成立，责令其另行做出回复。学校此后以此举成本过高为由而拒绝了申请（Hough，2011）。

最后 Philip Morris 公司放弃了这个请求，但并非是由于缺少法律依据，而是考虑到损害了公共关系。

总之，研究者最好能有计划地发布研究数据，如通过数据管理计划，而不是毫无准备地接受《信息自由法案》的要求。在本章引述的案例发生后，同时也考虑到《信息自由法案》可能造成尚未通过同行评审的研究被公众或记者错误地解读，英国政府在 2013 年初同意对信息自由引入一项法豁免政策来避免对外公开尚不成熟的研究数据（Matthews，2012）。

针对研究者如何处理和应对研究数据的信息公开请求，JISC 为他们制订了一套很有帮助的问答资源（Charlesworth and Rusbridge，2012）。一般来说，第一步就是联系所在地机构的 FOI 工作人员。

另外，研究人员也可以将 FOI 作为一种数据收集方法，来为其自身研究获取关键的信息和材料（Bourke et al.，2012）。

2004 年环境信息法规

与《FOI 法案》类似，针对环境信息的需求，《环境信息法规》（EIR）立法赋予了公众获取包括大学在内的公共该机构所拥有的环境信息的权利（The Nation Archives，2004）。获取了自由权并不意味着可以自由获取。在一些情况下，请求一定会被拒绝，如当数据包含个人信息时。

该立法中所指的环境信息包括：

- 环境因素的状态：空气和大气、水、土壤、土地、地貌、自然遗迹、生物多样性及组成部分、转基因生物，以及这些要素间的相互作用；
- 物质、能量、噪声、辐射、废料、气体排放物、污水排放及其他排入环境的物质等因素，以及影响或可能影响了环境的因素；
- 政策、立法、计划、方案、环境协议等措施，影响或可能影响上述要素的活动的措施，以及旨在保护那些要素的措施或活动；
- 关于环境立法执行状况的报告；
- 相关措施和活动框架内所使用的成本效益及其他经济分析和假设；
- 人类健康和安全状况的相关信息，包括食物链的污染情况、人类生活条件，以及受到或可能受到环境因素状态影响的文化遗迹和建筑结构。

共享数据与许可

如果研究人员希望通过出版或传播的方式来共享研究数据，则需要明确所有的版权所有者，并为要共享的数据授予必要的版权许可。有时研究人员可能没有共享数据的权利，如数据是基于特定的附加使用条件而获取的。数据发布者，无论是数据中心、数据仓储或知识库，通常并不奢望对其所发布或提供访问的数据资源拥有权利。相反，研究人员或数据生产者将保留其数据的版权，并给予数据中心一种"非独家"的再发布许可。所有对数据资源拥有版权的人都需要同意存储条款。没有恰当的许可协议，数据中心或机构知识库就无法对数据提供合法的开放。数据中心的政策通常规定了数据使用的条款和条件，如在使用数据时，应如何承认和引用这些数据，对数据中参与者信息保密的需要，以及是否允许商业使用。

如果数据集的生成使用了多源数据，那么正确地分配版权就变得尤为重要，如数据已被其他研究人员购买或借用。尚无明确的第三方组织来代表研究者就权利进行协商谈判，这与英国表演专利协会（Performing Rights Society）不同，该协会负责管理公开表演和音乐作品广播等权利。多数情况下，研究人员需联系版权所有者并达成协议，在协议和许可中规定数据复制的条款和条件。这可能涉及费用问题。

版权有效期可能会超出版权所有者的生命期限，不论所有者是个人或公司。最可取的办法是预先做出明确规定，规定在所有者死亡或公司倒闭的情况下，将权利转让给已知的第三方。这将防止将来出现"孤儿"作品（"orphan"works）。

在共享数据时，需考虑自己希望其他研究人员或学生如何再利用数据。可通过授权规定数据用途的方式来实现。尽管法定代理人可制订各种类型的授权许可以实现特定的要求，但针对数据共享，目前已有了许多类型的授权许可。多年前，英国数据档案馆就有再发布授权许可了，如英国数据服务中心使用的数据许可证（UK Data Service，2013）。还有其他一些在共享范围上更加广泛的授权许可，包括知识共享（Creative Commons，CC）、开放数据共享（Open Data Commons，ODC）及政府开放授权（Open Government Licence）。Ball（2012）对数据资源授权许可制订了指南。

尽管知识共享许可协议适用于一些数据集，但不建议在数据库方面使用它。开放数据共享许可证更适用于数据库，因为它考虑到了数据库权利，既包括数据库的实体关系模型，也包括数据库内容。开放数据共享开放数据库许可协议（The Open Data Commons Open Database License，ODbL）规定，可对数据库进行复制、发布、修改，并为之定制作品，协议要求完整署名，承诺对所有改编版本以"相同方式共享"的方式进行开放（Open Data Commons，2013）。

知识共享许可协议（Creative Commons Licences）

知识共享（CC）许可协议适用于通用数字内容，如文本、图像或视频。该协议使创作者能够简便地表明其希望保留的权利，以及为了他人再利用知识产权而愿意放弃的权利（Creative Commons，2013）。大部分知识共享许可协议都有一项"署名"（attribution）条件，这意味着当一份作品被复制、发布、展示或表演时，应给予创作者应有的名誉和声望。此外，一些附加条件是可以选择的："非商业性"（non-commercial）表明作品不得用于商业用途；"相同方式共享"（share alike），表明作品的衍生作品必须遵守与原始作品同样的许可协议；"禁止演绎"（no derivatives）表明禁止对原作品进行修改、转换或以原作品为基础进行再创作。具体规定了署名的6种不同的知识共享许可协议，如图8.1所示。

知识共享还提供CCO协议（creative commons O）来对外发布作品，且不保留任何权利。CCO无需署名，无条件使用、发布和再次发布。不建议使用这种方式来共享实质性研究数据。

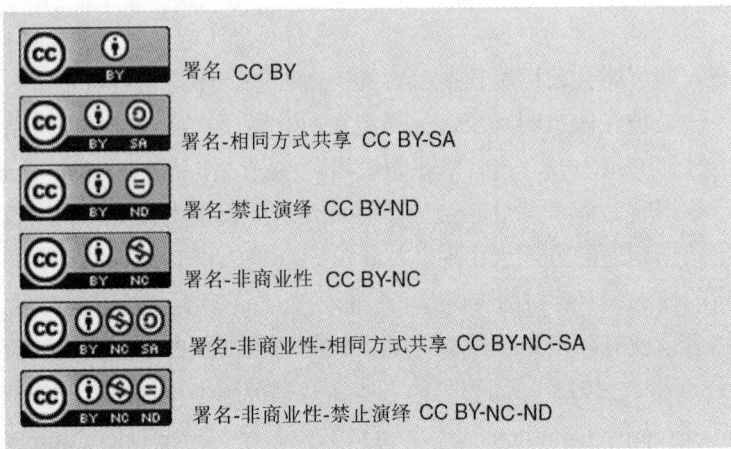

图 8.1　几种有署名的知识共享许可协议（Creative Commons Licences）

来源：Creative Commons，2013

───── **练习 8.1　版权场景和解决方案** ─────────────────────

该练习给出了研究人员在搜集和处理数据时可能遇到的一些场景。请你为下述场景提供解决建议，并谈谈该场景涉及了哪些方面的权利，以及如何解决这些问题。

场景 1　与公司董事访谈

一位研究人员与公司董事们就职业问题进行了访谈，并对此进行了录音，随后自己逐字转化为文字记录。该研究人员对这些资料进行了分析，并将资料提供给了一个数据仓储。然而，该研究人员并未取得被访者签署的版权转让许可。那么，在这些数据提交的过程中涉及哪些权利问题呢？

场景 2　将纸本作品转为电子表格

一位研究人员将纸本作品中的大量统计数据信息转成电子表格的形式。这一过程相当于直接复制，几乎未改动原作品。该纸本书籍版权仍在有效期。这项研究中涉及哪些权利问题？

场景 3　公共领域的数据

研究人员研究了过去 10 年间媒体对与肥胖症相关健康问题的报道。研究主要通过免费的报纸网站和图书馆资源来获取与主题相关的文章。研究人员将这些文章或摘录复制到一个数据库中，并根据内容分析的各种条件进行编码。研究人员能在不违反版权法的情况下使用这些公共数据吗？这一数据库能够被存档并共享给其他研究人员吗？

场景 4　档案数据

一位研究人员使用了通过 ZACAT/6ES1S——德国莱布尼茨社会科学研究所（Leibniz Institute for the Social Sciences in Germany）获取的国际社会调查项目（ISSP）的数据。这些数据对注册用户免费开放。该研究者将部分 ISSP 的研究数据整合到一个包含有他自己研究数据的数据库中。该数据库可以被放在研究者的网站上吗？

场景 5　媒体数据库

一位研究人员使用 LexisNexis 数据库获取资源，收集了《卫报》在过去十年间刊载的关于英国首相的文章。该研究人员将这部分数据转录到数据库中，以便进行内容分析。随后，该研究人员将含有转录原文的数据库副本提供给了一家数据中心。这些转录数据可被提交用于共享吗？

场景 6　数据中心获取的数据

研究人员使用了从英国数据档案馆获得的国家饮食和营养调查（NDNS）数据。NDNS 数据受皇家版权保护。研究人员对 NDNS 数据进行了处理（过滤、集成和汇总数据变量，并保留了个人记录），并使用处理过的数据对食物链风险进行了建模分析。研究人员希望将用作建模的数据和建模代码在英国数据档案馆进行归档，可能引起哪些问题？

场景 7　调查问题

研究者希望再次利用已有调查问卷中的一组问题，来比较新调查和原始调查结果的异同。

场景 8　第三方与授权数据

斯德哥尔摩环境研究所（SEI）的研究人员创建了一个名为农村社会及环境状况数据库（SECRA）的集成空间数据库。该数据库包含了 2001 年英格兰农村人口普查范围更大的跨输出地区（SOAs）的社会、经济和环境特征。数据库使用了多个第三方数据源，一些数据获得了使用许可，如 2001 年人口普查数据、土地覆盖地图数据，以及来自土地登记局、汽车协会、皇家邮政和英国鸟类学会的数据等，最终导出的数据经过计算被映射到 SOAs 上。研究人员希望发布该数据库，使之得到更为广泛利用。

练习 8.1　参考答案

场景 1　与公司董事访谈

解决方案：在这一案例中，公司董事拥有他们话语的版权，而研究人员对访谈转录材料拥有版权。

　　不论是在出版物中大段引用数据的内容，或是对存档采访文字记录进行归档，都将侵犯受访者话语的著作权。尽管许多受访者可能不会在意这类版权，但在本案例中，公司董事们分享了与他们事业相关的信息，他们可能希望行使这部分内容的版权。例如，他们以后可能会撰写自己的回忆录。

　　如果研究人员希望发布数据中的大段摘录，或对文字记录稿进行归档，最好是向受访者征求访谈内容的版权转让。

　　场景 2　将纸本作品转为电子表格

　　解决方案：严格来讲，研究人员应在转录前明确版权归属。如果作品仅供个人使用，可被视为"合理使用"（fair dealing），但如果新建的数据集将进行归档和传播，则必须向版权拥有者获得版权许可。

　　场景 3　公共领域的数据

　　解决方案：即使获取的文章源于公共领域，仍受到版权保护。尽管研究人员可以个人研究为目的使用这些信息，但在未征得报纸同意的情况下，不能对文章进行归档，否则将侵犯版权。

　　场景 4　档案数据

　　解决方案：尽管 ISSP 的数据对所有研究人员免费开放，可将这些数据录入数据库中用于个人分析。但这并不意味着可以在网站上发布这些数据并将其提供给他人。在将该数据集放到网站前，必须征得数据所有者的同意许可。

　　场景 5　媒体数据库

　　解决方案：研究人员不能共享这些数据源，因为他们没有原始资料的版权。数据中心也不能接受这些数据，因为接受这些数据将侵犯版权。需要版权所有者（在本案例中是《卫报》和 LexisNexis）提供归档同意书。

　　场景 6　数据中心获取的数据

　　解决方案：经过加工处理的研究数据存在共有版权，其版权归该研究人员和英国政府版权机构共同所有，后者享有 NDNS 数据的版权。该研究者必须声明对建模数据具有共有版权，无需获得英国政府版权机构的进一步许可。

　　在研究人员从英国数据档案馆获得 NDNS 数据时所签署的终端用户许可中有特别声明："对新数据集提供存储服务，包括由档案馆提供数据派生得来的新数据集，或由档案馆提供数据与其他数据重组形成的新数据集"。因此，英国数据档案馆可以通过联合版权声明来对研究人员加工处理过的数据进行归档；但是其他数据中心或知识库可能无法执行此操作。

　　场景 7　调查问题

　　解决方案：当版权归委托机构、设计机构或执行调查的机构所有时，应假定所有调查问题和工具都受到版权保护。

因此，我们的建议是直接联系版权所有者，尝试获取复制调查问卷内容进行再次使用的权限。根据我们的经验，版权持有者通常都会同意授权。一些调查问卷涉及测量量表及问题分组或分类体系。制订这些工具的机构或公司享有相关版权，未经许可，不得复制这些工具。多数情况下，与这些工具相关的版权声明都会印在问卷页上。

场景8 第三方与授权数据

解决方案：尽管数据库不含第三方原始数据，只有派生数据，但共同版权仍由 SEI 和第三方版权所有者共享。研究人员已经向每位数据所有者征求了发布数据的许可，第三方数据的版权均在证明文件中说明，因此该数据库可以被发布。

参 考 文 献

Ball, A. (2012) *How to License Research Data*, DCC How-to Guides, Digital Curation Centre, University of Edinburgh. Available at: http://www.dcc.ac.uk/resources/how-guides.

BBC News (2010) 'University told to hand over tree ring data', *BBC News Online*, 19 April. Available at: http://news.bbc.co.uk/1/hi/northern_ireland/8623417.stm.

Bourke, G., Worthy, B. and Hazell, R. (2012) *Making Freedom of Information Requests: A Guide for Academic Researchers*, UCL Constitution Unit, University College London. Available at: http://www.ucl.ac.uk/constitution-unit/research/foi/foi-universities/academics-guide-to-foi.pdf.

British Academy and the Publishers Association (2008) *Joint Guidelines on Copyright and Academic Research*, British Academy and the Publishers Association. Available at: http://www.publishers.org.uk/images/stories/AboutPA/Joint_Guidelines_on_Copyright_and_Academic_Research.pdf.

Charlesworth, A. (2012) *Intellectual Property Rights for Digital Preservation*, DPC Technology Watch Report 12–02, Digital Preservation Coalition. Available at: http://dx.doi.org/10.7207/twr12–02.

Charlesworth, A. and Rusbridge, C. (2010) *Freedom of Information and Research Data: Questions and Answers*, JISC. Available at: http://www.jisc.ac.uk/publications/programmerelated/2010/foiresearchdata.aspx.

CIER (2011) *The Legal Status of Research Data in the Knowledge Exchange Partner Countries*, Centre for Intellectual Property Law (CIER), Utrecht University. Available at: http://knowledge-exchange.info/Files/Filer/downloads/Primary%20Research%20Data/Legal%20Status%20Research%20Data/KE-CIER_Report_legal_status_of_research_data_Final.pdf.

Copyright Licensing Agency (2013) Available at: http://www.cla.co.uk/.

Creative Commons (2013) *About the Licenses*, Creative Commons. Available at: http://creativecommons.org/licences.

Derbyshire, D. (2010) 'Scientists broke the law by hiding climate change data: But legal loophole means they won't be prosecuted', *Mail Online*, 28 January. Available at: http://www.dailymail.co.uk/news/article-1246661/New-scandal-Climate-Gate-scientists-accused-hiding-data-global-warming-sceptics.html#axzz2KXjDIc00.

Europa (1996) *Access to European Law*, Europa. Available at: http://eur-lex.europa.eu/
　　LexUriServ/LexUriServ.do?uri=CELEX:31996L0009:EN:NOT.

European Union (2003) *Re-use of Public Sector Information Directive 2003/98/EC, OJEU,
　　L345/90*, Europa. Available at: http://ec.europa.eu/information_society/policy/psi/
　　docs/pdfs/directive/psi_directive_en.pdf.

Hough, A. (2011) 'Philip Morris: Tobacco firm using FoI laws to access secret academic
　　data', *The Telegraph*, 1 September. Available at: http://www.telegraph.co.uk/health/
　　healthnews/8734295/Philip-Morris-tobacco-firm-using-FOI-laws-to-access-secret-
　　academic-data.html.

ICO (2013) *What Information do we Need to Publish?*, Information Commissioners
　　Office. Available at: http://www.ico.org.uk/for_organisations/freedom_of_
　　information/guide/publication_scheme.

Intellectual Property Office (2013) *Types of Intellectual Property*, Intellectual Property
　　Office. Available at: http://www.ipo.gov.uk/types.htm.

JISC Legal (2011) *Copyright and Intellectual Property Law*, JISC Legal Information
　　Service. Available at: http://www.jisclegal.ac.uk/LegalAreas/CopyrightIPR.aspx.

Korn, N., Oppenheim, C. and Duncan, C. (2007) *IPR and Licensing Issues in Derived
　　Data*, JISC. Available at: http://www.jisc.ac.uk/media/documents/projects/
　　iprinderiveddatareport.pdf.

Matthews, D. (2012) 'Research data win exemption from FoI Act', *Times Higher
　　Education*, 6 December. Available at: http://www.timeshighereducation.co.uk/422049.
　　article.

Open Data Commons (2013) *Open Data Commons Open Database License (ODbL)*,
　　Open Data Commons. Available at: http://opendatacommons.org/licenses/odbl/.

Padfield, T. (2010) *Copyright for Records Managers and Archivists*, 4th edn. London:
　　Facet Publishing.

The National Archives (1997) *The Copyright and Rights in Databases Regulations 1997*,
　　The National Archives. Available at: http://www.legislation.gov.uk/uksi/1997/3032/
　　contents/made.

The National Archives (1998) *Copyright, Designs and Patents Act 1988 (c. 48)*, The
　　National Archives. Available at: http://www.legislation.gov.uk/ukpga/1988/48/
　　contents.

The National Archives (2000) *Freedom of Information Act 2000*, The National Archives.
　　Available at: http://www.legislation.gov.uk/ukpga/2000/36/contents.

The National Archives (2004) *The Environmental Information Regulations 2004*, The
　　National Archives. Available at: http://www.legislation.gov.uk/uksi/2004/3391/
　　contents/made.

National Archives. Available at: http://www.legislation.gov.uk/uksi/2004/3391/
contents/made.

UK Copyright Service (2009) *Copyright Duration*, Fact sheet P-01, UK Copyright
　　Service. Available at: http://www.copyrightservice.co.uk/copyright/p01_uk_copyright_
　　law#duration.

UK Copyright Service (2013) *International Copyright Law: The Berne Convention*, UK
　　Copyright Service. Available at: http://www.copyrightservice.co.uk/copyright/p08_
　　berne_convention.

UK Data Service (2013) *Help with the Licence Agreement*, UK Data Service. Available at: http://ukdataservice.ac.uk/deposit-data/support/regular-depositors/licence.aspx.

USA Copyright Office (2013*) Copyright*, USA Copyright Office. Available at: http://www.copyright.gov/.

USA Department of Justice (2013) *Freedom of Information Act Resources*, USA Department of Justice. Available at: http://www.justice.gov/oip/foia-resources.html.

第九章

合作研究：研究团队和研究管理者的数据管理策略

大规模研究和协作研究变得愈发普遍，除了研究生项目外，单一高等学校范围内的小规模研究逐渐减少。许多合作研究项目都基于多个机构间的合作甚至跨国、跨学科的合作。然而，这也为数据管理工作带来了更多挑战，如不同合作伙伴和研究机构间研究数据的共享存储、访问和转化等。

在大型项目和研究中心中，协调和精简数据管理工作是一项重要的任务。2011年，一项针对1329名研究人员数据共享实践的调查显示：总体而言，不论长期或短期，机构在数据管理方面都未能为研究人员提供足够的技术支持、资金或培训（Tenopir et al., 2011）。然而，这些项目机构或研究中心的管理人员可以通过一个协调政策、最佳共享实践、工具、基础设施和培训的数据管理框架来支持研究人员。这其中可以包括：向研究人员提供一个虚拟的研究环境或共享的研究空间，进行研究数据和相关文档的共享；提供与数据管理的相关指南、模板和关键政策指标；在整个研究过程中，追踪已创建、已获取的数据，来制订和实施数据管理措施。类似的框架同样适用于研究机构或高等学校。

标准程序、协议和政策

专业的、有组织的中心研究协调对研究中心和大型合作项目大有益处。这能为规划和实施数据管理与共享活动提供重要的资源投入。数据管理的集中式管理办法既提供了规模经济，又为最佳共享实践提供了一种持久的框架。

集中式数据管理有许多显而易见的好处，包括：

- 研究人员可共享彼此间可取的操作实践和数据管理经验，从而拓展中心的能力，也为中心建设集体性知识和资源；新人可基于这些共享的专业知识，迅速地展开高质量的数据实践活动；
- 通过制订标准化的数据政策和程序来构建统一的数据管理办法，如文件命名或知识产权；
- 随时追踪数据项目和数据拥有者，特别是研究人员变动频繁时；

- 在中心地点存储和备份数据；
- 使研究人员和机构工作人员了解与研究数据相关的职责、责任、资助方和法律要求，能方便获取相关信息；
- 确保将数据管理成本纳入经费建议书中。

从集中层面上构建共享程序和参考资料，有助于激发数据管理和共享活动方面积极的文化氛围。这部分内容在"使用数据管理资源库"部分详细论述。同时，研究人员承担了管理他们自己研究数据的最终责任。但需要思考的是，研究人员和辅助人员是否具备各种数据管理的必要技能，或是否需要为他们提供一些培训。

在基础设施方面，研究中心或项目应当思考研究数据应存放在哪里，包括短期和长期。对短期来说，在机构的服务器空间存放无疑是直接解决方案；而就长期而言，存储应更多考虑专门的数据存储仓库。跨机构研究则需要一个协同的研究存储空间，这部分内容将在本章后面的部分叙述。

构建资源库，即一个能存放追踪生产研究数据的文档和工具的地方，有助于构建一个数据管理的协同框架。

使用数据管理资源库

研究中心可以将位于内部站点、网站、维基、共享网络驱动器或虚拟研究环境中任意位置的研究者及相关人员的所有数据管理和共享规划资源集中起来。这样一个资源库可以包含中心制订和开发的相关数据政策和指南文件、模板、工具及模型，以及外部的政策和指南资源，或关键文件的链接。资源可以是研究中心制订的，也可以是某位研究人员或某个项目的优秀实践，可作为他人的范例，如此一来，优秀的实践可被大家共享。

一个资源库可包含两类资源：针对项目的本地资源；其他则是外部的、涉及更高层面政策和程序的内容。

本地创建的文件

这部分资源包括：

- 中心范围内的数据清单；
- 本地关于数据共享的声明或政策；
- 数据管理方案样例；
- 与数据有关的本地法律、法规信息；

- 有关研究数据及成果版权的说明；
- 机构 IT 数据管理和现有备份程序的说明；
- 数据存储、文件共享和传输流程相关的安全政策；
- 标准数据格式建议；
- 涉及特定数据类型时，关于数据保留和销毁的说明；
- 数据采集和数据录入的质量控制标准；
- 数字化及转录操作指南；
- 文件命名和版本控制指南；
- 每个项目的数据清单，包括角色和职责（表 9.1）；
- 考虑到数据共享的同意书和信息表模板；
- 伦理审查表格的样例；
- 数据匿名化处理指南；
- 数据处理的相关保密协议。

外部资源

　　外部资源包括：
- 特定国家研究资助机构的数据政策；
- 专业机构的研究伦理指南；
- 研究数据相关的行为守则或行业标准；
- 特定国家在数据保护、信息自由和其他法律信息要求方面的法律和规定；
- 特定学科数据管理和共享方面的指南；
- 数据处理程序，如政府指南。

团队中的角色和职责

　　在第三章中，我们讨论了如何在研究项目前期确定数据管理的角色和责任。对于不同地点的协同研究而言，这至关重要，因为整个过程中都需要不断地交流和汇报。

　　就团队角色和责任分配而言，建立一个电子表格非常有用，表格使用团队成员的真实姓名，并清楚地说明每个人参与的工作内容和具体要求。特别要注意以下内容：确定谁对哪些数据有访问权限；确保数据采集、录入和处理的过程采用标准协议；规划如何将数据整合到一个核心数据库或文件结构中。

案例研究	研究团队中的角色和职责，SomnIA：Sleep in Ageing

"SomnIA：Sleep in Ageing"是英国塞瑞大学负责的一个项目，同时也是英国跨局研究理事会老龄化新动态（New Dynamics of Ageing）研究项目的组成部分之一（SomnIA，2010）。这项跨学科研究项目的研究团队来自 4 所英国的大学，通过专业的体动记录仪、光传感器测量仪、自填问卷调查、随机对照临床试验和定性访谈等方式采集了大量的数据。

该研究聘请了一位研究工作人员承担数据管理的工作。除了负责项目内研究，研究工作人员还负责管理协调通过 SharePoint Workspace 2010 产生的研究数据。为此制订了数据和文档访问的控制权限级别，并提供加密和自动的版本控制。

该研究工作人员还负责将所有日常数据和文档备份到异地服务器中。研究人员自己负责其他的数据管理任务。

追 踪 数 据

管理研究数据清单，追踪各位研究人员生产、获取的数据、相关文档及产出，对一家研究中心或一项大型项目大有裨益。清单可记录：

- 数据的含义；
- 数据是如何被创建的；
- 在何处获取的数据；
- 数据的所有者；
- 谁有权访问、使用和编辑数据？
- 谁负责管理它们；
- 存储和备份策略；
- 数据质量控制程序；
- 文件的不同版本；
- 如何共享。

此外，数据清单还可作为一个工具，在研究启动时规划数据管理措施，也可通过定期更新的策略追踪了解它在研究周期中的实施状况。数据管理可采取年审，或在研究审查时审查，如在项目进度会议时进行。

数据清单还可促进数据共享，因为它包含了实现数据未来再利用和尽可能简化数据存储过程的关键信息。

　　英国数据档案馆制订了数据资源清单模板，旨在达到 ESRC 数据研究政策中对数据管理的要求，特别是研究中心协调数据归档提交工作的要求（UK Data Service，2011）。记录信息栏如表 9.1 所示。这一表格还可作为电子表格或数据库工具来管理维护。

表 9.1　研究中心数据集清单的基本字段

字段
资助源（如补助金、中心预算、其他）
活动或首创运动名称
项目标题
项目负责人名
项目负责人姓
其他数据联系方式
项目起始日期　年–月–日
项目截止日期　年–月–日
是否为新创建的数据集　是/否
数据集的编号
数据类型（定量、定性、混合方法、模型）
数据是否在英国数据服务中心存储　是/否
其他的数据共享计划
数据共享的限制

　　来源：英国数据服务中心（UK Data Service，2011）。

协同环境与文件共享

　　协同研究需要以一种可控的、有组织的、可管理的方式共享信息、文档和数据，这种共享常常是不同组织和机构间的共享。这极具挑战性。通常，研究人员对于协同环境的要求可归纳如下：

- 存储和共享信息、文档和数据文件；
- 在文件夹和工作空间组织文档和文件；
- 通过用户账户管理来控制哪些人可以访问哪些信息；
- 文档和文件的版本管理；
- 通过论坛和维基百科进行讨论。

以下选择可用于构建协同研究环境：

- 可对外部研究人员开放访问的机构或部门存储服务，如基于虚拟专用网（VPN）技术进行远程访问；
- 安全文件传输协议（FTP）服务器；

- 虚拟研究环境（VRE）或门户环境，如 Sakai、My Experiment 或 MS SharePoint；
- 内容管理系统，如 Drupal；
- 基于云的文件共享空间，如 Dropbox、Google Docs、Google Drive、iCloud 或 Microsoft SkyDrive（由早期的 Microsoft Office Groove 和 Windows Live 文件夹改编而成）；
- 数据仓库，如 DSpace、Fedora、EPrints、CKAN 或基于云的 Figshare。

上述选项各有所长。对于一个机构的存储服务（drive）、安全 FTP（文件传输协议）服务器或内容管理系统而言，机构有责任进行区域或系统建设、控制和授权访问、组织存储和备份。远程外部访问是授权其他机构的研究人员进行访问。机构通常不希望外部人员通过机构证书来访问其服务器区域。

内容管理系统可全部根据需要来定制，但这需要大量的技术投入来实现，也需要持续的后期维护。许多高等院校都使用了 MS SharePoint 这种商业产品，但大家的满意度各不相同。该产品支持外部访问和协作、文档库的使用、团队网站、工作流管理进程和版本控制。英国 JISC 虚拟研究环境工程使用了开源的 Sakai 平台，该平台可基于教育社区许可获取（Sakai，2011）。Sakai 平台有成熟的支撑网络和特色功能，包括通告设施、用于私人文件共享的 Dropbox、电子邮件档案库、资源库、通信功能、排程工具、权限及访问控制。

基于云的解决方案往往更容易制订和实施，对于移动研究人员而言其方便、灵活，同时，如果研究无需过多存储空间，该方案还有低维护、低成本的特点。用户可以轻松地创建工作区，还可通过邀请成员的方式控制文件夹和文件的访问权限。可以设置私人工作空间、共享工作空间或公共工作空间。此外，方案还基于版本管理追踪文件的变动情况，并将相关信息发送给所有成员，工作空间副本通过网络以点对点的方式进行同步。Google Drive 拥有高效的文档协同创作工具。

基于云的系统有如下缺点：除非另外购买，否则存储空间有限；数据文件存储在全球数据中心网络中，可能存在的安全隐患；在如何永久地、长期稳定地存储数据方面存在不确定性。基于信息安全风险权威机构建议：高风险机构信息应避免使用云数据存储，如含有私人或敏感信息的文件、联邦法规保护的信息，或对机构具有很高知识产权价值的信息（Borgmannet et al.，2012；Higher Education Information Security Council，2013）。涉及个人数据的文件有可能违反《数据保护法案》，在无法确保充分保护的情况下，不得将这类数据转交给其他国家。第七章论述了数据保护中的一些具体问题。尽管对文件加密的方法可在一定程度上保护数据文件的安全，但这仍无法达到数据保护立法的要求。建议对数据文件进行离线备份。

在一些机构的推动下，Fedora、DSpace 等开源软件还在持续发展，但这需要大量的建设和维护费用，此外，进展情况往往还会受制于本地的具体需求。比起研究中正在使用的数据，仓储库更适合于存储结项后整合过的数据。

对有协同工作空间要求的特定研究项目而言，要找到最佳的处理方案，可考虑首先与所在机构的 IT 服务部门沟通需求。

就文件传输而言，一些大学研究人员已开发了类似 Dropbox 的服务，由他们自行管理。例如，英国数据服务中心建议研究人员使用埃塞克斯大学的 ZendTo 服务来提交他们的存储数据。在提交前，应对涉及敏感信息或个人信息的数据文件进行加密（University of Essex，2012）。

基于云的安全协同研究环境

在英国，Janet Brokerage（Janet，2013）为学术界安全的云服务提供了一个框架和支持中心。这其中可通过一套严格的审计流程来评估服务安全。另一种方法是使用内部托管的云服务，如开源的 ownCloud，这种方法允许保留数据的所有权和控制权。

作为 JISC 数据研究管理项目的一部分，英国轨道工程项目（the UK Orbital Project, 2012）对 ownCloud 服务进行了评估，认为其可以成为一个理想的研究环境。

英国生物医学研究基础设施软件服务包（BRISSkit）是一个利用 Janet Brokerage 从事生物医学信息学研究的开源云平台。它由莱斯特大学和莱斯特心血管生物医学研究院（BRU）合作开发。BRU 属于莱斯特大学附属医院 NHS 基金会的格伦菲尔德医院。BRISSkit 有两个数据仓库：一个在医院里；另一个由大学管理。医院数据库中的患者数据都经过匿名化处理，并被推送到大学数据仓库，基于云设施对高等院校研究人员开放使用。

BRISSkit 提供一系列接口，用以创建或接收访谈和调查产生的数据、生物多样性清单、基因数据、临床试验参与者登记备案等一系列研究数据。临床数据的大量潜在来源也可添加到其中。

BRISSkit 以两种主要方式促进数据转换：一种是临床数据匿名化；另一种是把不同服务机构的数据整合用于研究（Tedds，2012）。

练习 9.1　使用协作工具和资源追踪数据

根据一个你参与过的研究项目思考并创建以下内容：

1. 项目数据清单，记录和追踪采集数据的类型。建立一个 MS Excel 电子表格，完成项目行及产生的数据。

2. 有助于保证研究中良好数据操作实践的协议或模板的列表。

3. 在一个大型研究团队或研究中心，你将如何使这些系统投入运行。你需要哪些专业知识来帮助实现？在一个研究中心环境或大型合作项目中，你需要哪些人员来使其发挥作用？

───── **练习 9.2　趣味测试** ─────

1. 使用 Dropbox 区域来存储我的研究数据是（选择所有可能的答案）

（a）一个每天备份数据的好办法

（b）因为我的 Dropbox 区域有密码保护，因此这是最安全的办法

（c）对于不包含机密信息的数据来说还不错，而且能够定期在其他地方备份数据

（d）一个非常方便的办法，让我无论是在办公室、现场或家里，都能够方便地访问到我最新版本的数据

（e）对支持我 OA 文章的数据集的发布，是一种很好的方式

（f）对确保我的文件总是保持最新软件版本是个好办法。

2. 作为一名在研究机构工作的博士研究生，机构有责任（选择所有可能的答案）

（a）为我的研究数据提供 100GB 的免费存储空间

（b）告诉我适用于我所从事研究的数据管理程序

（c）对我存储在个人笔记本计算机中的文件进行每天备份

（d）为我收集的敏感数据提供一个安全的存储空间

（e）为我共享同事所使用的一些好的同意书范例

3. 一项由一所英国大学和一所乌干达大学合作研究的项目，通过访谈和问卷调查的方式，比较了乌干达和英国的乌干达移民中，对年轻母亲的非正式家庭支持系统。下列对研究数据（访谈转录、实地调查笔记、数值编码的问卷作答数据库）提供选项中，哪些选项能让两家参与机构的研究人员以联合分析为目标方便地共享数据（选择所有可能的选项）

（a）将所有数据文件存放到一个共享的 Dropbox 区域

（b）使用电子邮件附件来回传递数据文件

（c）使用某高等院校管理的安全 FTP，在两个站点间安全传输所有数据，确保数据在安全的服务器上

（d）利用英国大学的 SharePoint 实例，建立一个项目各参与方都可访问的 VRE

（e）研究人员往返于两国之间时，使用 USB 记忆棒携带研究数据

（f）使用电子邮件附件接发经过匿名化处理的加密数据文件

―――| **练习 9.1　答案** |――――――――――――――――――――

1. 将你的数据清单与表 9.1 中列出的英国数据服务中心的数据清单字段列表进行比较。

2. 将你的协议和模板列表与这些数据管理资源举例进行比较。

本地创建的文档有：

• 研究数据和成果的版权说明；

• 机构的 IT 数据管理和中心备份程序；

• 数据保留和销毁的说明；

• 文件命名协议和版本控制系统；

• 单个项目的角色和责任电子表；

• 数据共享的伦理审查书范例、同意书范例和信息表范例；

• 定性数据匿名化处理的指南；

• 对团队和外部供应商的转录指南。

3. 当主要调查人员和研究资助方变动频繁时，保证数据清单持续更新是很困难的。然而，用一个简单的电子表格，来追踪所有新项目的启动和所有项目的完结，是一个好的开端。研究中心的负责人和管理者通常有权访问这些信息。最好由一个人专门负责操作该电子表格。而不是很多人都来录入信息。将一个研究部门或中心所有与研究数据有关的信息都存储在一个地方的，确实有利于数据管理和数据共享指令。

研究所需的模板和协议可来自多个地区：中心的标准工作程序（如果有）；有研究完整性和数据管理相关规则的研究中心主管机构；相关资助机构；数据档案馆，如英国数据服务中心或美国的 ICPSR，它们为连贯的数据采集和后续的共享提供了可重复使用的模板和操作程序。

建立一个数据管理工作组，定期见面讨论相关问题，规划良好的数据管理策略，编制相关资源，将会受益良多。这样一个工作组可能只是适用于某一特定时期，直到中心建立其战略和程序为止。

―――| **练习 9.2　答案** |――――――――――――――――――――

1. 使用 Dropbox 区域来存储我的研究数据是（选择所有可能的答案）

（a）一个每天备份数据的好办法――不正确。使用 Dropbox 区域来备份你的数据并不是一个好主意，最好是离线备份。

（b）因为我的 Dropbox 区域有密码保护，因此这是最安全的办法――不正确。尽管有密码保护，但加密和加密存储区域能提供更多的保护。一切都取决于你希望为你的数据提供哪种级别的安全保护。

（c）对于不包含机密信息的数据来说还不错，能定期在其他地方备份数据——正确。Dropbox 能够很方便地存储一些类型的信息。

（d）一个非常方便的办法，让我无论是在办公室、现场或家里，都能够方便地访问到我最新版本的数据——正确。只要了解其局限，就不失为一种处理活跃数据文件的简单而灵活的方式。

（e）对支持我 OA 文章的数据集的发布，是一种很好的方式——不正确。数据仓储是更好的数据集发布方法。这不仅关乎数据的开放访问，还包括如何以一个不变的格式管理和保存该数据集，如何确保数据集能被长期访问、获取。

（f）对确保我的文件总是保持最新软件版本是个好办法——不正确。Dropbox 不会更改你文件的软件版本。

2. 作为一名在研究机构工作的博士研究生，机构有责任（选择所有可能的答案）

（a）为我的研究数据提供 100GB 的免费存储空间——不正确。如果你的研究有需要，你可能会得到一个存储空间，但这肯定不是一个常规要求。

（b）告诉我适用于我所从事研究的数据管理程序——正确。机构需要确保你了解所有的相关程序。

（c）对我存储在个人笔记本计算机中的文件进行每天备份——不正确。机构通常会负责备份其服务器上的数据，服务器是对你开放的（仍然要检查确认）。但是，组织不备份你个人设备上的数据，即使你使用这些数据开展研究。

（d）为我收集的敏感数据提供一个安全的存储空间——正确。他们有责任确保你能够安全地管理你的数据，并满足所有数据保护及相关法律的要求，以保护数据安全。

（e）为我共享同事所使用的一些好的同意书范例——正确。尽管这并不属于基本要求，但我们仍然认为这应该属于组织为你提供支持的一部分。

3. 一项由一所英国大学和一所乌干达大学合作研究的项目，通过访谈和问卷调查的方式，比较了乌干达和英国的乌干达移民中，对年轻母亲的非正式家庭支持系统。下列对研究数据（访谈转录、实地调查笔记、数值编码的问卷作答数据库）提供选项中，哪些选项能让两家参与机构的研究人员以联合分析为目标方便地共享数据（选择所有可能的选项）

（a）将所有数据文件存放到一个共享的 Dropbox 区域——不正确。对于该案例中采集到的数据类别而言，这不是一个足够安全的方法。如果访谈或问卷中含有个人信息，此举将违反《数据保护法案》。

（b）使用电子邮件附件来回传递数据文件——不正确。这绝对不是一种安全的方法，因为邮件流量/往来会保留在两者间的多个服务器上。

（c）使用某高等院校管理的安全 FTP，在两个站点间安全传输所有数据，确保数据在安全的服务器上——正确。但是，应根据两国立法了解需落实哪些数据保护措施；数据文件被传输到其他国家前，可能需要对其进行匿名化处理。同时要确保文件在本地的存储是足够安全的，并考虑如何追踪数据文件在两个站点所发生的变化。

（d）利用英国大学的 SharePoint 实例，为项目建立一个各参与方可以访问的 VRE——正确。这样做还可以帮助你持续追踪文件版本，因为所有的文件都存放在一个双方可访问的同一位置。

（e）研究人员往返于两国之间时，使用 USB 记忆棒携带研究数据——不正确。这一办法很低效，相比之下，数据文件可以方便、安全地进行加密传输。

（f）使用电子邮件附件接发经过匿名化处理的加密数据文件——正确。但是，应根据两国立法了解需落实哪些数据保护措施。在数据文件被传输到其他国家前，可能需要对其进行匿名化处理。同时要确保文件在本地的存储是足够安全的，并考虑如何追踪数据文件在两个站点所发生的变化。

参 考 文 献

Borgmann, M., Hahn, T., Herfert, M., Kunz, T., Richter, M. and Viebeg, U. (2012) *On the Security of Cloud Storage Services*, Fraunhofer Institute for Secure Information Technology, Darmstadt. Available at: http://www.sit.fraunhofer.de/content/dam/sit/en/studies/Cloud-Storage-Security_a4.pdf.

Higher Education Information Security Council (2013) *Information Security Guide: Effective Practices and Solutions for Higher Education*, Higher Education Information Security Council. Available at: https://wiki.internet2.edu/confluence/display/itsg2/Home.

Janet (2013) *Janet Brokerage*. Available at: https://www.ja.net/products-services/.

Orbital Project (2012) *ownCloud: An Academic Dropbox?*, University of Lincoln. Available at: http://orbital.blogs.lincoln.ac.uk/2012/08/06/owncloud-an-academic-dropbox/.

Sakai (2011) *Sakai Project* Available at: http://www.sakaiproject.org/.

SomnIA (2010) *SomnIA Project: Sleep in Ageing*, University of Surrey. Available at: http://www.somnia.surrey.ac.uk/.

Tedds, J. (2012) *BRISSkit: Biomedical Research Infrastructure Software Service Kit*, University of Leicester. Available at: https://www.brisskit.le.ac.uk/.

Tenopir C., Allard S., Douglass K., Aydinoglu A.U., Wu L., Read, E., Manoff, M. and Frame, M. (2011). 'Data sharing by scientists: Practices and perceptions', *PlosOne*, 6(6): e21101. DOI:10.1371/journal.pone.0021101. Available at: http://www.plosone.org/article/info:doi/10.1371/journal.pone.0021101.

UK Data Service (2011) *Data Collection Inventory*, UK Data Service, University of Essex. Available at: http://ukdataservice.ac.uk/manage-data/collaboration.aspx.

University of Essex (2012) *ZendTo Service*, University of Essex. Available at: https://zendto.essex.ac.uk/about.php.

第十章

利用他人的研究数据：机遇和局限

使用各种研究方法可以在一系列的社会科学学科中收集研究数据。社会调查和访谈是最普遍采用的方法，此外，通过实地观察、记日记、自填式问卷等其他活动也能搜集到原始数据。政府活动中产生的管理数据和日常业务数据则组成了丰富的统计信息来源。

许多研究者拥有一定数量的未出版数据，其中很大部分是有待开发的、未被完全分析或尚未在出版物中使用的。如第一章中所述，把分析过的数据用于进一步研究和复制不仅有充分的理由，而且能确保科学活动的透明性和可审计性。越来越多的原始研究数据正寻求途径进入数据档案馆和仓储平台，其数量已经超过了在同事或合作伙伴之间等非正式途径分享的数据。

这些数据组成了一个丰富而独特的存量资源库，不仅可被重新分析、再加工，而且可用于新的研究、与当前的数据进行比较或相结合。归档数据迟早会成为历史上重要的研究材料。利用已有数据也使得那些数据获取成本较高、难以或不可能收集到需要的数据的研究项目变得具有可行性，如需要全球管理数据、大规模调查或历史数据的项目。

由于无法预测未来的数据研究和使用的情况，因此很难确定数据有效性的期限。根据英国国家数据档案馆的经验，越丰富、越详细和越具代表性的数据资源越有机会被开发。例如，那些具有国家层面的横向广度、拥有时间序列或纵向持续时间的深入调查数据集。

2005 年美国国家研究理事会指出：研究数据的二次利用可以减轻被访者的负担；能促使数据建立链接并创建新的数据集；对由于数据的分析和解读而产生的政策争议产生影响；通过其他研究人员对数据源的查证来确保科学研究的透明度；促使方法学家互相学习。数据的二次分析也非常适用于竞争数据源的比较以评估各自的优势和劣势。

越来越多的讲师在学术研究中使用归档数据来教授定量和定性的研究方法，他们更愿意把现实生活中的数据源引入到教学中，并据此为二次数据分析的最佳实践铺平道路。

数据中心提供灵活的数据资源在线访问，有助于推进社会科学领域的循证研究。

本章我们将介绍重用他人收集的数据带来的机遇和挑战，展示数据如何被用于学术目的和教育目的及如何获取数据。

重用他人数据所带来的机遇

在 20 世纪七八十年代，许多作者出版了有关数据二次分析实践关键方法的图书，这些书成了后续图书撰写的基础（Hyman，1972；Hakim，1982；Dale et al.，1988）。Hyman 把二次调查分析定义为"在原始调查的聚焦主题之外，提取其他主题的知识"。Dale 等的图书从质疑、评估数据源的机遇和局限及阐释分析结果的角度，为如何处理大规模政府调查数据的再加工提供了非常实用的指导。在第一批书的基础上，很多近期出版的书中提供了最新的分析软件和数据源的例子（Dex，1991；Singer and Willett，2003；Elliot and Marsh，2008）。虽然对社会调查数据进行二次分析的方法基本保持不变，但目前已经出现了一种尚未成熟的、正在发展中的重用定性数据的趋势。在本章中会介绍一些重用数值型和非数值型数据源所带来的机遇。

收集高质量的、可靠的、具代表性的数据，不仅成本高，而且技术要求也高。劳动力调查就是这样一个例子，此类调查在许多国家开展，主要目的是采集劳动力市场信息。所有的欧盟国家均需要每年开展劳动力调查。英国的劳务调查统计（LFS）是以住户的地址为单位开展的季度抽样调查。每季度超过 10 万的年龄不小于 16 岁的住户人员将接受访问。追溯到 1992 年，当时调查的目的是根据国际上对于就业、失业、经济停滞的定义提供官方统计数据。数据涉及的范围相当广泛，如职业、培训、工作时间及个人特征（Office for National Statistics，2013）。在美国，人口普查局每月开展当前人口调查（CPS），并由美国劳工统计局负责分析（美国劳工统计局，2013）。调查方法类似 LFS，共约 6 万年龄在 16 岁及以上的住户人员接受调查。从 1994 年开始，调查提供了劳动力和就业的全面数据情况。这些调查既能提供微数据（个人、住户或组织层级的数据记录），又能提供聚合数据（汇总统计，如政府出版物或政府网站上的统计报告表）。

这一系列大调查为劳动力市场运行提供了精确的人口估计，为时间序列分析提供了巨大的机会，为探索从 20 世纪 90 年代至今的就业模式变化提供了可行性。劳动力调查微数据通常可以通过主办国的数据档案馆获得，如英国数据档案馆（UKDA）和美国校际政治和社会研究联盟（ICPSR），它们持续提供以研究为目的的数据使用咨询服务。

纵向数据源的数据通常来自一段时期内的同一个体，适合进行数据的二次分析。在队列研究或固定样本研究中，纵向数据集的潜在研究价值会随着研究的成熟而增长。采集这些数据所花的费用虽会很高，但积累的数据在研究个体环境和生命模式变迁方面具有强大的分析潜能（Ruspini，2002）。

定群追踪研究实行数据重用而广受好评的例子越来越多：1968 年开展的美国收入动态追踪调查；1984 年开展的德国社经追踪调查；1991 年开展的英国家庭追踪调查（DIW，2013；ISER，2013；ISR，2013）。另外还有完整的出生队列研究和有关特定人群，如青少年队列研究、老年人队列研究。提供可重用数据的知名英国出生队列研究有：1958 年的英国儿童发育研究；1970 年英国出生队列研究和2000 年的英国千禧世代研究（CLS，2013）。1990 年在非洲超过 3000 名婴儿出生，于是非洲最大的出生队列研究"从出生到 20 岁研究"应运而生（Birth to 20 Study，2012）。此外，最大规模的女性队列研究是始于 1976 年的美国护士健康研究，该项目跟踪调查了超过 12 万名护士（Nurses' Health Study，2012）。其他主要的队列研究包括：从 20 世纪 40 年代开始的针对哈佛白人男性毕业生进行的 68 岁格兰特研究，以及分别追踪超过 1.8 万名和 1 万名男女公务员英国政府研究（Vaillant，2012；Whitehall Study，2012）。

政府和非政府组织也收集丰富的全球比较数据。很多国家在相当长的一段时期内的社会经济时间序列数据已经可以供研究者使用。在劳工统计领域，国际劳工组织（ILO）的网站上提供了许多国际数据库的访问链接。世界银行、国际货币基金组织和联合国提供的数据主题范围涵盖国民核算、工业生产、就业、贸易、人口统计、人类发展和其他国家绩效和发展的指标（UK Data Service，2013a）。

链接多个数据源能增加单个数据源的分析潜力。调查中获得的微数据可以利用通用标识符或通过概率联系的方式直接或非直接地与其他微数据文件建立链接。不过，两个数据集需以完全相同的方式为标识符编码。互联网的发展也促进了开放的和通常是汇聚的数据源通过 WEB 接口发布并且进行链接。人们越来越多地通过互联网上大量的实时更新的公共数据源获取最新的"数据反馈"，如天气预报或当前股票市场的股价。美国的"Data.gov"网站提供了成千上万的数据集和一系列的数据工具以帮助分析数据。纽约市开放数据门户网站"NYC Open Data"是纽约市成百上千个公共数据集的集合体，城市的机构和组织借此努力提高城市政府服务的可获取性、透明度和可审计性。其中最受欢迎的数据集包括停车设施、联邦政府经济刺激支出和以邮政编码为单位的耗电量。DBPedia 是一个发布关联数据集的例子，它使得维基百科条目中的结构化信息互相关联，在这方面它已经超越了其他数据源（DBPEDIA，2013）。

正如 Huby（2010）在《英国乡村社会和环境的不平等》项目中所述，跨学科数据源可以相互关联。为了调查英国乡村社会和环境的不平等问题并影响政策的制订，一个包含社会经济特征和环境特征的数据集被编译进 SOAs（Super Output Areas）人口超强输出区域层级的地理数据库。许多现有数据源被用来为每个 SOAs 计算关键特征，其中包括人口普查数据、国家旅游调查、土地覆盖图、农村管理、环境管理和环境敏感地区纲要数据、土地局的房价数据、可持续能源中心数据和道路交通事故数据。

除了这些大规模数值型数据源，专业研究单位和学者也创建了各种类型的数据集。其包括小规模的基于主题的调查，如选举研究和社会态度调查，还有定性访谈项目、口述历史和心理学实验。这些可用数据集的增长促进了跨学科项目中混合研究模式的普及，至少在英国能反映出这样的趋势。

在定性研究中，收集的数据类型随着研究目的和样本特征的不同而变化。样本的数量通常较小，但可以扩大到成百上千。数据源可能囊括深度采访、半结构式访谈、焦点小组讨论、田野笔记和研究日记、观测数据、日记本、会议记录、开放式调查问题或相关的即兴问题。这些丰富的定性数据很少被充分挖掘，像是未开启的宝藏一样引人入胜，等待研究者和学生来一探究竟。

数据的范围和格式可能会决定其重用的潜力。与许多存档资源一样，有时最令人兴奋的发现来源于材料的重新审视，然而这点至今还未引起研究者的广泛关注。我们认为有六种方式能使用定量和定性的归档数据（Corti and Thompson，2004）。

提供描述和历史背景

数据可描述的内容是极为丰富的。时代掠影、历史学观点及个人、团体和组织或社会的行为等都可以从中分析获得。事实上，当前创建的数据迟早将成为潜在的历史资源。自 20 世纪 60 年代起的历史记录和调查数据为研究那个时代提供了重新分析的依据。口述证言可以作为官方、公共和新闻数据的补充来源，还能从传记的角度记录个人生活。

20 世纪 60 至 70 年代，社会学是异常受学生欢迎的学科，国家投入了比之前任何时候都要多的资源来支持研究。这使得社会研究者有能力开展大规模、深入的调查，因此留下了大量丰富的描述性材料。

比较研究、重新研究或后续工作

数据可以与其他来源或其他历史背景的数据进行比较。例如，与其他时间段的数据进行比较或跨越社会团体和文化进行比较。在英国，人口普查最初收集到的数据被保存且作为公共记录，现已证明其长时间以来为咨询和比较研究提供了重要的数据支撑。著名的早期经典重新研究包括 1901 年 Rowntree 重新调查纽约的贫困问题，以及 Hubert Llewellyn Smith（1930～1935）重复了 Charles Booth（1891～1902）对于伦敦贫困的调查。Sidney 和 Beatrice Webb（1920[1894]）在完成开创性的英国工联主义研究时，把他们从全国采集的访问样本做成田野笔记并进行了存档。这些数据至今仍是研究 19 世纪晚期工联主义的主要信息源。数据的比较有助于探寻研究中的问题，尤其是当数据与原始样本之外的数据合并或与地理信息数据相结合时。

时间序列调查和国际宏观数据为比较研究的开展提供了大好的机会。在美国，Glen Elder 的著作《大萧条的孩子们》（1974）就是以新的田野调查法和对早前采访和调查数据的重新组织分析为基础撰写的。这些数据存档于哈佛大学。Felstead 和 Green（2012）运用了一些 1986～2007 年的数据集和调查，分析了英国的就业质量和工作技能的变化规律。

二 次 分 析

重新分析数据既是旧数据的重新解读，也是对旧数据提出新的问题。另外，在过去分析数据时未能使用的一些新方法也可以在二次分析时得以运用。通常原始研究材料越丰富、越详细，其进一步开发的潜力就越大。调查目的不同，其数据的重用也各异，特别是有关那些主题广泛、个体层面信息较为详细的调查数据，存在许多好的案例，如许多已经发表的针对长期大规模的政府调查（如综合社会调查的数据分析（NORC，2013）。

一些研究课题拥有敏感数据或难以接触的群体的数据，未来的研究人员可以通过协商方式获取。对于这些数据进行二次分析往往可以挖掘出课题的深层价值（Fielding and Fielding，2000）。

出版成果的复制或验证

用如前所述的方法对数据进行二次分析的时候，通常不包括验证或削弱研究者先前分析的内容。在一些诸如第十一章中提到的学术造假案例出现后，对研究结果的验证已越来越引起人们的注意。科学严谨地详细审查归档数据既可用于支持或挑战研究成果，也可以用于评估研究方法。Dale 等（1988）引用了一则 McKee 和 Vihjalmson（1987）的经典案例，此案例从 Brown 和 Harris（1978）关于抑郁症的社会起源这一英国经典研究中重新分析了患有临床抑郁症的女性数据。他们的分析结果引发了国际上对于数据统计方法有效性及其解读的争论。

Hammersley（1997）论述了使用复制来审查研究结果的优点和缺点，他认为真正的科学复制是不可能的，因为研究一般不会涵盖完全相同的社会现象。重复研究会遭遇时间上的差异、研究者主观视角的差异及实地调查背景的缺失问题。存档良好的数据集可帮助新调查者在追溯原始分析步骤时重建证据。针对开放数据的检验实践在自然科学中正变得越来越重要，因其加强了研究的透明性。很多高等院校或研究中心，如剑桥大学的社会科学研究方法中心，已经设置了针对计量经济学和社会学领域的专门讲授复制研究的课程。

研究的设计和方法论的发展

了解原始调查中所用的研究方法有助于设计一项新的研究，或有助于改进方法和研究工具。这些研究方法包括抽样方法、数据收集、田野调查的策略和采访的协议。在设计调查问卷时，使用经过反复试验的统一调查问题，能确保与主要的住户调查结果的直接可比性。例如，一个设计完善的、用于测量长期健康不佳程度的问题：你是否有任何身体或精神上的不适，或者，已经患有持续或预计将持续 12 个月甚至更长时间的疾病？是或否（Office for National Statistics，2012）。

虽然方法论的讨论通常发表在许多社会科学期刊文章的研究结果中，但是其中的细节信息可能已被简化或清除。相反，一些论述研究项目的图书可能会提供更详细的关于方法和工具的介绍。研究者的田野调查日记或分析笔记能提供对整个研究发展过程的更多见解，并有助于形成新的思路。Peter Townsend 的 *The Last Refuge*（1962）对战后英国老人院的性质和状态进行了深度调查，它在 1957 年发表时被认为是开创性的研究，并因其聚焦在政策中一块重要却被忽视的领域，以及采用严谨的方法论和对政策提出的建议而受到公众的广泛关注。这项研究过程中收集的老人院实地调查和相关访谈的数据被精心保存了下来，这些数据揭示了研究者开展研究的过程及使用的方法。借助这些数据，研究者在最后发布的那份亮眼的政策报告中提出了深刻的见解。

如第四章所述，掌握一个课题在整个研究阶段的方法论视角和背景，能为不熟悉原始数据的二次使用者提供附加价值。

教　与　学

在社会学科的教学中使用真实数据，能为课程增添趣味性和相关性。选择与所授学科有特定相关性的数据可以增强基础性主题和方法论主题的活跃度。学生既能学习研究方法的基础知识，又能帮助创建选定数据输出的理论和实践策略，同时在对知名数据源进行批判性的重新分析和比较后还能获得第一手经验。拥有真实数据能使学生们无需亲自去收集数据，转而能专注于研究过程中的关键技能：

制订研究问题并分析数据（Smith，2008；Haynes，2010）。为提高学生的统计学素养，一些有创意的面向数据的资源应运而生，它们可以帮助学生从容应对二手数据（Mclnnes，2012；ICPSR，2013a）。Corti 和 Bishop（2005）、Smith（2008）、Bishop（2012）对英国教学中使用数据的例子进行了讨论。

| 案例研究 | 重用数据的指导材料 |

美国校际政治和社会研究联盟（ICPSR）的数据驱动学习指南的目的在于提升社会科学学科的教学核心理念，该指南使用了从入门级社会科学教科书中提取的概念主题。

另一本指南：关于同性恋权利的年龄和态度（Age and Attitudes about the Rights of Homosexuals）调查了 20 世纪 90 年代初到 2007 年期间，美国人对于同性恋者权利的态度发展趋势。此指南建议可以用特定的数据集来设计研究问题，由此而发起了 1982～2007 年在休斯敦地区的定群调查（Klineberg，2011）。指南选取少量的变量对问题进行重新编码，以探测并提示读者回答感兴趣的问题，例如：

• 为什么年轻人似乎更支持同性恋的权利；
• 为什么普通人群在对于同性恋者的某些权利似乎更支持的同时而对某些权利不那么支持；
• 同性恋权利运动、女性权利运动和民权运动三者之间存在哪些异同点；
• 教育同性婚姻和支持同性婚姻之间的关系是什么。

读者可以通过网站浏览调查文档和分析（Survey Documentation and Analysis，SDA）的在线分析数据系统完成所有的练习。解读指南会引导读者根据相关数据进行分析，如推断和权重，并提供关键结论的概述。

使用其他研究者数据的局限性

重用第三方收集的数据集可能是件复杂的事情，但一旦理解了方法、知道如何应对挑战，研究者就能很好地使用现有的数据源。相比定量数据，重用定性数据可能会产生更多的知识问题、认识论问题和实践问题。在现有文献的基础上，我们明确了重用数据所具有的真实而可感知的局限性，并提出方法予以克服（Dale et al.，1998；Corti and Thompson，2004；Hammersley，2010）。

缺少可用的合适数据

虽然在数据档案馆有成千上万的数据集可供全世界使用，但没有先验知识很难发现目标数据。无法找到相关数据源使研究人员更有可能转向原始数据的收集。过去仅凭有限的检索工具和非联邦检索的在线目录，要想在机构和博物馆的特色馆藏中发现核心资源十分困难。然而，目前针对存档馆藏资源的联合编目已经实现，用户已经能在一些优秀的门户网站上检索并查找到古老的史料、数字化的资源等。本章的最后一部分会介绍查找数据的方法及相关应用平台。

让二次分析适合自己的研究课题

即使找到的归档数据看起来可能有用，也未必能满足你真实的需求。这可能归结于统计方面的原因，如调查样本太小而难以支撑针对某个地区、年龄或种族的鲁棒分析；或调查的模块中并不包含特定的和必要的问题。

研究人员可以通过挖掘任何与研究设计有关的可用文档，如技术报告、样品设计和选题等，来对数据源进行评估，以确定其是否适合研究课题。有时查看数据文件本身也是必要的，当然这取决于数据访问是否简单及没有那么多障碍。

是时候使用陌生数据了

重用数据之前，研究人员需要花时间去充分熟悉由他人创建的研究材料。开发不是亲自采集的数据有可能存在障碍。社会历史学家更支持对数据源进行重新审视，他们乐意从事缓慢又严格的、却普遍认可的文档分析工作，以及对数据源进行必要的系统性评估。对于新的数据使用者来说，发现合适的数据源、检查变量、代码及通过查阅采访记录来检验是否符合研究课题的需求是十分耗时的。任何二次分析的项目都需要花费大量的时间。一旦你熟悉了某些数据系列或数据集合，日后再次使用它们时会变得更加简单。互联网使得数字资源的发现变得更快、更有效，这也许能帮助减轻研究者的负担。

不熟悉合适的二次分析方法

数据的二次分析在计量经济学、政策分析和流行病学等领域广泛运用。然而却并没有推广至其他社会科学学科。实习生和青年研究者由于缺少统计学素养并且担心复杂的微数据建模而容易陷入仅仅使用交叉分析方法的境地。正因如此，熟练掌握统计技能的人才在职场上正变得越来越受欢迎，培训市场上也有许多介绍利用统计学方法和技术来分析调查数据的优秀课程。即便如此，现有的介绍数值型数据二次分析方法的文献十分丰富，但介绍定性数据如何进行二次分析的文献却少之又少。

定性材料在重用之前，需要使用者评估证据、检查出处并评判来源的准确性。总的来说，这样的研究行为有一定的难度，即便是训练有素的社会学家都有可能会觉得相当陌生。不过，历史学家的研究方法可以指引我们如何处理他人创建的数据源，具体的内容会在下文中进一步讨论。渐渐地，学者开始把社会历史学研究方法融入主流社会学，参见 Crow 和 Edwards（2012）、Kynaston（2005）的著作。然而，从已成为可供重用的大量定性数据中抽取样本依然是一项挑战（Savage，2010；Gillies and Edwards，2012）。随着越来越多的研究者开始产出和发布可重用定性数据，与此有关的方法课程也在逐步开设，我们预计在不远的将来，相关的研究实践将会不断增加。

缺少足够详细的文档编制

我们在第四章中已经详细说明，除非对数据进行完整的文档编制，否则使用者可能会难以理解数据产生的背景。一份编制完整的调查文档，除了数据还应包括技术报告、使用的仪器和数据字典。在这方面，定性数据因自身包含研究方法和专用工具等附带信息及其他相关的背景信息，因此有助于数据使用者理解和使用。

第四章我们介绍了为定性数据提供背景信息所面临的挑战，特别是缺乏实地调查的历史数据。一些研究者认为，当二次分析者缺少原始项目的背景信息时，数据无法被合理重用；而另一些研究者则宣称二次分析者缺少背景信息并不会妨碍数据的重新诠释。这样的争论有助于让研究者清楚地认识到如何更好地使用现有的数据，并提醒研究者在接受考验时需注意的事项。

历史学家通常需要解决信息源背景信息大量缺少的问题。他们分析数据的部分任务就是通过对事件、时间段、地点等相关信息的调查来追踪数据的起源并确保数据源的正确性。随着社会科学家逐渐学会这样的历史学研究方法，并且更好地理解数据描述对以后数据重用的重要意义，今后关于缺少数据编制文档是否会影响数据重用的争论可能会慢慢减少。

数据重用的伦理问题

知情同意原则的约束或数据的意外披露可能会成为数据重用的障碍。伦理问题涉及对未来数据使用的未知性的知情同意及数据共享时参与者之间关系的变化。在美国和英国，知情同意是研究过程的一项伦理和法律要求，归档数据应遵循与匿名保护相关的伦理规范和法律法规，保护调查参与者的身份信息或按照参与者的要求进行匿名保存。如第七章所述，为了确保数据的重用符合伦理规范，研究人员必须在制订和撰写研究计划的时候就审慎考虑未来数据重用的知情同意问题。如此一来，项目负责人可以确保未来以研究为目的的数据重用已征得参与者的同意，或者可采取适当的匿名化措施来保护参与者。所有的数据仓储都设置了用户协议，要求用户签署具有法律效力的承诺条款，如不能披露受试者身份及不能向第三方传送数据。对于那些希望在数据受限访问室里面获得更多数据的用户来说，需要在防范恶意或意外泄露数据方面接受严格的培训。

重用定量数据的案例研究

　　以下是两个通过重用横截面调研数据进行的研究案例，研究的成果发表在数据期刊上。这两个案例来自英国数据服务中心的使用归档数据的研究案例库。

> **案例研究**　　**家庭教育项目是否会减少品行障碍的问题，对于社会成本有何影响？**（Bonin et al.，2011）
>
> 　　研究课题：品行障碍是儿童最常患有的精神疾病，是指儿童的行为侵犯了他人的基本权利或超出了相应年龄的行为准则。大约 50%的患品行障碍疾病的儿童成年后会发展为反社会人格障碍。据估计，超过 20%的犯罪行为是由于童年时期最严重的行为问题中的 5%导致。来自伦敦政治经济学院、伦敦国王学院和心理健康中心的研究者利用归档数据来研究家庭教育项目中减少持续性品行障碍问题的潜在成本。
>
> 　　使用的数据：研究者使用的数据来源于英国 2006 年的违法犯罪及司法调查记录，这项调查的目的是统计在英国和威尔士的人群中，特别是年轻人中犯罪和吸毒的流行率（Home Office，2008）。从 2003～2006 年，每年都做一次违法行为自陈式调查。到 2006 年，该项调查已经积累了超过 5300 位 10～25 岁人员的访谈记录。
>
> 　　使用的方法：这项研究使用了决策分析模型，填充的数据来自现有最好的研究成果中的两个超过 25 年的互为对照的场景。一位 5 岁的临床品行障碍患儿接受基于证据的家庭教育项目；以及 1～5 岁的临床品行障碍患儿没有接受项目干预；通过比较两个场景中与持续性品行障碍有联系的成本来进行成本节省分析，其中涉及的成本既包括公共部门的成本，如健康和犯罪司法服务，也包括社会成本，如更广范围的犯罪成本。
>
> 　　来自违法犯罪及司法调查的数据能估算 10～25 岁人员犯罪的数量和种类。英国内政部对于平均犯罪成本的估计值可用来计算患品行障碍的人的平均犯罪成本，并假定其中 5%的患儿要为超过 20%的罪行负责。
>
> 　　研究结果简介：研究明确表明，考虑到模块中使用的假设，基于证据的家庭教育项目确实会减少品行障碍问题持续发展至成年的概率。研究显示，在一

般情况下 5~8 年会出现一个成本节约效应。大部分节约的开支与犯罪行为的减少有关。

案例研究　　**早产是否会影响儿童的长期健康或生长发育？**
（Boyle et al., 2012）

　　研究课题：由于现代医学的进步，早产婴儿的存活率很高。然而，人们担心早产的幸存儿将遭受身体疾病的困扰并影响到发育问题。本研究调查早产是否会对儿童发育产生不良后果。

　　使用的数据：研究使用的数据来源于千禧世代研究（Millennium Cohort Study, MCS）的第一项调查（2001-03）、第二项调查（2003-05）和第三项调查（2006），以及一个以出生注册数据和妇产科医院数据为特征的特殊数据集（Centre for Longitudinal Studies, 2010a, 2010b, 2010c）。千禧世代研究是一项定群追踪调查，调查对象是约 19 000 名于 2000 年 9 月至 2002 年 1 月在英国出生的儿童群体。调查主题包括家庭社会经济背景、妊娠和生育情况、分娩、儿童行为、儿童保育及家庭教育方式。

　　使用的方法：妊娠期的数据取决于千禧世代研究的第一项调查的孕妇报告及医院记录的数据。把婴儿按胎龄分为相对应的四组：前期（37~38 孕周）；后早产期（34~36 孕周）；中早产期（32~33 孕周）；前早产期（32 孕周或更早），并与怀孕足月（39~41 孕周）出生的婴儿作对比。对每个胎龄组进行了逻辑回归分析，分析考虑到了调查的聚类研究设计。

　　研究结果简介：研究者发现早产率越高，患疾病的风险越大。然而，每组之间的差距很小。出生于后早产期或中早产期的婴儿最有可能在 3 岁和 5 岁患更高风险的疾病。与足月出生的婴儿相比，出生于后早产期或前期的婴儿在 3 岁和 5 岁时身体健康情况和教育成效都较为不佳。

重用定性数据的案例研究

　　下面介绍两个重用定性数据的研究案例，研究结果已通过图书出版。数据同样出自英国数据服务中心的使用归档数据的案例研究库。

案例研究　　**秘密战争：第一次世界大战的情感生存**

　　研究课题：Roper 使用精神分析法来探索战争中士兵的情感生存，并作为理解士兵的生活和个人关系的一种途径，这项研究属于他对第一次世界大战研究的一部分。他利用归档数据来调查年轻士兵如何在西线作战时借助于家庭在情感上和行动上的支持从壕沟战中幸存下来。

使用的数据：Roper 详尽地研究了超过 80 份战时信件及 40 份发表和未发表的战争回忆录。Roper 的主要信息源来自于 Paul Thompson 的 450 份人生故事访谈录，包含了 1918 年之前的家庭生活和工作经历。这些数据源于 20 世纪 70 年代著名的研究项目 Edwardians Study（Thompson，1975；Thompson and Lummis，2009）。项目里受访的参与者出生于 1870～1906 年，从而创建了独特的从童年至老年生活时代的记录。这项研究的开放式访谈包含一份计划表并涉及一系列的主题内容。

使用的方法：收集的材料能使人了解来自工薪家庭和中下层家庭的士兵的人生经历，正是这些士兵构成了普通士兵的中流砥柱，因此平衡了已经出版的以中产阶级为中心的回忆录的影响力。Roper 在文本材料中搜索了一些关键词，如公仆、死亡、一战、老兵及创伤。

研究结果简介：Roper 在书中写到了联系对于战时年轻士兵的重要性。其包括与家人的联系，尽管被距离和经历的巨大差距而分开；跨越时间的联系，把士兵的战时经历与他们维多利亚时代晚期和爱德华七世时代的成长时期连接起来；他们的战后经历；以不同方式经历战争的人之间联系的断裂；以及最终战争结束后，联系的重新建立。

案例研究　　重访最后的避难所（Johnson et al.，2010）

研究课题：如何有效地照顾老人是英国社会的一个主要问题，通常会引起很多的争论。研究探讨了英国老年人居家护理的情况并关注护理机构的管理和变迁。此项目采取了一个长期的观察视角，比较了 2006 年的情况和 50 年之前的情况，其灵感来自于 Peter Townsend 开创性的研究和他的著作《最后的避难所》（The Last Refuge）（1962）。

使用的数据：在 20 世纪 50 年代末 Peter Townsend 进行了一项关于英国老年人长期护理机构的重要调查，质疑机构是否仍需存在，如果仍有需求，在现有供给条件下是否能进一步改善护理机构的功能和服务。研究开创性地使用了定性研究方法，包括与当地许多首席福利官员及近 200 个机构的服务人员和居住者开展深度访谈。英国数据服务中心收集的可用数据包含一些居住者和工作人员的日记及 Townsend 拍摄的建筑、设备、工作人员和居住者的照片集（Townsend，2011）。

使用的方法：研究小组参考了 Townsend 的原始数据、研究成果和建议，并以此作为后续研究的基础，此举也得到了 Townsend 本人鼓励和支持。针对原始机构的追踪研究表明：英国 100 多家护理机构中的 40 家现仍存于注册地，其中 20 家成了后续研究的对象。此研究所用的方法尽可能参照 Townsend 和他的团队在 20 世纪 50 年代末开展原始研究时所采取的方法，如花几天时间参观护理机构并采访管理者和居住者,拍摄建筑物的照片并记录任何改变和翻新的信息。

研究结果简介：研究发现，英国护理机构的功能在过去和现在既有保留连续之处也有变化革新之处。法律制度推动了建筑物和环境的改善和翻新。其主要的变化来自于员工的种族，如今一些护理机构的工作人员除了英国籍印第安人和非洲人，几乎完全来自英国外的其他国家。延续下来的问题包括资金、自由选择、开展的活动及看护质量等方面。目前，更多的护理机构在积极地、自发地传承自 1959 年创立以来一直标榜的"舒适、温暖、欢迎"的口号。

重用定性数据的建议

重用定性数据有许多不同的方法，在操作程序上不会有任何硬性的规定。然而，大多数的方法都有一些相同的步骤（Irwin and Winterton，2012）：

- 通过查阅所有的文档和元数据来熟悉原始研究项目，回答类似于每种类型数据收集的原因何在这样的问题；
- 理解生成原始数据多个层次的背景信息，从项目基本原理和设计，到研究者-参与者的相互影响，以及原始研究进行时的社会情况；
- 创建对于数据的理解；可用的数据量往往很大，重用者必须找到一条了解数据的路径。最好的出发点通常是摘要，如案例摘要或数据目录；
- 开发分析的策略，通过交叉收集比较或汇集案例和定量数据来提炼概念。

链接多个数据源的案例研究

以下介绍两个链接不同数据源的研究案例，每个案例使用不同的方法链接数据，第一个案例尝试挖掘政府提供的开放数据，第二个案例使用来自英国数据服务中心的归档微数据源（UK Data Service，2013a）。

| 案例研究 | **Mashup 案例：美国不同地区住宅能源使用情况有何不同？** |

　　研究课题：实验与美国公共能源在线数据链接，以显示美国各地能源使用的不同。

　　使用的数据：实验合并使用了美国能源信息管理局（Energy Information Administration, EIA）发布在"Data.gov"上的数据（Electric Sales, Revenue and Average Price, 2008），来自"OpenEl. Org"的数据，美国人口普查局的数据和来自"SmartGrid. gov"的数据。

　　使用的方法：美国国家可再生能源实验室在美国政府数据开发门户网站"Data.gov"的第一届 mashathon 编程竞赛中创建了一个 mashup 应用程序，用以比较 7 座人口超过 50 万的城市的能源使用特点。伴随着差异化的电力价格和达到中等水平的收入，各种能源相关的鼓励措施的出台及不同类型的智能电网项目的启动，全国各地的城市正以独特的方式过渡到一个新型能源市场。

　　研究结果简介：在线可视化地图显示了每个城市的能源使用的统计数据，范围还涉及当地公用电力公司组织、退税和金融的激励项目及当地智能电网项目的最新信息。通过对比，不同城市的数据能发现当地的公用事业费率、中位收入水平和其他的地区性特征与年平均用电量的关系。随着能源数据的增加和更新，mashup 结果会随着时间的推移而演变。

| 案例研究 | **业务创新与员工迁移**（Crescenzi And Gagliardi, 2012） |

　　研究课题：创新或新想法的成功使用会创造经济、社会或环境的价值，这被视为英国经济增长的主要推动力。此项研究旨在调查是什么刺激了创新，以及知识的流动性、高技能的人才是否会对吸引他们的当地经济产生影响。研究者假定，知识渊博的人才，如发明家，如果他们能自由地改变所处的地理位置，这将会对迁入地区企业的创新能力产生积极的影响。

　　使用的数据：这项研究使用了 2004 年和 2007 年的英国创新调查系列（UK Innovation Survey Series）的数据，欧洲范围内的区域创新调查（Europe-wide Community Innovation Survey）中英国部分的数据提供了国家业务创新的主要信息源（Department for Business, Innovation and Skills and Office for National Statistics, 2011）。调查的主题包括一般的业务信息、创新活动、商品、服务和过程创新、创新环境及一般经济信息。调查数据中的邮政编码被匿名处理，并与英国跨部门商业注册机构的参考编号链接，该参考编号只能通过安全访问途径获得。另外，来自欧洲专利局的数据也被使用并建立了链接。

使用的方法：在英国埃塞克斯大学，有一台安全的远程访问服务器上可以执行数据访问和数据分析。在调查期间，关键的因变量是基于公司在任何创新过程中的表现。发明家流入到当地劳动力市场，代表了高技能创新个体的整体流动性。通过观察发明家的流动性，此研究调查了被称为"知识和创新的代理人"这一特定群组的内部流动性考量，考量了他们产生创新价值的能力。

研究结果简介：结果表明，高技能人才的迁移不会对企业创新产生直接的影响；只有掌握了如何利用诸如供应商、客户、竞争对手等的外部信息来源的能力，高技能的人才迁移才会对当地企业产生积极的效果。只有那些亟需利用外部信息源来补足内部知识空缺的企业才会从高技术人才迁移中获益并提高创新绩效。

发 现 数 据

数据档案馆和特色馆藏的在线数据目录可以提供数据访问链接，并支持文档编制和指导数据的使用。社会科学家所用的数据目录包括英国数据服务中心、美国校际政治和社会研究联盟（ICPSR）及各种各样的欧洲国家的社会数据档案馆（ICPSR，2013b；UK Data Service，2013b）。欧洲社会科学数据存档委员会（CESSDA）构建了联合目录，以便用户在欧洲国家范围内能搜寻国家调查数据（CESSDA，2012）。在英国，较传统的档案集合储存于学校或博物馆的档案馆，特色馆藏能通过历史档案研究平台（Archives Hub）查找到。这些目录利用标准化的方式来描述数据收集，如第四章所述。

以英国数据服务的发现目录（UK Data Service Discover）为例，用户能通过主题、数据类型、数据生产者和数据收集的日期来进行搜索和浏览。例如，检索关键词"吸毒"，其结果如图 10.1 所示。当数据目录被搜索引擎如谷歌收录后，谷歌搜索也能可靠地定位数据集。

一旦用户确定找到合适的数据集，通过简单的注册过程就可以索取数据。通过身份验证的用户能下载一份完整的调查数据文件，一般采用 SPSS、Stata 格式或用制表符分割的格式；或可以通过英国数据服务中心的在线数据调查浏览器 Nesstar，用问题、回答、频度、基本表格来发现数据集（Nesstar，2013），如图 10.2 所示。使用 Nesstar 的用户能指定数据子集并以各种格式下载数据表格。

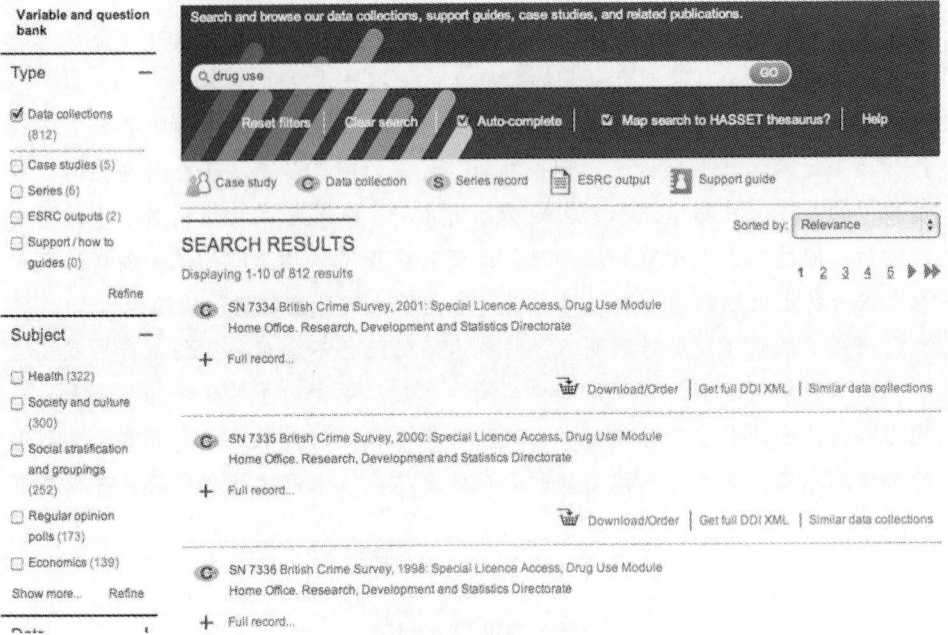

图 10.1　在 UK Data Service Discover 搜索关键词"吸毒"

来源：UK Data Service，2013b

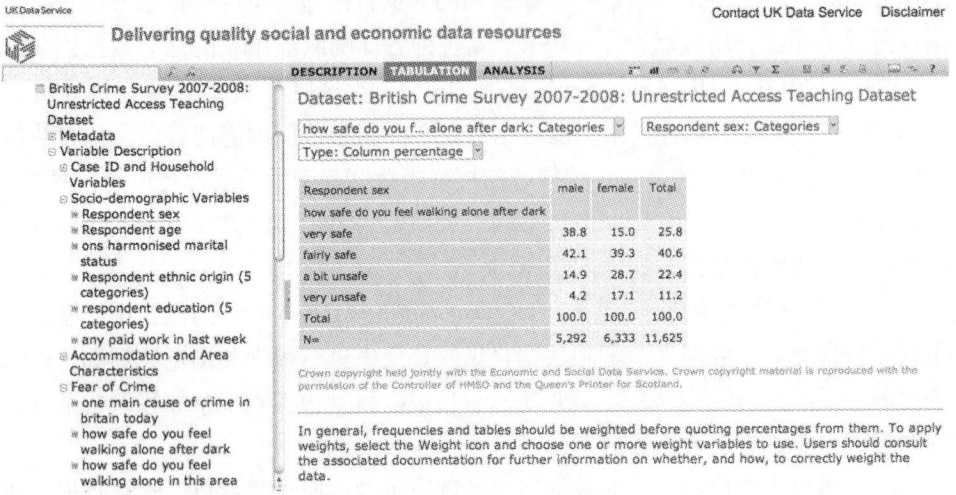

图 10.2　Nesstar 英国犯罪调查在线表格，2007-08

来源：Nesstar，2013

　　美国知名的数据档案馆，如美国校际政治和社会研究联盟（ICPSR）、罗普民意研究中心和哈佛大学-麻省理工学院数据中心，都能通过类似的在线目录查询数据资源。

如前所述，在公共网站上发布公共数据资源是开放数据议程的一部分。越来越多的数据仓储平台可以通过研究数据知识库目录 Databib（2013）或研究数据存储库 re3data.org（2013）找到。随着机构库陆续收藏本地数据，全国统一的门户网站正在逐渐成形。"Research Data Australia"是澳大利亚集成度最高的数据发现门户网站，拥有数以百计的澳大利亚研究数据源（ANDS，2013）。另一个例子是荷兰的 NARCIS，一个能够发现与人、机构和出版物相关联的数据集的门户网站（NARCIS，2013）。

──── **练习 10.1　重用数据：检验定性数据背景信息的价值** ────

通读下面两个访谈选段。数据用户通常已了解受访者的大致情况和个人信息。练习中所有的背景信息都已删除，以便于评估其作用和价值。

在阅读完选段后：

1. 找出这些数据可能传达的一个或两个分析点或研究课题。
2. 思考哪些背景信息会帮助你更好地理解选段内容。
3. 解释每一项背景信息为什么是有帮助的。

选段 1：访谈摘选自 Blaxter 关于母亲和女儿的研究，对 G19 的访谈（Blaxter，2008）

G19：一，一瓶滴露，一种 TCP 杀菌剂，看，这就是。她从不去看医生。她算半个医生。她不需要医生……我们身体很好，Ken。我们没有多少衣服穿，就一件运动服和白色衬衫，每天晚上女人们把衣物放在水里，加上滴露洗刷……细菌就洗刷掉了。这一定有用，因为我们从没感觉身体不适，但我们是吃健康、简陋的食品长大的，清汤寡水，如芜菁甘蓝泥、黄油鸡蛋……还有其他的健康食品吗？还有蔬菜。一顿餐食实在是量大充足。我的意思是，我们从不吃牛排之类的食物。我是说，有时候没有肉吃，你不可能得到肉。我认为我们小时候比我们孩子现在吃的健康。他们吃的食物……其中的精华流失了。

LP：嗯，啊哈……你觉得食物和保持身体健康有关，对吗？

G19：我们成长时的饮食，那些不得不吃的食物，比我们现在给孩子吃的健康，这让我们小时候比现在的孩子健康。但是现在……焗饭……现在吃的是焗饭。焗饭里有鸡蛋和醋栗，这难道不奢侈吗？

Husb：现在，他们会快捷地买一个罐头。

G19：罐头里面没有鸡蛋，根本没有营养。就好像……你有没有煮过速冻食品，有没有感觉吃起来味道不对劲……如果吃了点新鲜的洋葱牛排再吃，味道会有差别。Ken，你明白我的意思吗？所谓的果汁……里面并不含新鲜果汁。这就是我们现在所吃的食物，吃之前里面健康的成分……人体所需的营养物质……已经流失了……

我的意思是罐头汤，除非 Karen [女儿]回家时我正好匆忙离开才会吃罐头汤……我不会给他[丈夫]吃这种食物……我们不是吃这类食物长大的。我们小时候吃的食材都摘取自田地，再放锅里煮……我父亲在地里种了点东西。就像我说的，他们现在的物质条件我们以前根本达不到。我母亲从不会把四五瓶罐头汤全放锅里煮。她在汤里会放很少的食材，锅里不会盛满汤，Ken？

用火炉烤吐司真的很棒……烤架上烘烤的吐司的滋味无法和用火炉烤制的吐司相比，味道差别很大。还有在火炉里烤芜菁甘蓝泥。我们以前总是围坐着烤制芜菁甘蓝泥，或烤栗子……那时好像……我们围坐着唱歌很开心……即使那时候孩子还很小，我们也总是说"来吧，孩子们，快来，我们要举行一场小小音乐会。"我们通常把孩子们打扮一番，他们唱歌啊、跳舞啊。真的特别棒，Ken……现在他们会觉得我们那时候很快乐！现在，你看，当孩子们长大时我们能一起谈论往事，谈笑有关我们那时候做的事情，打扮孩子们，让孩子们唱歌……Isabel 那时很胖，但她想当一名芭蕾舞者，可她跳起舞来像一头小象！ Ken，现在回想起来，忍不住哈哈大笑。当初的时光真是快乐啊。

现在的孩子们并不算快乐。他们拥有的太多。他们不会被抢走任何事物。他们最终都会得到想要的一切。他们不会像我们小时候那样害怕老师。不管做了什么事，我们都会乖乖回家……如果我们小时候打架了回家说"我今天打架了"，之后会挨揍。如果 Karen 回家告诉我："我今天打架了。"我说："哦，这样啊，回去再打一架吧。"她认为我应该告诉老师："Dinna 打了我的女儿。"Ken，明白我的意思吗？这有区别……他们被打了回家后告诉我们……我们想知道原因……问原因的过程中又会大打出手。

选段 2：访谈选段摘选自 Short 的 20 世纪后期家庭烹饪及烹饪技巧，访谈对象是 LA（Short，2007）

　　FS：……如果你想实行健康饮食，你会想采取什么方法？

LA：……呃……{思考}……健康饮食的话……我们一般不太会……油炸……我们总是吃烤制的食物而不是油炸的食物……如香肠……香肠是我们大家都很爱吃的食物之一。特别是{LA的大女儿}很喜欢香肠……我们总是一周吃一次香肠……快捷、好吃……烹调肝脏和培根也是这样……类似的热食……很容易做好……鲜香的肉汁渗透进土豆泥里……嗯……所以我会选择烤制的方式，因为我一直采用烧烤的烹调方式……我想我不会特意改变，不过……

FS：……嗯……

LA：……我想我母亲也十分关注健康，甚至……20年……30年之前……她作为厨师，思想很超前……不要油炸……大多数食物烤制……这很有教育意义，我会说这是有意识的健康生活……嗯……是的，我的意思是……如果是土豆的话，通常我们总会把土豆捣碎或水煮……我们也会做些许……炸薯条……嗯，我也会做炸土豆片配煎蛋卷……我觉得这样的组合搭配很棒……嗯……所以……是的……很少做的这些油炸食物算是唯一的让步……

FS：……嗯……

LA：……我们没有很多肉吃，但换个角度说……我的意思是这样很健康{?}……我们不会特别地吃很多肉……不要有太多油脂……像半脱脂牛奶啊还行……还想不到其他的……

FS：……最后一部分……英国现在又如何呢……?

LA：现在很好啊……我觉得……我之前谈到我的祖母，她终其一生都在烹饪食物并且感到厌烦……她也几乎眼盲……大概8个月以前{LA的小女儿}出生的时候她来和我住一起……之前她从未去过大超市……她住在什罗普郡……嗯……当地有一家不错的商店，售卖各种各样的食物。

FS：……嗯……

LA：所以我带她去了哈林盖的森斯伯瑞（Sainsbury）超市……我们在过道里走来走去……因为她的视力不够好，我必须告诉她货架上有什么……仅在蔬果区域我们就花了半个小时……指认各品种生梨和所有各异的……异国的……阳桃等……这对她的接受程度来说太多了，因为她已经 85 岁上下了，一生仅仅吃肉和两种蔬菜，然而，她的内心还足够年轻去尝试这些不同的事物……所以她第一次吃意大利面……就在这里她第一次尝试了她从未吃过的意大利面……我想我们都把这一切都看得太理所当然了……但现在事物是如此的不同……我认为这很棒……我想知道未来会如何发展……我想越来越多的外国食物和食谱会涌入国内，我完全支持……这是一件好事情……

FS：你对速食品和半成品食物有什么看法？

LA：……这真有趣因为……祖母……如果她知道我们买的预制食品的食用范围……她一定会被吓坏，因为在战争时代……所有食材都必须煮熟……[edits] ……那就是我……这就是我不怎么做速食品的部分原因……

FS：……嗯……

LA：……但我也知道对于今天的生活……这是不可能的……[edits]我不能想象母亲和婆婆是如何准备餐食的……但我认为我们的生活是不同的，因为我们所处的社会范围更广阔……我们愈发成为家庭中的宠儿……我们想要把我们的家变得更漂亮，变得越来越好……我记得我们的家多年以来保持着原样……但我母亲依旧日复一日为我们做饭烹饪……况且大多数妇女工作的同时都还要带孩子，所以……你知道大家都出门在外……[edits] 总而言之……我想这就是……这是……家是烹饪食物的地方，我认为速食品并不算真正的食物，……我仍然认为这是作弊……我仍然认为这是一种偷懒……我早就说过了……

FS：……嗯……

LA：[edits] ……事实上我姐姐惹我大笑，因为她和 George 都是典型的 20 世纪 90 年代人，长时间忙于他们体面的工作……她说她自己做饭仅仅就加热意大利面……放一些调料……她说这也算在烹饪食物……大多数时候他们要么外出吃饭要么打包外带……所以这就好像"哦，今晚我们做饭吧？"然后他们拿出速食品放进锅里……她和我的成长环境一样……家里很重视家庭料理……这样一来好像在作弊，这并不是真正的家庭料理……[edits] ……然而正是因为我现在过的生活……在家和孩子待在一起……我在家里度过很长的时间……有更多的时间思考食物等……有很多时间购置烹饪物料……但是……

FS：……嗯……

LA：我们生活的很大部分时间离不开速食品，这样的饮食状态暂时还无法改变，因为随着孩子的成长，他们需要我陪伴的时间越来越长，我有可能不再工作了。我无法想象突然之间每天有 2 小时来烹制精美的食物，我回想过去，好奇我的母亲是怎样度过这样的时光。我想她一定不怎么出门……她确实不怎么出门。她不太和朋友们打电话聊天，不像我经常煲电话粥。我只是觉得我们的生活十分不同……我对此也能理解。

练习 10.1 答案

以下是两段访谈选段的相关背景信息。阅读完这些背景信息后，考虑这些附加问题：

1. 如何才能提供合适有用的信息？
2. 回想练习开始时，如果没有背景信息是否还能从数据中生成研究课题？
3. 仅仅处理纯数据会有什么价值？这是否与研究项目的其他阶段相类似？

选段 1 Blaxter 的母亲和女儿研究的背景信息

背景：Blaxter 和 Patterson（1982）所做的调查是经济和社会研究理事会（ESRC）的一个研究贫困代际传递的大型项目中的一部分研究工作，该调查以 58 个三代家庭中的女性为抽样对象来研究贫困的代际传递。调查对象抽样的标准带有明确的目的性：家庭中有两代都是工人阶级，祖母辈到女儿辈都住在苏格兰城市，并且彼此保持不间断的联系。研究人员提出了多种影响贫困代际传递的因素，并探索诸如卫生和社会史、生活态度和健康行为等因素是否会影响孩子们的健康成长，以及这些因素是否可能在代际传递等问题。营养是涉及的主题之一，其他的主题有医药、产前保健、预防行为、使用补救措施等。这项研究使用了几种类型的数据：针对母亲辈调查对象的纵向访谈，健康随访员的报告等。其他的数据还包括归档的材料，来源于聚焦态度和看法的半结构化访谈。此项调查的目的是利用研究得出的结论来影响社会政策的制订。

Blaxter 和 Patterson 的图书出版一年之后，他们重新分析了数据，目的是研究食物的历史和道德意义。他们对"美食"的内涵作了叙述：特定的食物，如加工食品或快餐小吃，并不比合理的饮食更重要。他们也使用了丰富的代际数据来比较祖母辈和女儿辈之间不同的态度和行为。

采访工作由两名受过教育的白人妇女来开展。Blaxter 和 Patterson 共同承担了对这些家庭的定期回访任务。Patterson 负责大部分祖母辈的访谈；她和那些家庭来自同一地区。她与受访者关系融洽，这点受到 Blaxter 的称赞。针对母亲辈的访谈则安排在 6 个月的研究过程的末期。此项研究呈现给受访者的是关于代际之间养育孩子的理念和做法的异同。

人物资料和采访人访问 G19 的笔记（Edited）

采访日期：1978 年；G19 的年龄：43 岁

第四街区的一幢公寓，不太整洁，后院长满了草。在这个公寓里，一个女儿带着她的孩子和父母住在一起，似乎还没结婚，另一个怀孕的女儿也在场，但不确定她是否也住在那里，还有一个十几岁大的女儿也住家里。两个女儿看上去面容憔悴、身体不佳。女婿带来了外孙女，她看上去四五岁。尽管所有人都在场，G19 并不遮掩，而是侃侃而谈、言无不尽。但是当我要离开，她带我到门口时，她向我倾诉心声，其实她女儿一代和她这一代非常不同："虽然女儿很好，但她是在优越的物质环境下成长的。她喜欢外出娱乐，而我只想着我的家庭。"

选段 2　Short 的家庭烹饪研究的背景信息

背景：此项研究属于 Frances Short 攻读博士学位的部分研究成果，发表于 2002 年的 *Food policy* 期刊。她还毕业于一家知名烹饪学校，目前是一位专业厨师。

此项研究旨在以系统调查和理论分析的方式进一步理解和探讨烹饪及烹饪技巧。研究分成两个阶段。选用的数据取自第一个阶段。两个阶段都基于半结构化访谈，但第一个阶段还包括了记录"烹饪日记"。

在实地调查的第一阶段，选取的调查对象是年龄 30～50 岁的夫妻，他们的社会背景、经济背景、工作背景及家庭背景均不同；其中两对夫妻和小孩子们生活在一起；有一对夫妻没有孩子；还有一对有个十几岁大的女孩，但只在周末回家住等。访谈计划的设计围绕当前关注的领域如家庭食品、饮食及烹饪做法，同时留有一些余地以便发现和启发其他兴趣点。与调查对象讨论的主题包括：童年的饮食烹饪记忆；当下的烹饪做法；速食品的价值；传统英国菜的意义等。

考虑到可访问性，两个阶段的调查对象大多数是从大伦敦地区随机选取的。采访地点位于调查对象自己的家里或工作场所，并且全程记录。为表感谢，所有的受访者都将获得 15 英镑的购物券。

人物资料和采访 LA 的采访人笔记

受访者的描述：30 多岁的女性，已婚，有两个女儿，英国白种人，拥有理工专科学历或大学本科学历。她当前无工作，丈夫是一名自由职业记者。她每周会收到 500 英镑的抚育孩子补助。她和丈夫抵押贷款买了套房子，住了 7 年。采访时间在 2001 年左右。

采访人记录："LA 的家整洁而新潮，但 LA 和她的伴侣 LB 都觉得这种新潮相当具有讽刺意味。当我晚上采访 LA 时，LB 正好和 LA 换班抱女儿上床睡觉。"

深入讨论

背景信息存在不同层级，所以思路应宽广。如果你只考虑了背景信息的一个层级，如采访经历，那么如第四章所述，可以思考多层级的背景信息。例如，如何使这段摘录融入进整个采访中？如何使项目主题在更广泛的层级上影响受访者的回应？一项健康研究与一项烹饪研究是否会引发针对食物的不同的描述？数据重用者在重新使用数据时如何把这些背景信息考虑进去？

Blaxter 在访谈（参见前面的选段 1）过程中同步记录了对话内容。这些背景信息是否会对你的阅读产生影响？词汇表是否能帮助熟悉陌生的苏格兰词汇？

在 Short 的家庭烹饪研究选段中，你是否需要知道受访者的工作状态，以及与她生活在一起的孩子们的数量和年龄？如果需要的话，原因何在？这是否会对你可能提出的假设或感兴趣的问题有帮助？

列出有助于解析数据的背景信息点十分容易。你会列出什么样的背景信息，取决于你在探究什么样的问题。由于数据创建者是最接近数据的人，是否也要从数据创建者的角度考虑背景信息？在这个练习中，由于你没有置身其中，因此观察数据的视角更加疏远和客观。可见，应该认识到研究不仅需要掌握近距离检验数据的技巧，而且还要懂得如何在一定的距离之外去分析数据、比较数据。

最后，考虑历史学家如何利用缺少有用背景信息的归档材料。他们往往依赖于从独立正式的记录（如已发布的文档、报道或新闻等）中创造性地收集背景信息。

参 考 文 献

ANDS (2013) *Research Data Australia*, Australian National Data Service (ANDS). Available at: http://researchdata.ands.org.au/.

Archives Hub (2013) Available at: http://archiveshub.ac.uk/.

Birth to 20 Study (2012) *About Us. Birth to 20 Study*, Faculty of Health Science, University of Witwatersrand, Johannesburg. Available at: http://www.wits.ac.za/birthto20.

Bishop, L. (2009) 'Ethical sharing and re-use of qualitative data', *Australian Journal of Social Issues*, 44(3): 255–72. Available at: http://www.data-archive.ac.uk/media/249157/ajsi44bishop.pdf.

Bishop, L. (2012) 'Using archived qualitative data for teaching: Practical and ethical considerations', *International Journal of Social Research Methodology* [Special Issue:

Perspectives on working with archived textual and visual material in social research], 15(4): 341–50. DOI: 10.1080/13645579.2012.688335.

Blaxter, M. (2008) *Mothers and Daughters: Accounts of Health in the Grandmother Generation*, 1945–1978 [computer file], Colchester, Essex: UK Data Archive [distributor], April. SN: 4943. Available at: http://dx.doi.org/10.5255/UKDA-SN-4943-1.

Blaxter, M. and Patterson, E. (1982) *Mothers and Daughters: A Three-generational Study of Health Attitudes and Behaviour*. London: Heinemann Educational Books.

Bonin, E., Stevens, M., Beecham, J., Byford, S. and Parsonage, M. (2011) 'Costs and longer-term savings of parenting programmes for the prevention of persistent conduct disorder: A modelling study', *BMC Public Health*, 11: 803. DOI: 10.1186/1471-2458-11-803.

Booth, Charles (1891–1902) *Life and Labour of the People in London*. London: Williams and Norgate/Macmillan.

Boyle, E.M., Poulsen, G., Field, D.J., Wolke, D., Alfirevic, Z. and Quiqley, M. (2012) 'Effects of gestational age at birth on health outcomes at age 3 and 5 years of age: Population based cohort study', *British Medical Journal*. 344. DOI: 10.1136/bmj.e896.

Brown, G. and Harris, T. (1978) *Social Origins of Depression: A Study of Psychiatric Disorder in Women*. London: Tavistock.

Bureau of Labor Statistics (2013) *Labor Force Statistics from the Current Population Survey*, Bureau of Labor Statistics. Available at: http://www.bls.gov/cps/.

Centre for Longitudinal Studies (2010a) *Millennium Cohort Study: First Survey, 2001–2003* [computer file], 9th edn, Colchester, Essex: UK Data Archive [distributor], April. SN: 4683. Available at: http://dx.doi.org/10.5255/UKDA-SN-4683-1.

Centre for Longitudinal Studies (2010b) *Millennium Cohort Study: Second Survey, 2003–2005* [computer file], 6th edn, Colchester, Essex: UK Data Archive [distributor], April. SN: 5350. Available at: http://dx.doi.org/10.5255/UKDA-SN-5350-1.

Centre for Longitudinal Studies (2010c) *Millennium Cohort Study: Third Survey, 2006* [computer file], 4th edn, Colchester, Essex: UK Data Archive [distributor], April. SN: 5795. Available at: http://dx.doi.org/10.5255/UKDA-SN-5795-1.

CESSDA (2012) *Member Organizations*, Council of European Social Science Data Archives. Available at: http://www.cessda.org/about/members/ (http://www.cessda.org/.

CLS (2013) *Home Page*, Centre for Longitudinal Studies. Available at: http://www.cls.ioe.ac.uk/.

Corti, L. and Bishop, L. (2005) 'Strategies in teaching secondary analysis of qualitative data', *Forum Qualitative Social Research*, 6(1). Available at: http://nbn-resolving.de/urn:nbn:de:0114-fqs0501470.

Corti, L. and Thompson, P. (2004) 'Secondary analysis of archived data' in C. Seale,

G. Gobo, J. Gubrium and D. Silverman (eds), *Qualitative Research Practice*. London: Sage. pp. 327–43.

Crescenzi, R. and Gagliardi, L. (2012) 'Moving people with ideas: Does inventors' mobility make firms more innovative?', UK Data Service Case Study, UK Data Service, University of Essex. Available at: http://ukdataservice.ac.uk/use-data/data-in-use/case-study/?id=109.

Crow, G. and Edwards, R. (2012) (eds) 'Perspectives on working with archived textual and visual material in social research', *International Journal of Social Research Methods* [Special issue], 15(4). DOI: 10.1080/13645579.2012.688308.

Dale, A., Arber, S. and Proctor, M. (1988) *Doing Secondary Analysis*. London: Allen and Unwin.

Data.gov (2013) Available at: http://www.data.gov/.

Databib (2013) *Registry of Research Data Repositories*, Databib. Available at: http://databib.org/index.php.

DBPedia (2013) Available at: http://dbpedia.org.

Department for Business, Innovation and Skills and Office for National Statistics (2011) *UK Innovation Survey, 1996–2008: Secure Data Service Access* [computer file], Colchester, Essex: UK Data Archive [distributor], July. SN: 6699. Available at: http://dx.doi.org/10.5255/UKDA-SN-6699-1.

Dex. S. (ed.) (1991) *Life and Work History Analysis: Qualitative and Quantitative Developments*, Social Review Monograph, 37. London: Routledge.

DIW (2013) *German Socioeconomic Panel*, Deutsches Institut für Wirtschaftsforschung (DIW), Berlin. Available at: http://www.diw.de/english/soep/.

Elder, G. (1974) *Children of the Great Depression: Social Change in Life Experience*. Chicago: University of Chicago Press.

Elliot, J. and Marsh, C. (2008) *Exploring Data: An Introduction to Data Analysis for Social Scientists*, 2nd edn. Cambridge: Polity Press.

Felstead, A. and Green, F. (2012) *Changing Patterns in the Quality of Work*, UK Data Service Case Study, UK Data Service, University of Essex. Available at: http://ukdataservice.ac.uk/use-data/data-in-use/case-study/?id=100.

Fielding, N. and Fielding, J. (2000) 'Resistance and adaptation to criminal identity: Using secondary analysis to evaluate classic studies of crime and deviance', *Sociology*, 34(4): 671–89.

Gillies, V. and Edwards, R. (2012) 'Working with archived classic family and community studies: Illuminating past and present conventions around acceptable research practice', *International Journal of Social Research Methodology*, 15(4): 321–30. Available at: http://dx.doi.org/10.1080/13645579.2012.688323.

Hakim, C. (1982) *Secondary Analysis of Social Research*. London: Allen and Unwin.

Hammersley, M. (1997) 'Qualitative data archiving: Some reflections on its prospects and problems', *Sociology*, 31(1): 131–42.

Hammersley, M. (2010) 'Can we re-use qualitative data via secondary analysis? Notes on some terminological and substantive issues', *Sociological Research Online*, 15(1): 5. DOI:10.5153/sro.2076. Available at: http://www.socresonline.org.uk/15/1/5.html.

Haynes, J. (2010) *Getting Students to do Data Analysis in a 12-week Unit*, UK Data Service Case study, UK Data Service, University of Essex. Available at: http://ukdataservice.ac.uk/use-data/data-in-use/case-study/?id=22.

Home Office (2008) *Offending, Crime and Justice Survey, 2006* [computer file], 2nd edn. Colchester, Essex: UK Data Archive [distributor], December. SN: 6000. Available at: http://dx.doi.org/10.5255/UKDA-SN-6000-1.

Huby, M. (2010) *Social and Environmental Inequalities in Rural England, 2004–2009* [computer file], Colchester, Essex: UK Data Archive [distributor], July. SN: 6447. Available at: http://dx.doi.org/10.5255/UKDA-SN-6447-1.

Hyman, H. H. (1972) *Secondary Analysis of Sample Surveys*. New York: Wiley.

ICPSR (2009) *Age and Attitudes about the Rights of Homosexuals: A Data-Driven Learning Guide*, Inter-university Consortium for Political and Social Research, University of Michigan. Available at: http://dx.doi.org/10.3886/gayrights.

ICPSR (2013a) *Instructional Materials*, Inter-university Consortium for Political and Social Research, University of Michigan. Available at: http://www.icpsr.umich.edu/icpsrweb/ICPSR/studies?geography%5B0%5D=United+States&geography%5B1%5D=Global&classification=ICPSR.X.A.*&keyword%5B0%5D=instructional+materials&paging.startRow=1.

ICPSR (2013b) Available at: http://www.icpsr.umich.edu.

Irwin, S., Bornat, J. and Winterton, M. (2012) 'Timescapes secondary analysis: Comparison, context and working across data sets', *Qualitative Research*, 12(1): 66–80. DOI: 10.1177/1468794111426234.

Irwin, S. and Winterton, M. (2012) *Qualitative Secondary Analysis: A Guide to Practice*, Timescapes Methods Guide No. 19. Available at: http://www.timescapes.leeds.ac.uk/assets/files/methods-guides/timescapes-irwin-secondary-analysis.pdf.

ISER (2013) *British Household Panel Study (BHPS)*, Institute for Social and Economic Research, University of Essex. Available at: https://www.iser.essex.ac.uk/bhps.

ISR (2013) *The Panel Study of Income Dynamics (PSID)*, Institute for Social Research, University of Michigan. Available at: http://psidonline.isr.umich.edu.

Johnson, J., Rolph, S., and Smith, R. (2010) *Residential Care Transformed: Revisiting 'The Last Refuge'*. Basingstoke: Palgrave.

Klineberg, S.L. (2011) *Kinder Houston Area Survey, 1982–2010: Successive Representative Samples of Harris County Residents*, ICPSR 20428-v2, Ann Arbor, MI: Inter-university Consortium for Political and Social Research [distributor]. DOI:10.3886/ICPSR20428.v2.

Kynaston, D. (2005) 'The uses of sociology for real-time history', *Forum Qualitative Social Research* [Online], 6(1). Available at: http://www.qualitative-research.net/index.php/fqs/article/view/503.

Llewellyn Smith, H. (1930–35) *The New Survey of London Life and Labour*. London: P.S King.

Marsh, C. (1982) *The Survey Method: The Contribution of Surveys to Sociological Explanation*. London: Allen and Unwin.

Mauthner, N. (2012) 'Accounting for our part of the entangled webs we weave: Ethical and moral issues in digital data sharing', in T. Miller, M. Birch, M. Mauthner and

J. Jessop (eds), *Ethics in Qualitative Research*, 2nd edn. London: Sage. pp. 157–75.

McInnes, J. (2012) *ESRC Undergraduate Quantitative Methods Initiative List of Resources for Teachers*, National Centre for Research Methods. Available at: http://eprints.ncrm. ac.uk/779/.

McKee, D. and Vihjalmson, R. (1987) 'Life stress, vulnerability and depression: A methodological critique of Brown et al.', *Sociology*, 20(4): 589–99.

Moore, N. (2007) '(Re)Using qualitative data?', *Sociological Research Online*, 12(3): 1. Available at: http://www.socresonline.org.uk/12/3/1.html.

NARCIS (2013) *National Academic Research and Collaborations Information System*, Royal Netherlands Academy of Arts and Sciences. Available at: http://www.narcis.nl.

National Renewable Energy Laboratory (2010) *Data.gov Mashathon 2010: an Energy Mashup*, Open EI. Available at: http://en.openei.org/apps/mashathon2010/.

National Research Council (2005). *Expanding Access to Research Data: Reconciling Risks and Opportunities*. Washington, DC: The National Academies Press. Available at: http://www.nap.edu/catalog.php?record_id=11434.

Nesstar (2013) *Nesstar*, UK Data Service, University of Essex. Available at:(http:// ukdataservice.ac.uk/get-data/explore-online/nesstar/nesstar.aspx.

NORC (2013) *Bibliography, General Social Survey*, NORC, University of Chicago. Available at: http://www3.norc.org/GSS+Website/Publications/Bibliography/.

Nurses' Health Study (2012) *About the Nurse's Health Study (NHS)*, Channing Laboratory, Harvard School of Public Health. Available at: http://www.channing. harvard.edu/nhs/.

Office for National Statistics (2012) *Harmonized Concepts and Questions for Social Data Sources: Primary Standards. Long-lasting Health Conditions and Illnesses*, Office for National Statistics. Available at: http://www.ons.gov.uk/ons/guide-method/ harmonisation/primary-set-of-harmonised-concepts-and-questions/long-lasting-health-conditions-and-illnesses--impairments-and-disability.pdf.

Office for National Statistics (2013) *Labour Market Statistics, January 2013*, Office for National Statistics. Available at: http://www.ons.gov.uk/ons/publications/re-reference-tables.html?edition=tcm%3A77-222531.

re3data.org (2013) *Registry of Research Data Repositories*. Available at: http://www. re3data.org/.

Roper, M. (2009) *The Secret Battle. Emotional Survival in the Great War.* Manchester: Manchester University Press.

Rowntree, S. (1901) *Poverty. A Study of Town Life.* London: Macmillan.

Ruspini, E. (2002) *Introduction to Longitudinal Research.* London: Routledge.

Savage, M. (2010) *Identities and Change in Britain since 1940: The Politics of Method.* Oxford: Oxford University Press.

Short, F. (2003) 'Domestic cooking practices and cooking skills: Findings from an English study', *Food Service Technology*, 3(3–4): 177–85.

Short, F. (2007) *Domestic Cooking and Cooking Skills in Late Twentieth Century England, 1996–1997* [computer file], Colchester, Essex: UK Data Archive [distributor], August. SN: 5663. Available at: http://dx.doi.org/10.5255/UKDA-SN-5663-1.

Singer, J.D. and Willett, J.B. (2003) *Applied Longitudinal Data Analysis: Modelling Change and Event Occurrences*. Oxford: Oxford University Press.

Smith, E. (2008) *Using Secondary Data in Educational and Social Research*. Oxford: Oxford University Press.

Social Science Research Methods Centre (2012) *SSRMC Training Programme*, University of Cambridge. Available at: http://www.ssrmc.group.cam.ac.uk/programme/.

The City of New York (2013) *NYC Open Data*, The City of New York. Available at: https://data.cityofnewyork.us/.

Thompson, P. (1975) *The Edwardians: The Remaking of British Society*. London: Weidenfeld and Nicolson.

Thompson, P. and Lummis, T. (2009) *Family Life and Work Experience Before 1918, 1870–1973* [computer file], 7th edn, Colchester, Essex: UK Data Archive [distributor], May. SN: 2000. Available at: http://dx.doi.org/10.5255/UKDA-SN-2000-1.

Townsend, P. (1962) *The Last Refuge: A Survey of Residential Institutions and Homes for the Aged in England and Wales*. London: Routledge and Kegan Paul.

Townsend, P. (2011) *Last Refuge, 1958–1959* [computer file], 2nd edn, Colchester, Essex: UK Data Archive [distributor], August. SN: 4750. Available at: http://dx.doi.org/10.5255/UKDA-SN-4750-1.

UK Data Service (2013a) *Case Studies of Re-use*, UK Data Service, University of Essex. Available at: http://discover.ukdataservice.ac.uk/?sf=Case studies.

UK Data Service (2013b) *Discover*, Data catalogue, UK Data Service, University of Essex. Available at: http://discover.ukdataservice.ac.uk/?sf=Data catalogue.

Vaillant, G. (2012) *Triumphs of Experience: The Men of the Harvard Grant Study*. Cambridge: Belknap Press/Harvard University Press.

Webb, S. and Webb, B. (1920 [1894]) *History of Trade Unionism*. London: Longmans, Green.

Whitehall Study (2012) *Whitehall II History*, UCL Department of Epidemiology and Public Health. Available at: http://www.ucl.ac.uk/whitehallII/history.

第十一章

研究数据的出版和引证

虽然研究数据可以在同事、信任的合作伙伴之间进行非正式分享，或者也可以根据访问请求来提供，但是正式的数据出版会带来更多的益处。数据的出版可以通过以下途径：数据仓储平台出版、以数据期刊形式出版或作为期刊的附属材料出版。数据出版之后，由于增加了正确的引证信息等描述，使得数据的重复使用与多数传统的信息源引证一样，有了归属并能被普遍承认。

在过去的数年里面，数据引证的方法发展得非常快。不仅有数据仓储平台给他们的收藏提供永久的引证信息，而且还有许多出版社为数据引证推荐格式。

出版数据：在哪里和怎么样

不止一个途径可用来出版研究数据：

- 储存到专业数据中心、档案馆或主题仓储平台；
- 储存到机构库；
- 提交到支持出版的期刊；
- 在数据期刊出版；
- 通过项目或机构网站传播；
- 通过类似"figshare"的云存储平台自行出版。

可根据研究的学科领域和所在国家来选择合适的出版途径。我们将按顺序来讲解每一个选择的优点和缺点。

数据中心和专业档案馆

社会科学研究数据的数字典藏有着丰富的历史，可以追溯到20世纪50年代，经过多年以来国际合作的共同努力，数字典藏已经成功地专业化了。近期数据典藏方法的发展正是建立在这个基础之上，并且使得数据监护实践应用于更大的范围（Corti，2012）。最初的发展很大程度上是被一些关键的专业学者的远见所推动的，他们致力于通过国际共同努力来促进社会科学数据的获取并实现跨国和跨文化的分析。

早在 20 世纪 60 年代欧洲调查典藏活动之前，美国的一些更早的计划为数据典藏实践铺了路。1945 年，调查研究的奠基人之一——Elmo Roper，将他们的 20 世纪 30 年代的民意调查的 IBM 穿孔卡片赠送给美国的一个大学图书馆。不久之后，盖洛普民意调查的发明人 George Gallup，追随他的领导，建立了一个专门的部门来保存数据。这就是后来的罗普中心，1957 年，它成立的时候是作为美国康涅狄格大学的国际民意调查的典藏中心（Scheuch，2006）。

德国科隆大学的社会科学实证研究典藏中心（现在是 GESIS——莱布尼茨社会学院的一部分）是欧洲第一个调查数据典藏中心，成立于 1960 年。紧随其后，1962 年美国校际政治研究联盟（ICPSR）成立于美国密歇根州的安娜堡。1967 年，SSRC 数据银行（现在的英国数据档案馆）在位于英国科尔切斯特市的埃塞克斯大学社会科学研究联盟（SSRC）成立。全世界其他的研究团体跟随这些创新行动，开始为了未来国内和国际的研究和教学而保存数据（Mochmann，2008）。因此，重要的调查数据如果能被其他研究者重新分析利用，那么花费在研究上的钱不单纯是一笔直接支出，还是一项未来持续有良好红利的投资。

这些档案馆之间的早期国际合作包括以下内容：构建数据清单和检索系统，开展数据典藏管理实践，并提供数据二次分析的培训。合作网络建立于 50 年之前，它将全世界的社会科学领域的典藏专家汇聚在一起，直至今天仍旧生机勃勃一片繁荣，如著名的"国际社会科学信息系统和技术联盟"（IASSIST）（O'Neill Adams，2006）。

第一个社会科学数据档案馆主要收集定量学者有着特殊兴趣的数据，如民意数据和选举数据。随着 20 世纪 70 年代末大规模调查数据的增长，档案馆开始获取国际比较调查数据、政府调查数据和人口普查数据。因为这些数据的样本量大并且收集信息比较丰富，它们已被政府用于规划、制定政策和监控的目的，同时也是社会科学家们主要的研究资源。

许多数据档案馆现在开始收藏从历史数据库到定性访谈的多样化数据，如英国数据档案馆（UKDA）整合了埃塞克斯的定性数据部门和专业的历史数据服务中心，大大扩展了它以调查为主的收藏，开始囊括非数值型、文本型、图片和混合方法的数据集。

专业的英国研究数据中心的例子

英国南极环境数据中心

英国考古数据服务

英国生物医学信息研究网络数据仓储平台

英国大气数据中心

英国国家图书馆国家声音档案馆

英国海洋学数据中心

英国剑桥晶体学数据中心

英国濒临灭绝的语言档案馆

英国环境信息数据中心

ESRK 英国数据中心

欧洲生物信息研究院

英国学术存储和抽取地理信息仓储平台

英国自然环境研究理事会（NERC）地球观察数据中心

英国自然环境研究理事会（NERC）环境生物信息中心

英国地理和环境科学出版网络盘古大陆（PANGAEA）

牛津文本档案库

英国数据档案馆

英国太阳系数据中心

英国可视化艺术数据服务中心

将数据储存到专业的数据中心的优势包括：

• 确保数据符合现有的数据质量标准；

• 数据以标准的文件格式进行长期保存，当软件升级或改变时它们能被及时按需升级；

• 数据能储存在一个安全的环境里，在有需要时可以进行访问控制；

• 定期的数据备份；

• 可通过数据目录开展在线资源发现；

• 数据以常用文件格式的形式被访问；

• 通过许可管理来保障数据权利，采取适当方式处理保密数据；

• 通过标准引证机制认可数据的创作；

• 将数据宣传给更多的用户；

- 监控数据的二次使用；
- 代表数据拥有者来管理数据的访问和用户请求。

数据中心和档案馆能够通过访问控制的方式为敏感数据提供安全保护。但是，数据中心有馆藏发展政策和收藏优先级策略，不能接受所有提供给它们的数据。

全世界有数不清的、更传统的档案馆，它们收藏研究论文、声音和人物志档案。英国最早的也许也是最有名的资源是来自于 20 世纪 30 年代社会研究组织"大观察"的论文集，它在 20 世纪 70 年代早期成了英国苏塞克斯大学的一份公共档案，从此被它吸引的研究者数量节节攀升（Sheridan，2000）。如今已从这个广受欢迎的收藏中选择了一些论文进行数字化制作。

利用口述历史的研究项目来储存和制作可用的数据集，这是口述历史领域悠久的传统。在美国，哥伦比亚大学图书馆的一个口述历史档案馆运行了超过 40 年，而在 1987 年，英国国家图书馆声音档案馆的口述历史部分增加了与各行各业的关键人物访谈的重要数据集（Thompson，2000）。世界上著名的口述历史档案馆包括：德国哈根的"德国记忆"口述历史档案馆，它包含见证了民主德国和联邦德国时期的 1500 位个人生活史访谈记录（Leh，2000）；还有的口述历史档案馆收藏了各种各样的关于全世界大屠杀见证的口述史，如华盛顿特区的美国大屠杀纪念馆（United States Holocaust Memorial Museum，2013）。

著名的学者退休之后，通常会把他们的研究成果捐赠给当地大学的档案馆，在很多情况下，这些作品代表了他们的整个学术生涯。研究者除了会保留原始研究数据之外，通常还会保留与研究过程相关的管理文档，如基金申请书、相关的来往函件及分析的成果（如手稿）等。这些收藏也包括为特定研究课题而二次利用的资源，如报纸剪报、组织和医疗记录等。大学档案馆因此保留了有关机构、理论和智力的发展过程中文化和物质方面的"沉淀"，如在重要的社会科学部门的思想演变的发展（Hill，1993）。一些小档案馆目前主要聚焦在监护非数字材料上，访问特殊收藏档案是受限制的，然而他们管理数字材料的能力有限。因此，对于研究者而言，这些小档案馆不是出版当代研究数据的最佳场所。

机构数据仓储平台

研究基金赞助者和出版者的数据共享政策，连同支持技术创新的举措，使得学术机构开始承担更多的责任来保存它们的研究资产。机构知识库的不断增加反映了这个趋势，它们的创建初衷是为了存放期刊论文、硕博士论文，现在开始存放研究数据。这些创新举措能让机构的学术研究在更广阔的范围内被熟知。在本书写作的 2013 年，机构数据仓储平台仍然处于针对摄入和监护数据资产的试验、程序测试和工具选型阶段。不同学科的数据在本质上具有非常大的异质性，这对机构知识库的通行解决方案提出了挑战，也许它们之间唯一共同的部分是对某个收藏的顶层描述，如同目录记录一样。我们期待出现一些更成熟的机构知识库，能够提供访问社会科学数据的丰富元数据。

　　未来，我们期待一个由传统的社会科学数据档案馆和机构知识库共同组成的新的、更为丰富的数据蓝图，前者提供国内颇受好评的数据集的访问，后者储存本地产生的研究数据集。数据档案馆有责任，给本地数据企业提供特殊领域的专家指导和能力建设（Green and Gutman，2006）。机构知识库能够提供储存数据的地方，但数据在提交共享之前，需要评估它的访问条件和保存政策的适用性，以及其他研究者能够发现这些资源的能力。Databib（2013）和 re3data.org（2013）的注册数据能为我们提供目前已经存在的数据仓储平台的权威概览。

案例研究	美国哈佛大学定量社会科学研究所 Dataverse 网络

　　Dataverse 能够为个人研究者、研究团体、机构或期刊创建一个数据空间来储存和共享他们的研究数据集。Dataverse 可以被品牌化并嵌入网站中。到目前为止，全球已经发布了超过 500 个 Dataverse 数据空间，实现了数据的再次利用，如包括美国的很多大学、加纳民主发展中心、世界农地林业中心、茂物农业大学、麦克阿瑟基金会。使用 Datavese 来储存论文附带数据的期刊包括国际研究季刊、美国政治科学研究期刊、国际经济和统计学交流和评论等（IQSS，2013）。

期刊和数据出版

　　随着因特网的发展，信息共享变得更加快捷、容易、强大，数字革命已驱动了信息开放存取。同样随着电子期刊、开放获取期刊的出现和版权保护政策的推出，越来越多的研究成果已经被储存在开放获取仓储平台中，学术出版开始强有力地推动公开获取行动以增加研究成果的影响力（RIN，2010；Laakso et al.，2011）。同样的行动开始催生得以访问研究出版物相关的数据和证明材料的机会。不断有期刊要求支撑研究成果的数据应该被出版。一些期刊要求数据作为附属材料出版，而另一些期刊则强制要求上传手稿的时候必须同时将相关材料在开放存取仓储平台储存和出版。提供支撑数据的访问对一些期刊来说是惯例，但另外一些期刊则不是如此。而且，更多的期刊虽然推荐公开相关数据，但并不是强制要求。第一章提供了更多关于期刊的数据政策和强制规定。

　　在社会和行为科学领域，心理学学科要求研究能够被复制。在 2011 年心理学学科遭受了研究规则的滥用，当时一个荷兰研究者被发现在一系列出版物中涉嫌数据造假。这导致了他的一些出版物被英国社会心理学期刊和基本应用社会心理学期刊撤稿，并且展开了针对这个造假行为的调查（Enserink，2012a）。无独有偶，在 2012 年，一位研究消费者行为的荷兰社会心理学家，在其研究成果被专家委员会发现问题之后，他撤销了论文并辞去了职务（Enserink，2012b）。出版社和专家团体开始着手处理这些令人尴尬的丑闻，包括强制要求支撑关键出版物的实验数据必须能被获取，以及规定从 2013 年开始，数据出版之后必须保留至少 5 年，并确保其他科研参与者在提交请求之后必须能获得数据。这个规定适用于实验数据、已完成的问卷、音频和视频记录。

在经济学领域，一些期刊要求上传数据集，但是在社会科学领域，研究数据很少进行同行评审或向论文的读者开放。在生命科学领域，这种做法更加普遍。早在 2003 年，美国国家科学院在国家癌症研究院、国家人类基因研究院、国家科学基金会和斯隆基金会的支持下，针对生物科学领域的数据共享发布了一份详尽的报告和建议（National Research Council，2003）。一些生物医学核心期刊现在开始鼓励或要求作者增加支撑论文结果的数据的链接，并以此作为论文发表的条件之一。

在环境科学领域，已经建立了专业数据仓储平台，用于给期刊提供强有力的支持。这里有一些仓储平台的案例，用于正式支持学术出版物的数据管理和共享，如在下面的"期刊和数据共享"案例学习中提到的 Dyrad、PANGAEA 和 DataONE。

新出现的数据出版形式是在文章中增加超链接来指向数据。此外，在"增强出版"模式下，纸质期刊中顺序印刷的文章已经被多维度的多媒体呈现方式所替代。读者跟随文章的描述，能够有机会看到从数据中抽取出的文本、观看电影的片段或聆听音频片段等（Dicks et al.，2004；Wouterson-Windhuwer，2009）。这要求能深入到访谈抽取层来访问和参考数据。

案例研究	期刊和数据共享

Dryad 是一个国际生物科学数据仓储平台，它所储存的是用于支持同行评审出版物的数据。Dryad 的愿景是成为：

面向研究和教育领域的学术团体、出版商和机构、赞助者和其他利益相关者，使其能够共同承担和促进学术数据的长期保存和重用的学术交流系统（Dryad，2013）。

截止到 2013 年 1 月，Dryad 已经收藏了与 185 本期刊的论文相关的超过 2500 个数据包和 7000 多个数据文件。很多仓储平台与 Dryad 建立了合作关系，它们和 Dryad 交换数据，还共同开发数据提交和搜索功能。

地球和环境科学数据出版网络盘古大陆（PANGAEA）是一个开放存取数据仓储平台，支持地球和环境科学领域各种期刊的数据储存（PANGAEA, 2013）。典藏在 PANGAEA 的数据能被整个引证，也能够和期刊论文（如 Elsevier 出版的论文）交叉参考。

Nature 家族的期刊有一个政策：作为发表条件之一，要求作者优先通过公共数据仓储平台向读者公开数据和相关材料（*Nature*, 2013）。它推荐了一些适合特定学科领域的数据仓储平台，同时也提供了与数据标准、兼容性或格式相关的规范。例如，针对小分子晶体结构的研究，作者必须提交数据和相关材料给剑桥结构数据库（CSD），包括晶体结构信息文件和用于储存和发布晶体信息的标准文件结构。手稿出版之后，储存结构包含在 CSD 里面，真正的研究者能够免费获取它们。CSD 和许多其他的期刊有类似的储存协议。地球数据观察网络（DataONE）为多学科、多国家的科学数据提供储存和访问服务，能为研究人员提供针对地球观察数据的开放、持续和安全的访问。DataONE 由美国国家自然科学基金会赞助。

最近"数据论文"或"数据文章"的发表热度逐步上升，这类文章主要描述储存在仓储平台的数据集，并详述有关大规模数据集的数据收集和处理方法。数据集正被学术界确信为有价值的、可发布的资产。数据论文可以发表在特定的数据期刊，也可以发表在常规刊物上。

美国生态学会（ESA Publications, 2012）把数据论文定义为：

发表在《生态学》（*Ecology*）期刊上的一种特殊类型的文章，通常介绍一些规模大、范围广的数据集，并描述与数据的内容、上下文、质量和结构有关的元数据。元数据包含的数据统计分析信息是有限的，而针对数据集的详细分析可能构成一篇数据论文的核心内容。数据论文必须接受完整的同行评审程序；评审过程会从生态学意义和整体质量的角度来评估，但数据论文本身，尤其是相关的元数据，也会接受进一步的技术审查以确保高标准的可用性。

一个例子是《地球系统科学数据》期刊（*Earth System Science Data Journal*, ESSD），这是一份跨学科的国际期刊，致力于出版高质量的原始数据集的研究论文以供地球系统科学家使用。相似的，《地球科学数据》期刊（*Geoscience Data Journal*）提供了一个开放获取的平台，科学数据可以在此平台上正式出版并接受同行评议。作为仅在网络出版的期刊，它通常发布短篇数据论文，并通过已认证的数据中心提供的永久标识符与储存其中的数据集建立引用和链接。华大基因大数据期刊 *GigaScience* 是一份支持数据开放获取的期刊,主要发布有关生命科学和生物医药科学全领域的"大数据"研究。其他的例子包括最近推出的期刊 *Open Public Health Data* 和 Ubiquity 出版社的期刊 *Open Psychology Data*。这些期刊均采用了由论文提交者支付一定的版面费的收费模式。采用类似模式的还包括人口卫生科学的队列研究,一直以来,队列研究的概况都会发布在《国际流行病学》期刊上,详细阐述了数据收集情况及支持新研究的潜力。这样一来,数据并不仅仅被存放在仓储平台,而是通常由研究机构收藏并加以利用。

项目网站和开放链接数据

项目网站能简单、直接地储存并获取研究数据,但并不一定能提供持续的、长期的保存服务。另外,除非采取管理手段,否则难以控制数据使用者的行为,也难以了解他们如何使用数据。一个收藏数据的项目网站应建立数据备份计划,以及数据共享的退出计划。

Web 服务的普及使得网上公开发布的数据表越来越多,由此促进了不同信息源的融合和分析。使用开放链接数据的案例在第十章的重用数据中已介绍。被称为数据中心的 CKAN 网站是一个社区运营网站,2013 年 1 月它在网络上列出 5000 多个可利用的公开数据集(CKAN,2013)。英国政府使用 CKAN 来运营其数据枢纽门户网站 data.gov.uk,其在 2013 年 1 月列出约 8000 份政府数据集。该数据枢纽可以复制其他人的数据并纳入数据库,并提供一些基础的可视化工具。然而,与其他 Web 功能一样,这些服务只能产生短期影响,而不能成为一个数据长期保存的解决方案。

数据引用的价值

对于需要参考他人研究成果的出版物来说,遵守数据引用的规范十分重要。在大多数情况下,引用的范围包括学术出版物、知识或事实信息源,今后,引用范围也包括使用的一手或二手的数据源。

使数据集可被引用并鼓励用户引用的意义在于:

• 承认作者的信息源;
• 让标识数据变得更简单;
• 促进研究结果的可复制性;
• 让数据查找变得更简单;

- 允许追踪数据的影响力;
- 提供认可、奖励数据创建者的机制。

第四章介绍了数据引用和发现与结构化、标准化的核心元数据之间的依赖关系,详细例子可参见 DataCite 元数据规范。

新颖且不可复制的数据集的创建、准备和记录工作昂贵又耗时,其价值应与传统学术成果一样予以认可。在社会科学和人文科学中,除了传统的学术成果外,各种各样的项目成果,如视频、网站资源和音乐都值得关注。数据紧随其后。

Piwowar 等（2011）证明数据共享提供了许多潜在的好处,包括增加了与共享数据相关的文章的引用量并促进了数据的重用。虽然测量数据重用的实际数量还有困难,但 Piwowa 追踪了三个数据仓储平台 NCBI 的 Gene Expression Omnibus、PANGAEA 和 TreeBASE 的数据重用情况,发现数据重用量与数据集相关的文章的引用数量有关。

引用数据的惯例

过去,出版商并没有在出版指南里规定引用数据的方法,因此数据使用者通常采用非正式方式向数据创建者致谢。在此情形下,已发布数据的价值不容易通过一些常规的途径（如引文索引）被看到。

幸运的是,一些主要出版社的出版手册开始提供数据集引用指导和案例介绍。例如,《美国心理协会出版手册》（*Publication Manual of the American Psychological Association*）和《牛津论文格式手册》（*Oxford Manual of Style*）都提供了类似指导（APA,2009;OUP,2012）。然而,更大的挑战是如何使数据可被引用,因为这需要数据具备长期正式的可引用能力,以确保在未来随时能访问到数据集。

尽管数据档案馆和特藏库为它们的资源提供了独特的引用标准,但数据引用实践仍经历了一段时间才进入了正轨。

Altman 和 King,这两位定量数据专家于 2007 年在哈佛大学呼吁社会科学中实行强有力的数据引用。他们提出:

一种定量数据引用的通用标准,它既能保留印刷文献引用的优点,又可以加上因电子格式和定量数据集的系统特征而产生和需要的其他引用项。

他们认为,利用六个引用项就能兼顾印刷文献和电子格式文献的特性。其中,数据集的作者、标题和出版日期能提供浏览和搜索的功能,而全局唯一标识符、通用数字指纹和桥接服务则能在出版技术和地点发生变化的时候仍可保存和辨识数据。

在这之后,经济合作与发展组织（OECD）的 Green（2009）发表了白皮书,进一步呼吁制订一种公认的标准,并提出了一种已经应用于 OECD 国际数据序列和数据表的工作模型。

要对网络数字文献进行唯一和永久的识别，需要使用统一资源名称（URN）。一旦标识符分配给了文献，只要该文献的名称和内容不更换，标识符就保持不变。两份不同的文献不会有相同的标识符。URN 标识符作为一种永久的网络地址，通常经由专门机构（如英国国家图书馆）的注册程序来获得。个人不能注册获得 URN 标识符。

URN 标识符需要一个永久的网络地址来组成解析服务地址的前缀。自 21 世纪前 10 年中期以来发布的许多用于数据服务的 URN 及各自的命名规范，已经开始发挥作用。其中包括 2000 年开始运行的 DOI 数字对象唯一标识符系统，该系统为数字网络上的永久且可互操作标识符的注册及使用提供了社会性和技术性基础设施（IDF，2012）。一个 DOI 由一串字符来唯一地标识一个对象。该对象的元数据与 DOI 名称储存在一起，名称里包括一个能定位对象的网络地址，称为统一资源定位符（URL）。每份文献的 DOI 是永久性的，然而元数据却可能发生变化，从而可能导致网页链接中断。到 2013 年 4 月，全球共计约有 9500 个机构分配了超过 8500 万 DOI 名称。

许多数据档案馆和数据中心采用 DOI 系统来唯一标识数据，利用注册机构提供唯一的 DOI 就好比是给图书分配一个国际标准书号（ISBN）。他们通常遵循类似的方法为各种发布对象分配 DOI（Callaghan et al.，2012；ESRC，2012）。

其他分配和解析 URN 的系统还包括：由德国国家图书馆发起并用于德国、奥地利和瑞士的统一资源名称，国家书目记录号 URN：NBN 解析服务（Deutsche national Bibliotek，2013）；以及档案资源标识符（ARK），它是由加州数字图书馆创建的多用途标识符，许多国际组织使用该系统来分配 URN，如法国国家图书馆和美国医药国家图书馆（California Digital Library，2013）。

以下的案例研究证明了在英国数据档案馆如何利用数字对象唯一标识符 DOI 来实现数据引用，以及数字对象唯一标识符 DOI 的组成。

案例研究	使英国数据档案馆的数据可引用

数据资源的引用应包含足够的信息以便于数据准确定位，但其中并不包括赞助方或版权所有者的信息。任何给予赞助方或发行人的声明或致谢都不应代替正确引用。

英国数据档案馆"研究资料及其引用"的文件中推荐了一种可应用于所有

数据集的引用方式，如图 11.1 所示。

英国健康调查，2009
UKDA 研究编号：6732
项目负责人
英国国家社会研究中心
伦敦大学学院，流行病学和公共卫生系
赞助方
英国健康和社会保健信息中心

发行人
英国数据档案馆，埃塞克斯大学，科尔切斯特
2011 年 7 月（第二版）

文献引用
　　所有作品但凡使用或参考了这些资料都应通过文献引用以致谢资料源。为确保书目索引涵盖这些来源归属，引用必须出现在出版物的脚注或参考文献部分。这项数据资源的文献引文来源于：National Centre for Social Research，University College London. Department of Epidemiology and Public Health，Health Survey for England，2009 [computer file]. 2nd Edition. Colchester，Essex：UK Data Archive [distributor]，July 2011. SN：6732，http：//dx.doi.org/10.5255/UKDA-SN-6732-1

致谢
　　英国任何出版物，无论是印刷文献、电子文献，还是广播文献，只要是部分或完全基于这些资料，都应向原始数据创建者、数据存放方或版权所有者、资助方（如有不同）及英国数据档案馆致谢，并在适当的地方致谢皇家版权。
　　英国任何出版物，无论是印刷文献、电子文献，还广播文献，只要是部分或完全基于这些资料，都应声明原始数据创建者、数据存放方或版权所有者、资助方（如有不同）以及英国数据档案馆对于进一步的分析或解释不承担任何责任。

版权
　　拥有英国皇家版权的资料需获得英国皇家出版局 Controller of HMSO 和 Queen's Printer for Scotland 的许可才能复制。

免责声明
　　尽管多方共同努力以确保文献资料的质量，然而原始数据创建者、数据存放方或版权所有者、资助方（如有不同）及英国数据档案馆都不会对这些资料的准确性或全面性承担任何责任。
　　版权所有。未经英国数据档案馆的事先书面许可，禁止他人以任何形式或通过任何方式（电子记录、机械记录、照相复制记录或其他方式）将资料复制、储存，或引入检索系统，或将资料传送。

英国数据服务中心
埃塞克斯大学
威文候公园
科尔切斯特
埃塞克斯 C04 3SQ
英国
www.data-archive.ac.uk

图 11.1　英国数据档案馆的调查数据集引用

来源：UK Data Service，2013

注意数据引用需包含：

- 作者和单位；
- 数据集标题和研究标题；
- 出版年；
- 版次；
- 出版者，也就是数据储存地，即英国数据档案馆；
- 访问信息，如永久标识符，在这个案例中，一个 DOI 指定为一个 URL。

注意引用中需要包含数字对象唯一标识符 DOI。在英国数据档案馆的案例中，DOI 与数据集的书目记录相关联，但与单个数据文件无关。这样做可以确保在数据存放位置发生变化的时候，DOI 也能链接到数据集的描述信息。

只有当数据集发生重大变化才会分配新的 DOI。英国数据档案馆收藏的社会调查数据发生类似变化的情况可能有以下几种：

- 增加了一个新的变量；
- 增加了新的标签或值代码；
- 重建加权变量；
- 提供了错误的数据；
- 数据已被错误编码，如"不知道/拒绝"回应被混淆；
- 格式发生变化，如文件迁移；
- 文档编制发生重大变化；
- 改变数据访问条件。

英国数据档案馆的数字对象唯一标识符 DOI 由大英图书馆的 DataCite 组织提供，该标识符包含根 URL "http://dx.doi.org/"，随后的一串特定数字标识数据发布者、数据来源和数据版本（DataCite，2012）。英国数据档案馆的 DOI 结构易于理解，图 11.2 展示了英国数据档案馆的研究编号（SN）为 6732 的第一版数据集的一个引用例子。

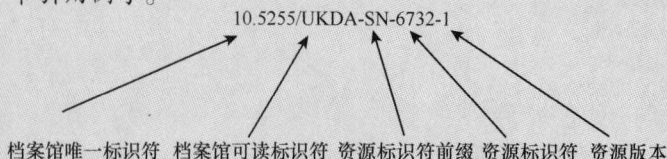

10.5255/UKDA-SN-6732-1

档案馆唯一标识符　档案馆可读标识符　资源标识符前缀　资源标识符　资源版本

图 11.2　英国数据档案馆的一项研究的 DOI

来源：UK Data Service，2013

> 在搜索引擎如谷歌中输入数字对象标识符，就能快速找到该数据集的所有引文，从而得以有效追踪使用情况。

世界各地的许多组织正致力于推动数据的引用。例如，澳大利亚国家数据服务发布了数据引用意识指南（ANDS，2011）；英国经济和社会研究理事会发布了《数据引证：什么你必须知道》（*Data Citation：What you Need to Know*）（ESRC，2012）；还有由国际社会科学信息系统和技术联盟发布的数据引证倡议和其协办的一个相关的特别兴趣小组（IASSIST，2013）。

研究者的永久标识符

考虑到研究者们各自都有一个唯一的身份，因此学术界建议为世界各地的个人和组织提供一个身份识别系统。目前，全球很多机构都在努力提供研究者的身份认证服务。

开放研究者与贡献者身份识别码（ORCID）系统是通过在各个研究信息系统中使用统一的身份信息标记的方式来区分具有相似名称的研究者，是解决身份认证问题的一种方案。ORCID 是一个开放的、非盈利的、基于社区而创建和维护的注册机构，通过唯一的研究者标识符能链接到研究活动和学术成果，并能和其他的标识系统合作（ORCID，2013）。ORCID 记录的是不敏感的信息，如姓名、邮箱、组织名及研究活动。研究者个体可以控制隐私信息的开放程度。国际标准名称识别符（ISNI）是国际标准化组织 ISO 认证的全球标准编码，用以识别作品的创建者和发行人，包括艺术家、作家、表演家、制作人和研究者（ISNI，2013）。

在编写这本书之时，这两个系统仍处于早期发展阶段。

练习 11.1　用数据中心来存放数据

写下至少五个用专业数据中心或数据档案馆来存放数据的优点。

练习 11.2　数据集的引用

1. 你如何使用以下所列的、推荐的元数据来引用网址中源于英国数据服务的定量数据集？

http：//discover.ukdataservice.ac.uk/catalogue/?sn=6627

（a）作者

（b）标题

（c）出版日期

（d）出版者

（e）标识符/位置

2. 你如何使用以下所列的、推荐的元数据来引用网址中源于英国数据服务中心的定性数据集？

http：//discover.ukdataservice.ac.uk/catalogue/?sn=5407

（a）作者

（b）标题

（c）出版日期

（d）出版者

（e）标识符/位置

3. 你如何使用以下所列的、推荐的元数据来引用网址中源于美国校际政治和社会研究联盟（ICPSR）的定量数据集？

http：//www.icpsr.umich.edu/icpsrweb/ICPSR/studies/32445

（a）作者

（b）标题

（c）出版日期

（d）出版者

（e）标识符/位置

练习 11.1　答案

用专业数据中心发布数据的某些优点如下：

• 数据将长期地存放在安全的环境里；

• 数据将被定期备份，并有可能确保未来的可用性；

• 可以有效管理数据的知识产权和使用许可；

• 数据被收录在在线目录中，因此可以被因特网搜索引擎找到。在适当情况下，其甚至可以积极推动数据发现；

• 可以管理数据的访问情况，并监测数据的使用情况；

• 数据可能会被分配一个永久的唯一标识符，确保能被可靠引用。

———— 练习 11.2 答案 ————

1. 网址中源于英国数据服务中心的定量数据集有如下元数据：

http：//discover.ukdataservice.ac.uk/catalogue/?sn=6627

（a）作者——Home Office. Research，Development and Statistics Directorate BMRB. Social Research。注意"作者"可能是一个或多个公司实体。在本案例中作者是政府部门和实地调查机构。

（b）标题——British Crime Survey，2009—2010。注意该犯罪调查作为调查系列中的一部分，自 1984 年以来定期开展，日期"2009—2010"只是标题中的一部分。

（c）出版日期——2012。注意此数据集的版本不止一版，最新可用的版本是2012 年版，也即第二版。

（d）出版者——Colchester，Essex：UK Data Archive。

（e）标识符/位置——10.5255/UKDA-SN-6627-2。最好使用 DOI 而不是本地数据集标识符（UKDA. SN number）或 URL。

2. 网址中源于英国数据服务中心的定性数据集有如下元数据：

http：//discover. ukdataservice.ac.uk/catalogue/?sn-5407

（a）作者——Mort，M.，Lancaster University，Institute for Health Research。注意引用来源是主要调查员而不是数据存放方或赞助方。

（b）标题——Health and Social Consequences of the Foot and Mouth Disease Epidemic in North Cumbria，2001—2003。

（c）出版日期——2006。

（d）出版者——Colchester，Essex：UK Data Archive。

（e）标识符/位置——http：//dx.doi.org/10.5255/UKDA-SN-5407-1。最好使用DOI 而不是本地数据集标识符（UKDA SN number）或 URL。

3. 网址中源于美国校际政治和社会研究联盟（ICPSR）的定量数据集有如下元数据：

http：//www.icpsr.umich.edu/icpsrweb/ICPSR/studies/32445

（a）作者——University of Michigan，Survey Research Center，Economic Behavior Program。注意"作者"可能是学术中心，在本案例的项目中已有明确要求。

（b）标题——Survey of Consumer Attitudes and Behavior，April 2003。注意该调查作为调查系列中的一部分，自 1994 年以来定期开展，日期只是标题中的一部分。

（c）出版日期——2012。注意此数据集的版本不止一版，最新可用的版本是2012 年版。这意味着为取得消费者调查在 2003 年前后处理标准上的一致性，数据收集进行了更新。

（d）出版者——Ann Arbor，MI：Inter-university Consortium for Political and Social Research。

（e）标识符/位置——http：//dx.doi.org/10.3886/ICPSR32445.v1。最好使用 DOI 而不是本地数据集标识符（UKDA SN number）或 URL。

参 考 文 献

Altman, M. and King, G. (2007) 'A proposed standard for the scholarly citation of quantitative data', *D-Lib Magazine*, 13(3/4). DOI: 10.1045/march2007-altman.

ANDS (2011) *Data Citation Awareness*, ANDS Guide, Australian National Data Service. Available at: http://www.ands.org.au/guides/data-citation-awareness.html.

APA (2009) *Publication Manual of the American Psychological Association*, 6th edn, American Psychological Association. Washington: APA.

California Digital Library (2013) *ARK (Archival Resource Key) Identifiers*, California Digital Library. Available at: https://confluence.ucop.edu/display/Curation/ARK.

Callaghan, S., Donegan, S., Peplar, S. et al. (2012) 'Making data a first class scientific output: Data citation and publication by NERC's Environmental Data Centres', *International Journal of Digital Curation*, 7(1): 107–13. Available at: http://www.ijdc.net/index.php/ijdc/article/view/208.

CKAN (2013) *CKAN*, The Data Hub. Available at: http://datahub.io.

Corti, L. (2012) 'Recent developments in archiving social research', *International Journal of Social Research Methods*, 14(4): 281–90. DOI:10.1080/13645579.2012.688310.

Databib (2013) *Registry of Research Data Repositories*, Databib. Available at: http://databib.org/index.php.

Datacite (2012) *About Datacite*, Datacite. Available at: http://www.datacite.org/.

Deutsche National Bibliotek (2013) *URN Service*, Deutsche National Bibliotek. Available at: http://www.dnb.de/EN/Netzpublikationen/URNService/urnservice_node.html.

Dicks, B., Mason, B., Atkinson, P. and Coffee, A. (2004) *The Production of Hypermedia Ethnography*. London: Sage.

Dryad (2013) *Dryad Data Repository*. Available at: http://datadryad.org/.

Enserink, M. (2012a) 'Diederik Stapel under investigation by Dutch prosecutors', *Science*, 2 October, American Association for the Advancement of Science. Available at: http://news.sciencemag.org/scienceinsider/2012/10/diederik-stapel-under-investigat.html.

Enserink, M. (2012b) 'Rotterdam marketing psychologist resigns after university investigates his data', *Science*, 25 June, American Association for the Advancement of Science. Available at: http://news.sciencemag.org/scienceinsider/2012/06/rotterdam-marketing-psychologist.html.

ESA Publications (2012) *Instructions for Data Papers*, Ecological Archives. Available at: http://esapubs.org/archive/instruct_d.htm.

ESRC (2012) *Data Citation: What You Need To Know*, Economic and Social Research Council. Available at: http://www.esrc.ac.uk/_images/Data_citation_booklet_tcm8-21453.pdf.

Green, A. and Gutman, M. (2006) 'Building partnerships among social science researchers, institution-based repositories and domain specific data archives', *OCLC Systems and Services: International Digital Library Perspectives*, 23: 35–53. Available at: http://deepblue.lib.umich.edu/handle/2027.42/41214.

Green, T. (2009) *We Need Publishing Standards for Datasets and Data Tables*, OECD Publishing White Paper, Organisation for Economic Co-operation and Development. Available at: http://dx.doi.org/10.1787/603233448430.

Hill, M. (1993) *Archival Strategies and Techniques*, Qualitative Research Methods Series, Thousand Oaks, California: Sage.

IASSIST (2013) International Association for Social Science Information Science and Technology. Available at: http://www.iassistdata.org/.

IDF (2012) *The DOI system*, International DOI Foundation. Available at: www.doi.org.

IQSS (2013) *IQSS Dataverse Network*, The Institute of Quantitative Social Science, Harvard University. Available at: http://dvn.iq.harvard.edu/dvn/.

ISNI (2013) *International Standard Name Identifier (ISO 27729)*, The INSI Organization. Available at: http://www.isni.org/.

Laakso, M., Welling, P., Bukvova, H., Nyman, L. and Björk, B-C. (2011) 'The development of open access journal publishing from 1993 to 2009', *PLoS ONE*, 6(6): e20961. DOI:10.1371/journal.pone.0020961.

Leh, A. (2000) 'Problems of archiving oral history interviews: The example of the archive "German Memory"', *Forum Qualitative Sociology*, 1(3). Available at: http://www.qualitative-research.net/index.php/fqs/article/view/1025.

Mochmann, E. (2008) 'Improving the evidence base for international comparative research', *International Social Science Journal*, 59 (193–94): 489–506.

National Research Council (2003) *Sharing Publication-related Data and Materials: Responsibilities of Authorship in the Life Sciences*. Washington, DC: The National Academies Press.

Nature (2013) *Availability of Data and Materials*, Nature Publishing Group. Available at: http://www.nature.com/authors/policies/availability.html.

O'Neill Adams, M. (2006) 'The origins and early years of IASSIST', *IASSIST Quarterly*, 5(14): 5–13. Available at: http://www.iassistdata.org/downloads/iqvol303adams.pdf.

ORCID (2013) *ORCID: Connecting Research and Researchers*, ORCID. Available at: http://about.orcid.org/.

OUP (2012) *New Oxford Style Manual* (Reference). Oxford: OUP.

PANGAEA (2013) *PANGAEA Data Publisher for Earth & Environmental Science*. Available at: http://www.pangaea.de/.

Piwowar, H., Carlson, J. and Vision, T. (2011) 'Beginning to track 1000 datasets from public repositories into the published literature', *Proceedings of the American Society for Information Science and Technology*, 48(1). Available at: http://doi.wiley.com/10.1002/meet.2011.14504801337.

Re3data.org (2013) *Registry of Research Data Repositories*. Available at: http://www.re3data.org/.

RIN (2010) *An Introduction to Open Access*, Research Information Network. Available at: http://www.rin.ac.uk/system/files/attachments/open_access_booklet_screen_0.pdf.

Scheuch, E.K. (2006) 'History and visions for the development of data services for the social sciences', *International Social Science Journal*, 53(4): 384–99.

Sheridan, D. (2000) 'Reviewing mass-observation: The archive and its researchers thirty years on', *Forum Qualitative Sociology*, 1(3). Available at: http://www.qualitativeresearch.net/index.php/fqs/article/view/1043/2255.

Thompson, P. (2000) *The Voice of the Past: Oral History*. Oxford: Oxford University Press.

UK Data Service (2013) Study Information and Citation in catalogue record for SN 6732. Available at: http://discover.ukdataservice.ac.uk/catalogue/?sn=6732.

United States Holocaust Memorial Museum (2013) *Oral History Collection*, United States Holocaust Memorial Museum, Washington DC. Available at: http://www.ushmm.org/research/collections/oralhistory/.

Wouterson-Windhuwer, S. (2009) *Linking Publications and Research Data in Digital Repositories*, SURF, Netherlands. Available at: www.surf.nl/en/publicaties/Pages/EnhancedPublications.aspx.

结　语

　　科学日新月异，创新不仅来源于展望新的发现和机遇，也来源于对过去的回顾和学习。作为研究者，我们通过在科学研究及研究方法上的创新、自身知识的增长，来推动科学的进步。研究实践通常都是建立在他人的成果基础之上，然后不断地向前发展。

　　为了促进科学进步，我们也要欢迎新技术所带来的令人兴奋的潜力并适当地加以利用。因特网、万维网、社交媒体和高速发展的科技加速了信息的获取和知识的交流。在发展中国家、资源受限制地区或专制国家中，信息的访问机制正在改变社会。便利的网络访问使得信息资源的获取跨越了传统的经济或政治限制边界。

　　世界各国的政府已经认识到，高质量信息的自由流动推动了社会进步。研究者作为主要的数据生产者之一，他们所肩负的研究数据的责任关乎所有领域科研事业的发展。当前，研究资助者对于研究数据开放获取的要求与日俱增，各国政府正在力求提高国际背景下的科研透明度，而目前的经济形势也迫使研究项目更多地重用已有的数据。然而，对于数据滥用和数据丢失的恐惧表明我们需要寄望于更强大的信息安全实践。

　　所有这些发展都在呼吁研究者提升、增强和专业化研究数据管理技能，从而以负责任且有效的方式产出最高质量的研究成果，在此基础上进行数据的共享和重新分析。这些技能的提升为英国和其他政府的科研发展与战略计划作出了贡献。

　　然而，在研究数据的开放获取与免费共享方面仍存在许多障碍，如伦理问题、商业敏感性，或研究者对个人职业发展的担忧。但是，我们也有道义上的责任来推动数据应用，进而促进科学的发展。正如我们处于可持续发展为导向的时代，为了子孙后代的福祉，我们有责任抓住数字时代所提供的机遇，促进研究和数据的开放，为将来更新、更多、更好的科学研究打好基础。我们相信这本书将会为推动科学发展而发挥重要作用。本书向研究者介绍了研究数据管理与共享的几个关键主题，包括如何确保数据的可持续性、高质量及数据如何在广泛的科学领域由当前和未来的科学家重复使用。同时，我们展示了应用场景和真实研究案例，附有互动练习和讨论，这样读者就能通过练习来提升他们的数据应用能力。

　　对于数据使用者和创建者来说，这是一个激动人心的时代。随着科技的快速发展，基础设施和政策的持续推动，国内外研究数据共享的时机已经来临，并且正在快速前进。因而我们的最佳实践指南也会跟上发展的步伐。敬请查阅本书相关的网站资源，以了解最新进展（http://ukdataservice.ac.uk/manage-data/handbook.aspx）。同时欢迎各方的数据共享。

缩 略 词 表

ASCII	American Standard Code for Information Interchange	美国信息交换标准代码
ASR	Automatic Speech Recognition	自动语音识别
CAQDAS	Computer Assisted Qualitative Data Analysis Software	计算机辅助定性数据分析软件
CD-RW	Compact Disk-ReWritable	可擦写光盘
CSV	Comma-Separated Variables	逗号分隔值
DDI	Data Documentation Initiative	数据文档倡议
DIN	German Institute for Standardization	德国标准化学会
DOI	Digital Object Identifier	数字对象标识符
DPA	Data Protection Act	数据保护法案
DVD-RW	Digital Versatile Disc-ReWritable	数字多功能可重写光盘
FLAC	Free Lossless Audio Codec	无损音频压缩编码
FOI	Freedom of Information	信息自由
FTP	File Transfer Protocol	文件传输协议
GIS	Geographic Information System	地理信息系统
IP	Intellectual Property	知识产权
IRB	Institutional Review Board	伦理委员会
ISAD(G)	General International Standard Archival Description	国际档案著录标准（通则）
ISBN	International Standard Book Number	国际标准书号
ISNI	International Standard Name Identifier	国际标准名称识别码
ISO	International Organization for Standardization	国际标准化组织
ISSP	International Social Survey Programme	国际社会调查项目
JPEG	Joint Photographic Experts Group	联合图像专家小组
JPEG 2000	Joint Photographic Experts Group 2000	联合图像专家小组 2000
MD5	Message-Digest 5 algorithm	消息摘要算法第五版
METS	Metadata Encoding and Transmission Standard	元数据编码和传输标准
MP3	MPEG-1 Audio Layer-3	动态图像专家组（1）音频层（3）
MPEG	Moving Pictures Expert Group	动态图像专家组
NDNS	National Diet and Nutrition Survey	英国国家饮食与营养调查局

OAI-PMH	The Open Archives Initiative Protocol for Metadata Harvesting	开放文献元数据收割协议
OAIS	Open Archival Information System	开放档案信息系统
OCR	Optical Character Recognition	光学字符识别
ODF	Open Document Format	开放文档格式
ORCID	Open Researcher and Contributor ID	开放研究者与贡献者身份识别码
PDA	Personal Digital Assistant	手持式个人数字助手
PDF	Portable Document Format	可移植文档格式
PDF/A	Portable Document Format（Archival）	可移植文档格式/存档
RAM	Random Access Memory	随机存取存储器
REC	Research Ethics Committee	科研伦理委员会
RTF	Rich Text Format	富文本格式
SBML	Systems Biology Mark-up Language	系统生物学标记语言
SDC	Statistical Disclosure Control	统计披露控制
SOA	Service-Oriented Architecture	面向服务的体系架构
TEI	Text Encoding Initiative	文本编码倡议
TIFF	Tagged Image File Format	标记图像文件格式
UPS	Uninterruptable Power Supply	不间断电源
URL	Uniform Resource Locator	统一资源定位符
URN	Uniform Resource Name	统一资源名称
USB	Universal Serial Bus	通用串行总线
VPN	Virtual Private Network	虚拟专用网络
VRE	Virtual Research Environment	虚拟研究环境
WAV	Waveform Audio File Format	波形声音文件格式
XML	Extensible Mark-up Language	可扩展标记语言

英中名词对应表

I

identifiers, in data 数据标识符

images 图像

Information Commissioner's Office 信息专员办公室

informed consent 知情同意

    overview 概述

    consent forms 知情同意书

    when to gain 什么时候获取

institutional repositories 机构库（IR）

Institutions Review Boards（IRBs）伦理委员会

Intellectual Property（IP）rights 知识产权

ownership 所有权

    overview 概述

    transfer 转移

International Association of Social Science Information Systems and Technology（IASSIST）国际社会科学信息系统和技术联盟

International Journal of Epidemiology《国际流行病学》期刊

International Organization for Standardization（ISO）国际标准化组织

International Standard Name Identifier（ISNI）国际标准名称识别码

Interuniversity Consortium for Political and Social Research（ICPSR）校际政治和社会研究联盟

IT services IT 服务

J

Jisc 英国联合信息系统委员会

JPEG 一种图像文件格式

Joint Data Archiving Policy 联合数据存档政策

Journals 期刊

    and data sharing 和数据共享

    archiving requirements 存档要求

    overview 概述

K

knowledge transfer（KT）知识转移

L

Labour Force Surveys 劳动力调查

Library of Congress 国会图书馆

licensing 许可

linking data 关联数据

London School of Economics（LSE）伦敦政治经济学院

longitudinal and panel studies 长期跟踪研究和面板研究

M

Mac TimeMachine Mac 操作系统的自动备份功能

magnetic media 磁介质

Managing Research Data（MRD）Programme 研究数据管理项目

McAfee 防病毒软件

MD5 checksum MD5 校验和

Medical Research Council（MRC）医学研究理事会

memory stick 记忆棒

    see USB flash drive 参见 USB 闪存驱动

metadata 元数据

    discovery 发现

    standards 标准

    harvesting 收割

Q

qualitative data 定性数据

  case studies of reuse of 数据重用案例研究

  context for 上下文/背景

  secondary analysis of 二次分析

  see also anonymization 另见匿名化

  see also documentation 另见文档编制

qualitative research 定性研究

quality assurance or control 质量保证或控制

quantitative data 定量数据

  case studies, of reuse of 案例研究，数据重用

  secondary analysis of 二次分析

  see also anonymization 另见匿名化

  see also documentation 另见文档编制

quantitative research 定量研究

  see quantitative data 参见定量数据

questionnaires 问卷

R

reanalysis 重新分析

  see reuse of data 参见数据重用

replication 复制

repository 仓储平台

research centres 研究中心

Research Councils UK（RCUK）英国研究理事会

research design 研究设计

research ethics 研究伦理

  framework for 框架

research ethics cont. 科研伦理（和）

  and reuse of data 数据重用

Research Ethics Committees（RECs）研究伦理委员会

Research Information Network（RIN）研究信息网络

research integrity 研究完整性

research lifecycle 科研生命周期

research managers 研究管理者

research methods 研究方法

research teams 研究团队

  roles and responsibilities 角色和职责

  tools for managing data 数据管理工具

resource discovery 资源发现

responsibilities 责任

  see roles and responsibilities 参见角色和职责

reuse of data 数据重用

  approaches 方法

  limitations 局限

  see qualitative data 参见定性数据

  see quantitative data 参见定量数据

Rich Text Format（RTF）富文本格式

risk analysis 风险分析

The Royal Society 英国皇家学会

roles and responsibilities 角色和职责

S

Safehouse Explorer 对文件进行加密的软件

Sakai 由 Sakai 成员开发和维护的开源在线协作和学习软件

Science and Technology Facilities Council（STFC）科学与技术设施委员会

secondary analysis 二次分析

  see reuse of data 参见数据重用

security 安全

  see data security 参见数据安全

sensitive data 敏感数据

Microsoft Sharepoint 微软 Sharepoint 软件

译 者 后 记

在数据密集型科研、数据驱动型科研大背景下，随着多源异构数据采集获取的便捷性和数据体量呈指数增长，拥有数据管理的专业知识、提升数据管理与共享的能力已成为智库、高校师生和科研人员必备的基本技能。数据管理对于教学、科研和智库决策支持的重要性不言而喻。

翻译本书的缘起还得从几年前说起，2011 年复旦大学成立了社会科学数据研究中心，2012 年复旦大学开始建设社会科学数据平台，作为团队成员之一我参与了网络调研和实地走访了国内外数所著名的数据中心。在调研的过程中，得知国外知名的数据中心多成立于 20 世纪的 40~60 年代，至今已有 50~70 年的历史，在政策法规、伦理和隐私、标准规范、规章制度、平台工具和技术创新等方方面面已经形成和积累了丰富的成熟的落地实践经验。

英国数据档案馆（UK Data Archive, UKDA）一直都是欧洲乃至世界的数据管理和共享数据的领先者，也是英国最大的社会科学与人文科学数字资源仓储平台。UKDA 由欧洲科学研究理事会（ESRC）、JISC 和埃塞克斯大学资助，于 1967 年成立，并持续从这些机构获得资金支持。2005 年以来，UKDA 被英国国家档案馆指定为数据托管和存储处。UKDA 从高校、政府和商业部门获得高质量的数据，并提供持续访问这些数据的途径。通过与英国国家档案馆、英国国家统计局等官方机构、世界银行及国际货币基金等组织的合作与资料交换，UKDA 目前共收录 6000 余种且平均每年持续更新、新增 200 种的人文社会主题资料集，内容涵盖人口、社会、政治、经济、行政、法律、环境、医疗和历史等各个领域。

数年的实践过程中积累出的专业经验弥足珍贵，科研无国界，数据采纳国际标准规范和通行规则来进行管理、共享、出版和引证，可促进学术透明化，更有利于学术思想的传播和推广，构建学术研究的创新范式，扩大学术观点的国际影响力，从而为争创世界一流高校和世界一流学科奠定了坚实的数据支撑基础。

从 2014 年起，我在复旦大学开设"数据监护研究与应用"的硕士研究生课程，为了让学生们更加直观地掌握数据管理知识，遴选出 UKDA 的数据专家撰写的这本《研究数据的管理与共享——最佳实践指南》作为教材，学生们通过课程学习到的不仅仅是理论知识框架体系，更重要的是数据管理与共享的全方位多层次的实践操作和综合指导。本书的创新点和特色如下：

1. 全面系统，理论结合实践

本书全面系统地阐述了研究数据的管理和共享的理论和实践，共十一章，主要内容分为三部分：①第一章至第三章，对研究数据管理和共享进行概括介绍，包括管理和共享的重要性、研究数据生命周期以及如何制订研究数据管理计划；②第四章至第六章，研究数据管理的具体方法，包括数据文档编制、数据格式与组织以及数据存储与传输；③第七章至第十一章，数据管理与共享所涉及的问题，包括法律和伦理、知识产权、合作研究、利用他人数据以及出版和引证。

2. 结构、内容和布局编排合理，主题突出

章节编排合理，按照科学研究中进行数据管理和共享的时间顺序进行内容的编排，使读者在从事科研的过程中每个环节均有针对性的数据管理的专业指导。每一个章节均是独立的一个主题，既有对该主题的理论诠释，也有对该主题的案例介绍和剖析，使得读者易于根据科研项目的进展选择有针对性的主题阅读，并进行相应的实践。

3. 丰富的实践案例和参考资源

本书拥有大量的具体实践案例、图标和练习以及广泛的参考文献，并配备有图书的专门网站，不时更新内容，为读者提供最新的数据管理的网络资源。一方面因为本书的作者拥有二十余年的数据管理专业经验，在实践中积累了大量的案例；另一方面他们多年来与国内外同行的深入交流，也熟知全球该领域的进展动态。

通过阅读本书，能够帮助高校师生和科研人员掌握基于数据生命周期的数据管理的知识和技能，为科研过程中的数据采集、数据处理、数据归档、数据共享、隐私处理、数据出版和引证奠定坚实的理论和实践基础，更好地为教学、科研和智库决策支持科学研究服务。

本书初稿由复旦大学文献信息中心团队翻译和校对，我根据原文逐字逐句进行审核，统一全书的专有名词的翻译。在翻译的过程中，有些无法准确对应中文的专业词汇，均用括号标注英文原文，供大家参考。

科学出版社的编辑对本书的出版提出了诸多宝贵的意见和建议。各章初步翻译和校对审核的人员如下：

序号	目录	初译者	校对
1	作者简介、致谢、序言、中文版序言第一～三章	张璐璐	殷沈琴
2	第四～六章	王昊	殷沈琴
3	第七～九章	郭永华	伏安娜

续表

序号	目录	初译者	校对
4	第十章、结语、缩略词、索引	沈依琳	薛崧
5	第十一章	殷沈琴、沈依琳	薛崧、张计龙

王昊负责了翻译后繁琐的整合修订工作。

全书由我组织翻译和定稿，并承担查询其中的错误和疏漏的责任，希望读者朋友们多提宝贵的建议和意见，以便新版修订。

本书的翻译和出版得到了很多人的帮助，感谢科学出版社的盛立和刘伟老师的牵线搭桥，感谢数月一起并肩翻译和校对的每一位伙伴，感谢复旦大学图书馆副馆长、社会科学数据研究中心张计龙副主任的鼎力支持，感谢 Louise Corti 女士在繁忙的工作中帮忙联系 Sage 出版社，持续关心图书翻译的进展，并和 Veerle Van den Eynden 女士一起给中文版作序，在此一并致谢。

殷沈琴

2017 年 10 月 11 日于上海